国家职业技能等级认定培训教材　高技能人才培养用书

焊 工

（中 级）

主　编　朱　献　王　波

副主编　雷淑贵　文　军

参　编　王喜亮　谢平华　叶娇龙　苏　柯

　　　　周永东　苏　振　刘昌盛　黄家庆

主　审　尹子文　周培植

机 械 工 业 出 版 社

本书是依据最新《国家职业技能标准　焊工（2019 年版）》的知识要求和技能要求，按照岗位培训需要的原则编写的。本书主要内容包括：中级焊工专业基础知识、焊条电弧焊、气焊、钎焊、自动化熔化极气体保护焊、自动埋弧焊、机器人弧焊以及模拟试卷样例。本书内容详尽、图文并茂、技能训练案例典型、操作性强，相关知识深入浅出、循序渐进，突出针对性和实用性。

本书主要用作企业培训部门、职业技能等级认定培训机构的教材，也可作为技工院校、职业院校的教学用书。

图书在版编目（CIP）数据

焊工：中级／朱献，王波主编. --北京：机械工业出版社，2024. 6. --（国家职业技能等级认定培训教材）. -- ISBN 978-7-111-76020-7

Ⅰ. TG4

中国国家版本馆 CIP 数据核字第 2024TD0337 号

机械工业出版社（北京市百万庄大街 22 号　邮政编码 100037）
策划编辑：侯宪国　　　　　　　　　　责任编辑：侯宪国　王　良
责任校对：高凯月　李可意　景　飞　　封面设计：马若漾
责任印制：郜　敏
中煤（北京）印务有限公司印刷
2024 年 9 月第 1 版第 1 次印刷
184mm×260mm · 16.5 印张 · 407 千字
标准书号：ISBN 978-7-111-76020-7
定价：59.80 元

电话服务　　　　　　　　　　　网络服务
客服电话：010-88361066　　　　机　工　官　网：www.cmpbook.com
　　　　　010-88379833　　　　机　工　官　博：weibo.com/cmp1952
　　　　　010-68326294　　　　金　书　网：www.golden-book.com
封底无防伪标均为盗版　　　　机工教育服务网：www.cmpedu.com

国家职业技能等级认定培训教材
编审委员会

序

新中国成立以来，技术工人队伍建设一直得到了党和政府的高度重视。20 世纪五六十年代，我们借鉴苏联经验建立了技能人才的"八级工"制，培养了一大批身怀绝技的"大师"与"大工匠"。"八级工"不仅待遇高，而且深受社会尊重，成为那个时代的骄傲，吸引与带动了一批批青年技能人才锲而不舍地钻研技术、攀登高峰。

进入新时期，高技能人才发展上升为兴企强国的国家战略。从 2003 年全国第一次人才工作会议，明确提出高技能人才是国家人才队伍的重要组成部分，到 2010 年颁布实施《国家中长期人才发展规划纲要（2010—2020 年）》，加快高技能人才队伍建设与发展成为举国的意志与战略之一。

习近平总书记强调，劳动者素质对一个国家、一个民族发展至关重要。技术工人队伍是支撑中国制造、中国创造的重要基础，对推动经济高质量发展具有重要作用。党的十八大以来，党中央、国务院健全技能人才培养、使用、评价、激励制度，大力发展技工教育，大规模开展职业技能培训，加快培养大批高素质劳动者和技术技能人才，使更多社会需要的技能人才、大国工匠不断涌现，推动形成了广大劳动者学习技能、报效国家的浓厚氛围。

2019 年国务院办公厅印发了《职业技能提升行动方案（2019—2021 年）》，目标任务是 2019 年至 2021 年，持续开展职业技能提升行动，提高培训针对性、实效性，全面提升劳动者职业技能水平和就业创业能力。三年共开展各类补贴性职业技能培训 5000 万人次以上，其中 2019 年培训 1500 万人次以上；经过努力，到 2021 年底技能劳动者占就业人员总量的比例达到 25% 以上，高技能人才占技能劳动者的比例达到 30% 以上。

目前，我国技术工人（技能劳动者）已超过 2 亿人，其中高技能人才超过 5000 万人，在全面建成小康社会、新兴战略产业不断发展的今天，建设高技能人才队伍的任务十分重要。

机械工业出版社一直致力于技能人才培训用书的出版，先后出版了一系列具有行业影响力，深受企业、读者欢迎的教材。欣闻配合新的《国家职业技能标准》又编写了"国家职业技能等级认定培训教材"。这套教材由全国各地技能培训和考评专家编写，具有权威性和代表性；将理论与技能有机结合，并紧紧围绕《国家职业技能标准》的知识要求和技能要求编写，实用性、针对性强，既有必备的理论知识和技能知识，又有考核鉴定的理论和技能题库及答案；而且这套教材根据需要为部分教材配备了二维码，扫描书中的二维码便可观看相应资源；这套教材还配合天工讲堂开设了在线课程、在线题库，配套齐全，编排科学，便于培训和检测。

这套教材的出版非常及时，为培养技能型人才做了一件大好事，我相信这套教材一定会为我国培养更多更好的高素质技术技能型人才做出贡献！

中华全国总工会副主席

高凤林

前言

社会主义市场经济的迅猛发展，促使各行各业处于激烈的市场竞争中，人才的竞争是一个企业取得领先地位的重要因素，除了管理人才和技术人才，一线的技术工人，始终是企业不可缺少的核心竞争力量。由此，我们按照中华人民共和国人力资源和社会保障部制定的《国家职业技能标准 焊工（2019年版）》，编写了《焊工（中级）》教材。根据国家职业技能标准，本书结合岗位培训和考核的需要，为焊工岗位的中级工提供了实用、够用，切合岗位实际的技术内容，帮助读者尽快地达到焊工中级岗位的上岗要求，以适应激烈的市场竞争。

本书采用项目的形式，主要内容包括中级焊工专业基础知识、焊条电弧焊、气焊、钎焊、自动化熔化极气体保护焊、自动埋弧焊、机器人弧焊等。本书每一个技能专题项目后都备有技能训练实例，并由全国技术能手、中车资深技能专家通过实际操作后编写，便于读者和培训机构进行实训。同时，书中融入技能大师的高招绝活，为培养高技术技能焊工人才提供了有效的途径。

本书由朱献、王波任主编，雷淑贵、文军任副主编，王喜亮、谢平华、叶娇龙、苏柯、周永东、苏振、刘昌盛、黄家庆参加编写。全书由尹子文、周培植主审。本书的编写得到了中车株洲电力机车有限公司工会和车体事业部的大力支持和帮助，在此表示衷心感谢！

由于时间紧迫，编者的水平有限，书中内容难免存在不足之处，欢迎广大读者批评指正。

编 者

目录

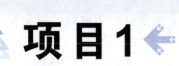

项目1

专业基础知识

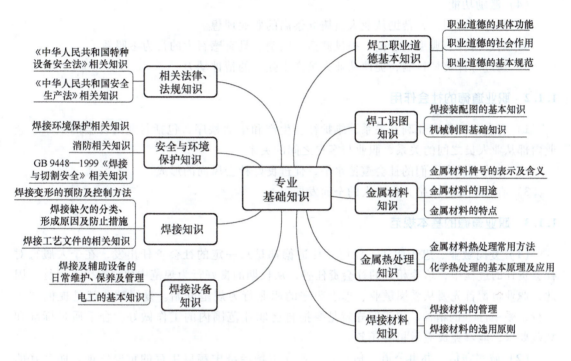

1.1 焊工职业道德基本知识

1.1.1 职业道德的具体功能

（1）导向功能

1）树立正确的职业理想，使企业和从业人员提高社会责任感，坚持社会文明前进的方向。

2）根据企业的发展战略和经营理念，引导企业和从业人员集中力量，促进企业健康发展，推动从业人员取得事业成功。

3）根据职业道德基本要求，引导从业人员的职业行为符合企业发展的具体要求，确保从业人员岗位活动不出偏差。

（2）规范功能

1）通过岗位责任的总体规定，使从业人员明白职业活动的基本要求。

2）通过具体的操作规程和违规处罚规则，让从业人员了解职业行为底线，避免受处罚。

（3）整合功能

1）通过企业目标吸引员工的注意力，促进组织凝聚力。

2）通过企业价值理念调整内部利益关系，弘扬精神的力量，最大限度地消除分歧，化解内部矛盾。

3）通过硬性要求，增强威慑力，抑制投机、"越轨"心理，有效消除偏离正常轨道的思想和行为。

（4）激励功能

1）通过教育引导，帮助从业人员树立崇高的职业理想。

2）通过榜样、典型的示范，提供鲜活、明确、具有感召力的行为参照系。

3）通过考评奖惩机制，促使从业人员产生强大的精神动力。

1.1.2 职业道德的社会作用

1）有利于调整职业利益关系，维护社会生产和生活秩序，包括行业与社会的关系、企业内部从业人员之间的关系、职业与客户之间的关系。

2）有助于提高人们的社会道德水平，促进良好社会风尚的形成。

3）有利于完善人格，促进人的全面发展。

1.1.3 职业道德的基本规范

（1）爱岗敬业、忠于职守　任何一种道德都是从一定的社会责任出发，在个人履行对社会责任的过程中，培养相应的社会责任感，从长期的良好行为规范中建立起个人道德。因此，职业道德首先要从爱岗敬业、忠于职守的职业行为规范开始。爱岗敬业就是提倡"干一行，爱一行"的精神。忠于职守就是要把自己职业范围内的工作做好，合乎质量标准和规范要求，能够完成应承担的任务。

（2）诚实守信、办事公道　信誉是企业在市场经济中赖以生存的重要依据，而良好的产品质量和服务是企业信誉的基础。企业的员工必须在职业活动中以诚实守信的职业态度，为企业、社会创造优质的产品，提供优质的服务。办事公道是指在利益关系中正确地处理好国家、企业、职工个人、他人（消费者）之间的利益关系。要始终以国家、人民的利益为最高原则，以社会主义事业的利益为最高原则，不徇私情，不谋私利，维护国家、人民的利益。在工作中，要处理好企业和个人之间的利益关系，做到个人服从集体，保证个人利益和集体利益相统一。

（3）服务群众、奉献社会　在社会主义社会，每个人都有权力享受他人的职业服务，同时每个人也都承担为他人提供职业服务、为社会做贡献的义务。企业就是在努力为社会、为大众创造丰富的物质环境，提供优质的产品和服务，而企业中的每个职工也是为这个目标而努力的。

（4）遵纪守法、廉洁奉公　法律法规、政策和各种规章制度，都是按照事物发展规律制定出来的约束人的行为规范。从事职业活动的人，既要遵守国家的法律法规和政策，又要自觉遵守和职业活动、行为有关的制度和纪律，如劳动纪律、安全操作规程等，只有遵守相关规则才能很好地履行岗位职责，完成企业分派的任务。对每个职工来说，要做到遵纪守法，必须做到努力学法、知法、守法、用法。廉洁奉公强调的是要求从业人员公私分明，不损害国家和集体的利益，不在自己的工作岗位上谋取私利，这是每个人应具备的基本道德品质。

1.2 焊工识图知识

1.2.1 焊接装配图的基本知识

1. 装配图的概念

（1）装配图的作用　装配图是表达机器或零部件的工作原理、结构形状和装配关系的图样。在设计新产品或更新改造旧设备时，一般都是先画出机器或部件的装配图，然后再根据装配图画出零件图。在产品制造中，装配图是制定装配工艺规程，进行装配和零部件检验的技术依据；在使用或维修机器时，需要通过装配图了解机器的构造；进行技术交流、引进先进设备时，装配图更是必不可少的技术资料。

（2）完整装配图包含的内容　一张完整的装配图应有以下几方面的内容：

1）一组视图。用以说明机器或部件的工作原理、结构特点、零件之间的相对位置、装配连接关系等。

2）必要的尺寸。表示机器或部件规格以及装配、检验、运输安装时所必需的一些尺寸。

3）技术要求。说明机器或部件的性能，是装配、调整和使用时必须满足的技术条件，一般用文字或符号注写在图中适当位置。

4）标题栏、明细栏和零件序号。说明机器或部件所包含的零部件名称、零件序号、数量和材料以及厂名等。

2. 装配图的规定画法及其尺寸标注

零件图中视图的各种表达方法都适用于装配图，但装配图还有其规定画法和特殊表达方法。

（1）规定画法

1）剖视图中实心件和连接件的表达。对于连接杆（螺钉、螺栓、螺母、垫圈、键销等）和实心件（轴、手柄、连杆等），当剖切面通过基本轴线或对称面时，这些零件均按不剖处理。当需要表达零件局部结构时，可采用局部视图。

2）接触表面和非接触表面的区分。凡是有配合要求的两零件的接触表面，在接触处只画一条线来表示。非配合要求的两零件接触面，即使间隙很小，也必须画两条线。

3）剖面线方向和间隔。用剖面线倾斜方向相反或间隔不等来区分表达相邻的两个零件。剖面厚度在 2mm 以下的图形，允许用涂黑来代替剖面符号。

（2）特殊画法

1）假想画法。在装配图上，当需要表示某些零件的运动范围和极限位置时，可用双点画线画出该零件在极限位置的外形图。当需要表达本部件与相邻部件的装配关系时，可用双点画线画出相邻部件的轮廓线。

2）零件的单独表示法。在装配图中，可用视图、剖视图或剖面单独表达某个零件的结构形状，但必须在视图上方标注对应的说明。

3）拆卸画法。在装配图中，可假想沿某些零件结合面选取剖切平面或假想把某些零件拆卸后绘制表达，需要说明时加注"拆去××等"。

4）简化画法。对于装配图中螺栓连接件零件组，允许只画一处以标明序号，其余的以点画线表示中心位置即可。装配图中的标准件，如滚动轴承的一边应用规定表示法，而另一边允许用交叉细实线表达；螺母上的曲线允许用直线替代简化；零件的圆角、倒角、退刀槽不在装配图中表示。

3. 识读装配图的方法和步骤

识读装配图的目的主要是了解机器或部件的名称、作用、工作原理、零件之间的装配关系，以及各零件的作用、结构特点、传动路线、装拆顺序和技术要求等。

（1）**看标题栏和明细栏，做概括了解**　了解装配体的名称、性能、功用和零件的种类名称、材料、数量及其在装配图上的大致位置。

（2）**分析视图**　分析整个装配图上的视图种类、剖切方法、表达重点、装配关系，零件之间的连接方式，视图间的投影关系等。

（3）**分析零件**　主要是了解零件的主要作用和基本形状，以便弄清装配体的工作原理和运动情况（是移动还是转动）。

（4）**分析配合关系**　根据装配图上标注的尺寸，识别哪些零件有配合要求，属何种基准制、何种配合类别及配合精度等。

（5）**定位与调整**　分析零件之间的面，分析哪些是彼此接触的，是怎样定位的，有没有间隙需要调整，怎样调整。

（6）**连接与固定**　分析零件之间是用什么方式连接固定的，是可拆还是不可拆。

（7）**密封与润滑**　弄清运动件的润滑及其储油装置、进出油孔和输油油路，采用什么方式密封。

（8）**装拆顺序**　应了解装拆顺序，以验证设计意图及结构是否合理。

（9）**了解技术要求**　包括组装后的检测技术指标、使用时对工作条件的要求等。

4. 焊接结构图的识读方法

通常所指的焊接装配图就是指实际生产中的产品零部件或组件的工作图。它与一般装配图的不同在于图中必须清楚表达与焊接有关的问题，如坡口与接头形式、焊接方法、焊接材料型号及验收技术要求等。

（1）**焊接结构图的特点**　图样是工程的语言，读懂和理解图样是进行施工的必要条件。焊接结构是以钢板和各种型钢为主体组成的，因此表达焊接结构的图样就有其特点，掌握了这些特点就容易读懂焊接结构的施工图，从而正确地进行结构件的加工。

1）一般钢板与钢结构的总体尺寸相差悬殊，按正常的比例关系是表达不出来的，但往往需要通过板厚来表达板材的相互位置关系或焊缝结构，因此在绘制板厚、型钢断面等小尺寸图样时，是按不同的比例放大画出来的。

2）为了表达焊缝位置和焊接结构，大量采用了局部剖视图和局部放大视图，要注意剖视和放大视图的位置和剖视的方向。

3）为了表达板与板之间的相互关系，除采用剖视外，还大量采用虚线的表达方式，因此，图面纵横交错的线条非常多。

4）连接板与板之间的焊缝一般不用画出，只标注焊缝符号。但特殊的接头形式和焊缝尺寸应用局部放大视图来表达清楚，焊缝的断面要涂黑，以区别焊缝和母材。

5）为了便于读图，同一零件的序号可以同时标注在不同的视图上。

（2）焊接结构施工图的读识方法 焊接结构施工图的读识一般按以下顺序进行：

1）阅读标题栏和明细栏，了解产品名称、材料、质量、设计单位等，核对各个零部件的图号、名称、数量、材料等，确定哪些是外购件（或库领件），哪些为锻件、铸件或机加工件。

2）阅读技术要求和工艺文件。正式识图时，要先看总图，后看部件图，最后再看零件图。有剖视图的要结合剖视图弄清大致结构，然后按投影规律逐个零件阅读，先看零件明细栏，确定是钢板还是型钢；然后再看图，弄清每个零件的材料、尺寸及形状，还要看清各零件之间的连接方法、焊缝尺寸、坡口形状，以及是否有焊后加工的孔洞、平面等。

3）识读焊接结构图时，必须熟悉焊接工艺文件。焊接工艺文件主要有：有关该焊接结构的制造工艺流程、装配焊接指导书、焊接工艺守则、焊接工艺评定报告以及焊接质量要求、焊接质量检验方法及标准等。

焊接装配图是供焊工施工使用的图样。在图中除了完整的结构投影图、剖视和断面图外，还要有焊接结构的主要尺寸、标题栏、技术条件及焊缝符号标注等。

图 1-1 所示为容器焊接装配图，识读图 1-1 并进行焊接准备。

① 容器的直径为 $\phi2000mm$，长度为 $4200mm$，在距封头与筒节焊缝 $1800mm$ 处焊一个人孔，人孔直径为 $\phi400mm$，人孔法兰盘与筒节圆心相距 $1300mm$。

② 封头与筒节焊缝，筒节与筒节焊缝用丝极埋弧焊焊接，V 形坡口，坡口根部间隙 $2mm$，坡口角度 $60°$，钝边 $3mm$，余高 $2mm$，共 4 条焊缝，焊缝经射线检测，达到 GB/T 3323 标准中的 II 级为合格。

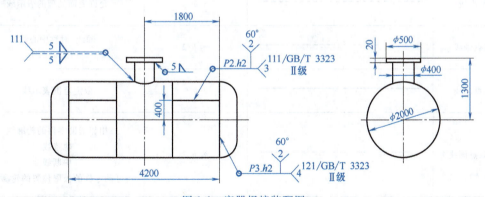

图 1-1 容器焊接装配图

③ 筒节纵焊缝，用焊条电弧焊焊接。焊缝开 $60°$ 坡口，坡口根部间隙为 $2mm$，钝边 $2mm$，余高 $2mm$，共 3 条纵缝，射线检查达到 GB/T 3323 标准中的 II 级为合格。

④ 人孔与筒节焊缝，插入式正面、反面用焊条电弧焊焊接，角焊缝焊脚为 $5mm$。

⑤ 埋弧焊用焊丝型号 H08A、焊丝直径 $\phi3mm$，焊剂牌号 HJ431。焊条电弧焊用焊条型号 E4303，焊条直径 $\phi3.2mm$。

⑥ 焊后水压试验 $0.1MPa$，保持压力 $10min$。

1.2.2　机械制图基础知识

1. 图线的种类和应用

机械制图国家标准规定绘制图样时，可采用 9 种基本线型和各种基本线型的组合或图线的组合。表 1-1 列出了 9 种基本线型的名称、型式及主要用途。

表 1-1　9 种基本线型的名称、型式及主要用途

名称	型式	线型宽度	主要用途
细实线	——————	约 $b/2$	尺寸线、尺寸界线 剖面线 重合断面的轮廓线 指引线和基准线、辅助线 螺纹牙底线
粗实线	——————	b	可见轮廓线 可见棱边线 相贯线
波浪线	～～～～	约 $b/2$	断裂处边界线 视图和剖视图的分界线
双折线	⌐⌐⌐	约 $b/2$	断裂处边界线 视图和剖视图的分界线
细虚线	- - - - -	约 $b/2$	不可见轮廓线 不可见棱边线
粗虚线	▬ ▬ ▬ ▬	b	允许表面处理的表示线
细点画线	—·—·—·—	约 $b/2$	轴线、对称中心线 分度圆（线）
粗点画线	▬·▬·▬	b	限定范围表示线
细双点画线	—··—··—	约 $b/2$	相邻辅助零件的轮廓线 轨迹线 中断线 可动零件的极限位置的轮廓线

注：b 系列尺寸（单位：mm）为：0.25，0.35，0.5，0.7，1，1.4，2。优先使用 0.5mm 或 0.7mm。

2. 图线的画法

1）同一图样中，同类图线的宽度应一致。虚线、点画线及双点画线的线段长度和间隔应大致相等。

2）两条平行线之间的距离应不小于粗实线的两倍，最小间距不小于 0.7mm。

3）绘制圆的对称中心线时，点画线两端应超出圆的轮廓线 2~5mm；首末两端应是线段而不是短画；圆心应是线段的交点。在较小的图形上绘制点画线有困难时可用细实线代替。

4）两条线相交应以线相交，而不应相交在点或间隔处。

5）直虚线在实线的延长线上相接时，虚线应留出间隔。

6）虚线圆弧与实线相切时，虚线圆弧应留出间隔。

7）点画线、双点画线的首末两端应是线，而不应是点。

8）当有两种或更多的图线重合时，通常按图线所表达对象的重要程度优先选择绘制顺序：可见轮廓线→不可见轮廓线→尺寸线→各种用途的细实线→轴线和对称中心线→假想线。

3. 图线的应用示例

图线的型式及其应用如图 1-2 所示。

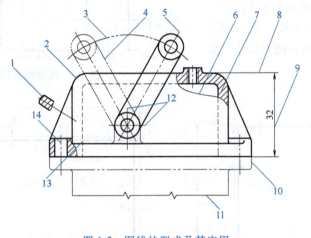

图 1-2　图线的型式及其应用

1—移出断面轮廓线（粗实线）　2—可见轮廓线（粗实线）　3—轨迹线（细双点画线）　4—可动零件的极限
位置的轮廓线（细双点画线）　5—对称中心线（细点画线）　6—视图和局部视图的分界线（波浪线）
7—剖面线（细实线）　8—尺寸界线（细实线）　9—尺寸线（细实线）　10—相邻辅助零件的轮廓线
（细双点画线）　11—断裂处的边界线（双折线）　12—圆的中心线（细点画线）
13—不可见轮廓线（细虚线）　14—轴线（细点画线）

4. 图纸幅面及格式

（1）图纸幅面尺寸　绘制图样时，优先采用表 1-2 中规定的幅面尺寸，必要时可以沿长边加长。对于 A0、A2、A4 幅面的加长量应按 A0 幅面长边八分之一的倍数增加；对于 A1、A3 幅面的加长量应按 A0 幅面短边四分之一的倍数增加，如图 1-3 所示的细实线部分。A0 及 A1 幅面也允许同时加长两边，如图 1-3 所示的虚线部分。

表 1-2　图纸幅面尺寸　　　　　　　　　　　　　　　　　　（单位：mm）

幅面代号	A0	A1	A2	A3	A4	A5
$B \times L$	841×1189	594×841	420×594	297×420	210×297	148×210
A	25					
C	10			5		
e	20			10		

（2）图框格式

1）需要装订的图样，其图框格式如图 1-4 所示，尺寸按表 1-2 的规定，一般采用 A4 幅面竖装或 A3 幅面横装。

2）不留装订边的图样，其图框格式如图 1-5 所示，尺寸按表 1-2 的规定。

3）图框线用粗实线绘制。

4）为了复制或缩微摄影的方便，可采用对中符号，对中符号是从周边画入图框内约 5mm 的一段粗实线，如图 1-6 所示。

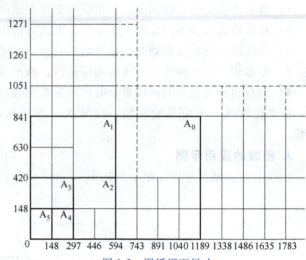

图 1-3　图纸幅面尺寸

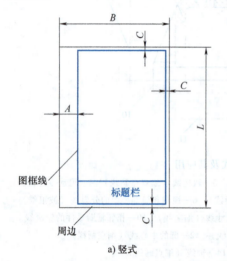
a) 竖式

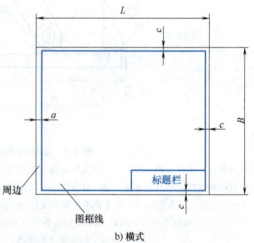
b) 横式

图 1-4　装订图样的图框格式

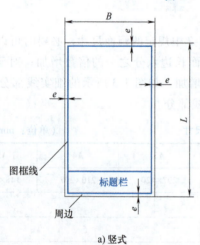
a) 竖式

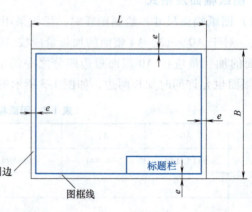
b) 横式

图 1-5　不留装订边的图样的图框格式

（3）标题栏的方位

1）标题栏的位置应按图 1-6 所示的水平方式配置，必要时也可按垂直的方式配置。

2）标题栏中的文字方向为看图的方向。

5. 图形的比例

比例是指图样中机件要素的线性尺寸与实际机件相应要素的线性尺寸之比。绘制图样时，一般应采用表 1-3 中规定的比例。

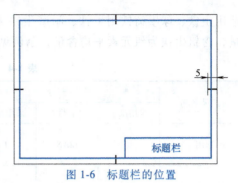

图 1-6 标题栏的位置

表 1-3 图形的比例

种类	优先选择比例值			允许选择比例值		
原值 比例	1：1					
放大 比例	5：1 $5×10^n$：1	2：1 $2×10^n$：1	$1×10^n$：1	4：1 $4×10^n$：1	2.5：1 $2.5×10^n$：1	
缩小 比例	1：2 $1：2×10^n$	1：5 $1：5×10^n$	1：10 $1：1×10^n$	1：1.5 1：2.5 1：3 1：4 1：6 $1：1.5×10^n$ $1：2.5×10^n$ $1：3×10^n$ $1：4×10^n$ $1：6×10^n$		

注：n 为正整数。

绘制同一机件的各个视图应采用相同的比例，并在标题栏的比例一栏中填写，例如 1：1。当某个视图需要采用不同的比例时，必须另行标注，如图 1-7 所示。

当图形中孔的直径或薄片的厚度等于或小于 2mm 且斜度和锥度较小时，可不按比例而夸大画出。在表格图或空白图中不必注写比例。

1.3 金属材料知识

1.3.1 金属材料牌号的表示及含义

图 1-7 比例的标注

金属材料是指金属元素或以金属元素为主构成的具有金属特性的材料的统称，包括纯金属、合金、金属间化合物和特种金属材料等。

机械零件所用金属材料多种多样，为了使生产、管理方便、有序，有关标准对不同金属材料规定了它们牌号的表示方法，以示统一和便于采纳、使用，使用时请参考 GB/T 221—2008。

1. 生铁产品牌号表示方法

生铁产品牌号通常由两部分组成：

第一部分：表示产品用途、特性及工艺方法的大写汉语拼音字母。

第二部分：表示主要元素平均含量（以千分之几计）的阿拉伯数字。炼钢用生铁、铸造用生铁、球墨铸铁用生铁、耐磨生铁为硅元素平均含量。脱碳低磷粒铁为碳元素平均含量，含钒生铁为钒元素平均含量，示例见表1-4。

表1-4　生铁产品牌号示例

产品名称	第一部分			第二部分	牌号示例
	采用汉字	汉语拼音	采用字母		
炼钢用生铁	炼	LIAN	L	硅含量（质量分数）为0.85%~1.25%的炼钢用生铁，阿拉伯数字为10	L10
铸造用生铁	铸	ZHU	Z	硅含量（质量分数）为2.80%~3.20%的铸铁用生铁，阿拉伯数字为30	Z30
球墨铸铁用生铁	球	QIU	Q	硅含量（质量分数）为1.00%~1.40%的球墨铸铁用生铁，阿拉伯数字为12	Q12
耐磨生铁	耐磨	NAI MO	NM	硅含量（质量分数）为1.60%~2.00%的耐磨用生铁，阿拉伯数字为18	NM18
脱碳低磷粒铁	脱粒	TUO LI	TL	碳含量（质量分数）为1.2%~1.6%的炼钢用脱碳低磷粒铁，阿拉伯数字为14	TL14
含钒生铁	钒	FAN	F	钒含量（质量分数）不小于0.40%的含钒用生铁，阿拉伯数字为04	F04

2. 碳素结构钢和低合金结构钢牌号表示方法

1）碳素结构钢和低合金结构钢的牌号通常由四部分组成：

第一部分：前缀符号+强度值（以 N/mm^2 或 MPa 为单位），其中通用结构钢前缀符号为代表屈服强度的拼音的字母"Q"，专用结构钢的前缀符号见表1-5。

第二部分（必要时）：钢的质量等级，用英文字母A、B、C、D、E、F表示。

第三部分（必要时）：脱氧方式表示符号，即沸腾钢、半镇静钢、镇静钢、特殊镇静钢分别以"F""b""Z""TZ"表示。镇静钢、特殊镇静钢表示符号通常可以省略。

第四部分（必要时）：产品用途、特性或工艺方法表示符号，见表1-6，示例见表1-7。

2）根据需要，低合金高强度结构钢的牌号也可以采用两位阿拉伯数字（表示平均碳含量，以万分之几计）加规定的元素符号及必要时加代表产品用途、特性和工艺方法的表示符号，按顺序表示。

示例：碳含量（质量分数）为0.15%~0.26%，锰含量（质量分数）为1.20%~1.60%的矿用钢牌号为20MnK。

表1-5　专用结构钢的前缀符号

产品名称	采用的汉字及汉语拼音或英文单词			采用字母	位置
	汉字	汉语拼音	英文单词		
热轧光圆钢筋	热轧光圆钢筋	—	Hot Rolled Plain Bars	HPB	牌号头
热轧带肋钢筋	热轧带肋钢筋	—	Hot Rolled Ribbed Bars	HRB	牌号头
细晶粒热轧带肋钢筋	热轧带肋钢筋+细	—	Hot Rolled Ribbed Bars+Fine	HRBF	牌号头

（续）

产品名称	采用的汉字及汉语拼音或英文单词			采用字母	位置
	汉字	汉语拼音	英文单词		
冷轧带肋钢筋	冷轧带肋钢筋	—	Cold Rolled Ribbed Bars	CRB	牌号头
焊接气瓶用钢	焊瓶	HAN PING	—	HP	牌号头
管线用钢	管线	—	Line	L	牌号头
煤机用钢	煤	MEI	—	M	牌号头

表 1-6　产品用途、特性或工艺方法表示符号

产品名称	采用的汉字及汉语拼音或英文单词			采用字母	位置
	汉字	汉语拼音	英文单词		
锅炉和压力容器用钢	容	RONG	—	R	牌号尾
锅炉用钢（管）	锅	GUO	—	G	牌号尾
低温压力容器用钢	低容	DI RONG	—	DR	牌号尾
桥梁用钢	桥	QIAO	—	Q	牌号尾
耐候钢	耐候	NAI HOU	—	NH	牌号尾
高耐候钢	高耐候	GAO NAI HOU	—	GNH	牌号尾
汽车大梁用钢	梁	LIANG	—	L	牌号尾
高性能建筑结构用钢	高建	GAO JIAN	—	GJ	牌号尾
低焊接裂纹敏感性钢	低焊接裂纹敏感性	—	Crack Free	CF	牌号尾
保证淬透性钢	淬透性	—	Hardenability	H	牌号尾
矿用钢	矿	KUANG	—	K	牌号尾
船用钢	采用国际符号				

表 1-7　碳素结构钢和低合金结构钢牌号示例

产品名称	第一部分	第二部分	第三部分	第四部分	牌号示例
碳素结构钢	最小屈服强度 235N/mm²	A 级	沸腾钢	—	Q235AF
低合金高强度结构钢	最小屈服强度 355N/mm²	D 级	特殊镇静钢	—	Q355D
热轧光圆钢筋	屈服强度特征值 235N/mm²	—	—	—	HPB235
热轧带肋钢筋	屈服强度特征值 335N/mm²	—	—	—	HRB335
细晶粒热轧带肋钢筋	屈服强度特征值 335N/mm²	—	—	—	HRBF335
冷轧带肋钢筋	最小抗拉强度 550N/mm²	—	—	—	CRB550
焊接气瓶用钢	最小屈服强度 345N/mm²	—	—	—	HP345
管线用钢	最小规定总延伸强度 415MPa	—	—	—	L415
煤机用钢	最小抗拉强度 510N/mm²	—	—	—	M510
锅炉和压力容器用钢	最小屈服强度 355N/mm²	—	特殊镇静钢	压力容器"容"的汉语拼音首字母"R"	Q355R

3. 优质碳素结构钢和优质碳素弹簧钢牌号表示方法

1）优质碳素结构钢牌号通常由五部分组成：

第一部分：以两个阿拉伯数字表示平均碳含量（以万分之几计）。

第二部分（必要时）：较高含锰量的优质碳素结构钢，加锰元素符号 Mn。

第三部分（必要时）：钢材冶金质量，即高级优质钢、特级优质钢分别以 A、E 表示，优质钢不用字母表示。

第四部分（必要时）：脱氧方式表示符号，即镇静钢以"Z"表示，但镇静钢表示符号通常可以省略。

第五部分（必要时）：产品用途、特性或工艺方法表示符号，见表1-6，示例见表1-8。

2）优质碳素弹簧钢的牌号表示方法与优质碳素结构钢相同，示例见表1-8。

表 1-8　优质碳素结构钢和优质碳素弹簧钢牌号示例

产品名称	第一部分	第二部分	第三部分	第四部分	第五部分	牌号示例
优质碳素结构钢	碳质量分数：0.05%~0.11%	锰质量分数：0.25%~0.50%	优质钢	沸腾钢	—	08F
优质碳素结构钢	碳质量分数：0.47%~0.55%	锰质量分数：0.50%~0.80%	高级优质钢	镇静钢	—	50AZ
优质碳素结构钢	碳质量分数：0.48%~0.56%	锰质量分数：0.70%~1.00%	特级优质钢	镇静钢	—	50MnEZ
保证淬透性用钢	碳质量分数：0.42%~0.50%	锰质量分数：0.50%~0.85%	高级优质钢	镇静钢	保持淬透性钢表示符号"H"	45AZH
优质碳素弹簧钢	碳质量分数：0.62%~0.70%	锰质量分数：0.90%~1.20%	优质钢	镇静钢	—	65MnZ

4. 合金结构钢和合金弹簧钢牌号表示方法

（1）合金结构钢牌号通常由四部分组成

1）第一部分：以两位阿拉伯数字表示碳的平均质量分数（以万分之几计）。

2）第二部分：合金元素含量，以化学元素符号及阿拉伯数字表示。具体表示方法为：平均质量分数小于 1.50% 时，牌号中仅标明元素，一般不标明含量；平均质量分数为 1.50%~2.49%、2.50%~3.49%、3.50%~4.49%、4.50%~5.49%、…时，在合金元素后相应写成 2、3、4、5、…。

需注意的是，化学元素符号的排列顺序推荐按含量值递减排列。如果两个或多个元素的含量相等时，相应符号位置按英文字母的顺序排列。

3）第三部分：钢材冶金质量，即高级优质钢、特级优质钢分别以 A、E 表示，优质钢不用字母表示。

4）第四部分（必要时）：产品用途、特性或工艺方法表示符号，见表1-6。

（2）合金弹簧钢的表示方法　合金弹簧钢牌号的表示方法与合金结构钢相同，合金结构钢和合金弹簧钢牌号示例见表1-9。

表 1-9 合金结构钢和合金弹簧钢牌号示例

产品名称	第一部分	第二部分	第三部分	第四部分	牌号示例
合金结构钢	碳质量分数:0.22%~0.29%	铬质量分数:1.50%~1.80% 钼质量分数:0.25%~0.35% 钒质量分数:0.15%~0.30%	高级优质钢	—	25Cr2MoVA
锅炉和压力容器用钢	碳质量分数≤0.22%	锰质量分数:1.20%~1.60% 钼质量分数:0.45%~0.65% 铌质量分数:0.025%~0.050%	特级优质钢	锅炉和压力容器用钢	18MnMoNbER
优质弹簧钢	碳质量分数:0.56%~0.64%	硅质量分数:1.60%~7.00% 锰质量分数:0.70%~1.00%	优质钢	—	60Si2Mn

5. 工具钢牌号表示方法

工具钢分为碳素工具钢、合金工具钢和高速工具钢三类。

（1）**碳素工具钢** 碳素工具钢牌号通常由四部分组成：

第一部分：碳素工具钢的表示符号"T"。

第二部分：阿拉伯数字表示碳平均质量分数（以千分之几计）。

第三部分（必要时）：较高含锰量碳素工具钢，加锰元素符号 Mn。

第四部分（必要时）：钢材冶金质量，即高级优质碳素工具钢以 A 表示，优质钢不用字母表示，示例见表 1-10。

（2）**合金工具钢** 合金工具钢牌号通常由两部分组成：

第一部分：碳平均质量分数小于 1.00% 时，采用一位数字表示碳质量分数（以千分之几计）。碳平均质量分数不小于 1.00% 时，不标明碳含量数字。

第二部分：合金元素质量分数，以化学元素符号及阿拉伯数字表示，表示方法同合金结构钢第二部分。低铬（铬平均质量分数小于 1%）合金工具钢，在铬含量（以千分之几计）前加数字"0"，示例见表 1-10。

（3）**高速工具钢** 高速工具钢牌号表示方法与合金结构钢相同，但在牌号头部一般不标明表示碳含量的阿拉伯数字。为了区别牌号，在牌号头部可以加"C"表示高碳高速工具钢，示例见表 1-10。

表 1-10 工具钢牌号示例

产品名称	第一部分			第二部分	第三部分	第四部分	牌号示例
	汉字	汉语拼音	采用字母				
碳素工具钢	碳	TAN	T	碳质量分数:0.80%~0.90%	锰质量分数:0.40%~0.60%	高级优质钢	T8MnA
合金工具钢	碳质量分数:0.85%~0.95%			硅质量分数:1.20%~1.60% 铬质量分数:0.95%~1.25%	—	—	9SiCr

（续）

产品名称	第一部分			第二部分	第三部分	第四部分	牌号示例
	汉字	汉语拼音	采用字母				
高速工具钢			碳质量分数： 0.80%~0.90%	钨质量分数： 5.50%~6.75% 钼质量分数： 4.45%~5.50% 铬质量分数： 3.80%~4.40% 钒质量分数： 1.75%~2.20%	—	—	W6Mo5Cr4V2
			碳质量分数： 0.86%~0.94%	钨质量分数： 5.90%~6.70% 钼质量分数： 4.70%~5.20% 铬质量分数： 3.80%~4.50% 钒质量分数： 1.75%~2.10%	—	—	CW6Mo5Cr4V2

6. 不锈钢和耐热钢的牌号表示方法

牌号由规定的化学元素符号和表示各元素含量的阿拉伯数字组成。表示各元素含量的阿拉伯数字应符合以下规定：

（1）碳含量 用两位或三位阿拉伯数字表示碳含量最佳控制值（以万分之几或十万分之几计）。

1）只规定碳含量上限者，当碳质量分数上限不大于0.10%时，以其上限的3/4表示碳含量；当碳质量分数上限大于0.10%时，以其上限的4/5表示碳含量。

例如：碳质量分数上限为0.08%，碳含量以06表示；碳质量分数上限为0.20%，碳含量以16表示；碳质量分数上限为0.15%，碳含量以12表示。

对超低碳不锈钢（即碳质量分数不大于0.030%），用三位阿拉伯数字表示碳含量最佳控制值（以十万分之几计）。

例如：碳质量分数上限为0.030%时，其牌号中的碳含量以022表示；碳质量分数上限为0.020%时，其牌号中的碳含量以015表示。

2）规定上、下限者，以碳平均质量分数×100表示。

例如：碳质量分数为0.16%~0.25%时，其牌号中的碳含量以20表示。

（2）合金元素含量 合金元素含量以化学元素符号及阿拉伯数字表示，表示方法同合金结构钢第二部分。钢中有意加入的铌、钛、锆、氮等合金元素，虽然含量很低，也应在牌号中标出。

例如：碳质量分数不大于0.08%，铬质量分数为18.00%~20.00%，镍质量分数为8.00%~11.00%的不锈钢，牌号为06Cr19Ni10。

碳质量分数不大于0.030%，铬质量分数为16.00%~19.00%，钛质量分数为0.10%~1.00%的不锈钢，牌号为022Cr18Ti。

碳质量分数为 0.15% ~ 0.25%，铬质量分数为 14.00% ~ 16.00%，锰质量分数为 14.00% ~ 16.00%，镍质量分数为 1.50% ~ 3.00%，氮质量分数为 0.15% ~ 0.30% 的不锈钢，牌号为 20Cr15Mn15Ni2N。

碳质量分数为不大于 0.25%，铬质量分数为 24.00% ~ 26.00%，镍质量分数为 19.00% ~ 22.00% 的耐热钢，牌号为 20Cr25Ni20。

1.3.2 金属材料的用途

1. 铸铁

铸铁有着广泛的用途，主要是因为其具有出色的流动性，以及易于浇注成各种复杂形态的特点。铸铁实际上是由多种元素组合而成的混合物的名称，它们包括碳、硅和铁，其中碳的含量越高，在浇铸过程中其流动特性就越好，碳在这里以石墨和碳化铁两种形式出现。

铸铁的材料特性：优秀的流动性、低成本、良好的耐磨性、低凝固收缩率、很脆、高压缩强度、良好的机械加工性。

典型用途：铸铁已经具有几百年的应用历史，主要用在汽车零件、农机磨损件、锅炉配件、以及化工工业等领域。

2. 不锈钢

不锈钢是在钢里熔入铬、镍以及其他一些金属元素而制成的合金。其不生锈的特性来源于合金中的成分铬，铬在合金表面形成了一层坚牢的、具有自我修复能力的氧化铬薄膜。

不锈钢主要分为四大类型：奥氏体型、铁素体型、铁素体-奥氏体型（复合式）、马氏体型。家居用品中使用的不锈钢基本上都是奥氏体。

不锈钢的材料特性：耐腐蚀、可进行精细表面处理、刚度高、可通过各种加工工艺成形、较难进行冷加工。

典型用途：奥氏体不锈钢主要应用于家居用品、工业管道以及建筑结构中；马氏体不锈钢主要用于制作刀具和涡轮叶片；铁素体不锈钢具有防腐蚀性，主要应用在洗衣机以及锅炉零部件中；复合式不锈钢具有更强的耐蚀性能，所以经常应用于侵蚀性环境。

3. 锌

锌质铸件在日常生活中十分常见：门把手表层下面的材料、水龙头、电子元件等。锌具有极高的耐蚀性，这一特性使它具备了另外最基本的一项功能，即作为钢的表面镀层材料。除以上这些功能外，锌还是与铜一起合成黄铜的合金材料。

锌的材料特性：优良的可铸性、出色的耐蚀性、高强度、高硬度、原材料价廉、低熔点、抗蠕变、易与其他金属形成合金、常温下易碎、100℃左右具有延展性。

典型用途：电子产品元件、形成青铜的合金材料之一。另外，锌也被应用在屋顶材料、移动电话天线以及照相机中的快门装置。

4. 铝

与其他金属元素不同，铝并不是直接以金属元素的形式存在于自然界中，而是从含 50% 氧化铝（也称矾土）的铝土矿中提炼出来的，以这种形态存在于矿物中的铝是地球上储量最丰富的金属元素之一。

铝的材料特性：柔韧可塑、易于制成合金、高强度-质量比、出色的耐蚀性、易导电导热、可回收。

典型用途：交通工具骨架、飞行器零部件、厨房用具、包装以及家具。铝也经常被用以加固一些大型建筑结构，例如伦敦皮卡迪利广场上的爱神雕像，纽约克莱斯勒汽车大厦的顶部等，都曾用铝质材料加固。

5. 镁合金

镁是极重要的有色金属，它比铝轻，能够很好地与其他金属构成高强度的合金，镁合金具有比重小、比强度和比刚度高、导热导电性好、兼有良好的阻尼减振和电磁屏蔽性能、易于加工成形、容易回收等优点。但长期以来，由于受价格昂贵和技术方面的限制，镁及镁合金只少量应用于航空、航天及军事工业，因而被称为"贵族金属"。现今镁是继钢铁、铝之后的第三大金属工程材料，被广泛地应用于航空航天、汽车、电子、移动通信、冶金等领域。可以预计，由于其他结构金属生产成本的增加，金属镁在未来的重要性变得更大。

镁合金比重为铝合金的68%，锌合金的27%，钢铁的23%，常用于汽车零件、3C产品外壳、建筑材料等。大多数超薄便携式计算机和手机都采用镁合金做外壳。

镁合金的材料特性：轻量化的结构、刚性高且耐冲击、优良的耐蚀性、良好的热传导性和电磁遮蔽性、良好的阻燃性、耐热性较差、易回收。

典型用途：广泛应用于航空航天、汽车、电子、移动通信、冶金等领域。

6. 铜

铜是一种优良的导电体，其导电性能仅次于银。从人们利用金属材料的时间历史来看，铜则是仅次于金的为人类利用最悠久的金属，这一点在很大程度上是因为铜矿很容易开采，而且铜也比较容易从铜矿石中分离出来。

铜的材料特性：很好的耐蚀性、极好的导热导电性、坚硬、柔韧、良好的延展性、抛光后效果独特。

典型用途：电线、发动机线圈、印制电路、屋面材料、管道材料、加热材料、首饰、炊具。铜也是制作青铜的主要成分之一。

7. 铬

铬最为常见的作用是作为合金元素用于不锈钢中，来增强不锈钢的硬度。镀铬工艺通常分为三种类型：装饰性铬镀层、硬质铬镀层以及黑色铬镀层。铬镀层在工程领域中应用相当广泛，装饰性铬镀层通常作为最表层镀于镍层外面，镀层具有精致细腻如镜面一般的抛光效果。作为一道装饰性后处理工序，铬镀层厚度仅为0.006mm。

铬的材料特性：光洁度非常高、优良的耐蚀性、坚硬耐用、易于清洗、摩擦系数小。

典型用途：装饰性镀铬是许多汽车元件的镀层材料，包括车门把手以及缓冲器等，除此之外，铬还应用于自行车零部件、浴室水龙头以及家具、厨房用具等。硬质镀铬更多的用于工业领域，包括作业控制块中的随机存储器、飞机发动机元件、塑料模具以及减震器等。黑色镀铬主要用于乐器装饰以及太阳能利用方面。

8. 钛

钛是一种很特别的金属，质地非常轻盈，却又十分坚韧和耐腐蚀，在常温下很稳定。钛的熔点与铂相差不多，因此常用于航天、军工等精密部件。钛采用电流和化学处理后，会产生不同的颜色。钛有优异的抗酸碱腐蚀性，在"王水"中浸泡了几年的钛，依旧锃亮，光彩照人。若把钛加到不锈钢中，只加 1% 左右，就可大大提高不锈钢的抗锈性能。

钛具有密度小、耐高温、耐腐蚀等优良的特性，钛合金密度是钢铁的一半，而强度和钢铁差不多；钛既耐高温，又耐低温。在 $-253 \sim 500℃$ 的温度范围内都能保持高强度。钛的合金是制作火箭发动机的壳体及人造卫星、宇宙飞船的好材料，有"太空金属"之称。由于钛有这些优点，20 世纪 50 年代以来，钛一跃成为突出的稀有金属。

钛是一种纯性金属，正因为钛金属的"纯"，物质和它接触的时候，不会产生化学反应，也就是说，因为钛的耐蚀性、稳定性高，使它在和人长期接触以后也不影响其本质，所以不会造成人的过敏，它是唯一对人类植物神经和味觉没有任何影响的金属，被人们称为"亲生物金属"。钛最大的缺点是提炼比较困难，这主要是因为钛在高温下可以与氧、碳、氮以及其他许多元素化合。所以人们曾把钛当作"稀有金属"，其实，钛的含量约占地壳质量的 6‰，比铜、锡、锰、锌的总和还要多 10 多倍。

钛的材料特性： 非常高的强度、质量比，优良的耐蚀性，难以进行冷加工、良好的焊接性、大约比钢轻 40%，比铝重 60%、低导电性、低热胀率、高熔点。

典型用途： 高尔夫球杆、网球拍、便携式计算机、照相机、行李箱、外科手术植入物、飞行器骨架、化学用具以及海事装备等。另外，钛也被用作纸张、绘画以及塑料等所需的白色颜料。

1.3.3 金属材料的特点

1. 疲劳

许多机械零件和工程构件，是承受交变载荷的，在交变载荷的作用下，虽然应力水平低于材料的屈服极限，但经过长时间的应力反复循环作用以后，也会发生突然脆性断裂，这种现象叫作金属材料的疲劳。

1）金属材料疲劳断裂的特点是：

① 载荷应力是交变的。

② 载荷的作用时间较长。

③ 断裂是瞬时发生的。

④ 无论是塑性材料还是脆性材料，在疲劳断裂区都是脆性的。

疲劳断裂是工程上最常见、最危险的断裂形式。

2）金属材料的疲劳现象，按条件不同可分为下列几种：

① 高周疲劳：指在低应力（工作应力低于材料的屈服极限，甚至低于弹性极限）条件下，应力循环周数在 100000 以上的疲劳，它是一种最常见的疲劳破坏。高周疲劳一般简称为疲劳。

② 低周疲劳：指在高应力（工作应力接近材料的屈服极限）或高应变条件下，应力循环周数在 10000 ~ 100000 以下的疲劳。由于交变的塑性应变在这种疲劳破坏中起主要作用，因而，也称为塑性疲劳或应变疲劳。

③ 热疲劳：指由于温度变化所产生的热应力的反复作用所造成的疲劳破坏。

④ 腐蚀疲劳：指机器部件在交变载荷和腐蚀介质（如酸、碱、海水、活性气体等）的共同作用下，所产生的疲劳破坏。

⑤ 接触疲劳：指机器零件的接触表面，在接触应力的反复作用下，出现麻点剥落或表

面压碎剥落，从而造成机件失效破坏。

2. 塑性

塑性是指金属材料在载荷外力的作用下，产生永久变形（塑性变形）而不被破坏的能力。金属材料在受到拉伸时，长度和横截面积都要发生变化，因此，金属的塑性可以用长度的伸长（伸长率）和断面的收缩（断面收缩率）两个指标来衡量。

金属材料的伸长率和断面收缩率越大，表示该材料的塑性越好，即材料能承受较大的塑性变形而不被破坏。一般把伸长率大于5%的金属材料称为塑性材料（如低碳钢等），而把伸长率小于5%的金属材料称为脆性材料（如灰口铸铁等）。塑性好的材料，能在较大的宏观范围内产生塑性变形，并在塑性变形的同时使金属材料因塑性变形而强化，从而提高材料的强度，保证了零件的安全使用。此外，塑性好的材料可以顺利地进行某些成形工艺加工，如冲压、冷弯、冷拔、校直等。因此，选择金属材料作机械零件时，必须满足一定的塑性指标。

3. 耐久性

金属腐蚀的主要形态有以下5种：

（1）均匀腐蚀　金属表面的腐蚀使断面均匀变薄。因此，常用年平均厚度减损值作为耐蚀性的指标（腐蚀率），钢材在大气中一般呈均匀腐蚀。

（2）孔蚀　金属腐蚀呈点状并形成深坑。孔蚀的产生与金属的本性及其所处介质有关，在含有氯盐的介质中易发生孔蚀，孔蚀常用最大孔深作为评定指标。管道的腐蚀多考虑孔蚀问题。

（3）电偶腐蚀　不同金属的接触处，因电位不同而产生的腐蚀。

（4）缝隙腐蚀　金属表面在缝隙或其他隐蔽区域常发生由于不同部位间介质的组分和浓度的差异所引起的局部腐蚀。

（5）应力腐蚀　在腐蚀介质和较高拉应力共同作用下，金属表面产生腐蚀并向内扩展成微裂纹，常导致突然破断。混凝土中的高强度钢筋（钢丝）可能发生这种破坏。

4. 硬度

硬度是表示材料抵抗硬物体压入其表面的能力，它是金属材料的重要性能指标之一。一般硬度越高，耐磨性越好。常用的硬度指标有布氏硬度、洛氏硬度和维氏硬度。

（1）布氏硬度（HB）　以一定的载荷（一般3000kg）把一定大小（直径一般为10mm）的淬硬钢球压入材料表面，保持一段时间，去载后，负荷与其压痕面积之比值，即为布氏硬度值（HB），单位为 kgf/mm^2（N/mm^2）。

（2）洛氏硬度（HR）　当HB>450或者试样过小时，不能采用布氏硬度试验而改用洛氏硬度计量。洛氏硬度是用一个顶角120°的金刚石圆锥体或直径为 $\phi1.59mm$、$\phi3.18mm$ 的钢球，在一定载荷下压入被测材料表面，由压痕的深度求出材料的硬度。根据试验材料硬度的不同，可采用不同的压头和总试验压力组成几种不同的洛氏硬度标尺，每一种标尺用一个字母在洛氏硬度符号 HR 后面加以注明。常用的洛氏硬度标尺是 A、B、C 三种（HRA、HRB、HRC）。其中 C 标尺应用最为广泛。

HRA 是采用 60kg 载荷和钻石锥压入器求得的硬度，用于硬度极高的材料（如硬质合金等）。

HRB 是采用 100kg 载荷和直径 $\phi1.58mm$ 的淬硬钢球求得的硬度，用于硬度较低的材料（如退火钢、铸铁等）。

HRC 是采用 150kg 载荷和钻石锥压入器求得的硬度，用于硬度很高的材料（如淬火钢等）。

（3）维氏硬度（HV） 以 120kg 以内的载荷和顶角为 136° 的金刚石方形锥压入器压入材料表面，用材料压痕凹坑的表面积除以载荷值，即为维氏硬度值（HV）。

硬度试验是力学性能试验中最简单易行的一种试验方法。为了能用硬度试验代替某些力学性能试验，生产上需要一个比较准确的硬度和强度的换算关系。实践证明，金属材料的各种硬度值之间，硬度值与强度值之间具有近似的相应关系。因为硬度值是由起始塑性变形抗力和继续塑性变形抗力决定的，材料的强度越高，塑性变形抗力越高，硬度值也就越高。

1.4 金属热处理知识

1.4.1 金属材料热处理常用方法

所谓金属材料的热处理是指材料在固态下，通过加热、保温和冷却的操作方法，使金属的组织结构发生变化，以获得所需性能的一种工艺方法。根据工艺的不同，金属材料的热处理方法可分为淬火、退火、正火、回火及调质五种。

1. 淬火

将钢加热到临界温度（A_3 或 A_1）以上的适当温度，经保温后快速冷却，以获得马氏体组织的热处理工艺，称为淬火。

有些零件在工作时受扭转和弯曲等交变负荷、冲击负荷的作用，它的表面层承受着比心部更高的应力。在受摩擦的场合，表面层还不断地被磨损，因此对一些零件表面层提出高强度、高硬度、高耐磨性和高疲劳极限等要求，只有表面强化才能满足上述要求。由于表面淬火具有变形小、生产率高等优点，因此在生产中的应用极为广泛。

根据供热方式不同，表面淬火主要有感应淬火、火焰淬火、接触电阻加热淬火等。

感应淬火后的性能：

（1）表面硬度 经高、中频感应加热表面淬火的工件，其表面硬度往往比普通淬火高 2~3 单位（HRC）。

（2）耐磨性 高频淬火后的工件耐磨性比普通淬火要高。这主要是由于淬硬层马氏体晶粒细小，碳化物弥散度高，以及硬度比较高，表面的高压应力等综合的结果。

（3）疲劳强度 高、中频感应加热淬火使疲劳强度大为提高，缺口敏感性下降。对同样材料的工件，硬化层深度在一定范围内，随硬化层深度增加而疲劳强度增加，但硬化层深度过深时表层是压应力，因而硬化层深度增大疲劳强度反而下降，并使工件脆性增加。一般硬化层深 $\delta = (10 \sim 20)\% D$ 较为合适，其中 D 为工件的有效直径。

钢铁工件在淬火后具有以下特点：

1）得到了马氏体、贝氏体、残留奥氏体等不平衡（即不稳定）组织。

2）存在较大内应力。

3）力学性能不能满足要求。因此，钢铁工件淬火后一般都要经过回火。

2. 退火

退火是将金属和合金加热到适当温度，保持一定时间，然后缓慢冷却的热处理工艺。退火后的组织亚共析钢是铁素体加片状珠光体；共析钢或过共析钢则是粒状珠光体。总之退火组织是接近平衡状态的。

(1) 退火的目的

1）降低钢的硬度，提高塑性，以利于切削加工及冷变形加工。

2）细化晶粒，消除因铸、锻、焊引起的组织缺陷，均匀钢的组织和成分，改善钢的性能或为以后的热处理做组织准备。

3）消除钢中的内应力，以防止变形和开裂。

(2) 退火工艺的种类

1）均匀化退火（扩散退火）。均匀化退火是为了减少金属钢锭、铸件或钢坯的化学成分的偏析和组织的不均匀性，将其加热到高温，长时间保持，然后进行缓慢冷却，以化学成分和组织均匀化为目的的退火工艺。

均匀化退火的加热温度一般为 $Ac_3 + (150 \sim 200℃)$，即 1050 ~ 1150℃，保温时间一般为 10 ~ 15h，以保证扩散充分进行，达到消除或减少成分或组织不均匀的目的。由于均匀化退火的加热温度高，时间长，晶粒粗大，为此，均匀化退火后要再进行完全退火或正火，使组织重新细化。

2）完全退火。完全退火又称为重结晶退火，是将铁碳合金完全奥氏体化，随之缓慢冷却，获得接近平衡状态组织的退火工艺。

完全退火主要用于亚共析钢，一般是中碳钢及低、中碳合金结构钢锻件、铸件及热轧型材，有时也用于它们的焊接构件。完全退火不适用于过共析钢，因为过共析钢完全退火需加热到 A_{cm} 以上，在缓慢冷却时，渗碳体会沿奥氏体晶界析出，呈网状分布，导致材料脆性增大，给最终热处理留下隐患。

完全退火的加热温度碳钢一般为 $Ac_3 + (30 \sim 50℃)$；合金钢为 $Ac_3 + (50 \sim 70℃)$；保温时间则要依据钢材的种类、工件的尺寸、装炉量、所选用的设备型号等多种因素确定。为了保证过冷奥氏体完全进行珠光体转变，完全退火的冷却必须是缓慢的，随炉冷却到 500℃ 左右出炉空冷。

3）不完全退火。不完全退火是将铁碳合金加热到 $Ac_1 \sim Ac_3$ 之间温度，达到不完全奥氏体化，随之缓慢冷却的退火工艺。

不完全退火主要适用于中、高碳钢和低合金钢锻轧件等，其目的是细化组织和降低硬度，加热温度为 $Ac_1 + (40 \sim 60)℃$，保温后缓慢冷却。

4）等温退火。等温退火是将钢件或毛坯件加热到高于 Ac_3（或 Ac_1）的温度，保持适当时间后，较快地冷却到珠光体温度区间的某一温度并等温保持，使奥氏体转变为珠光体型组织，然后在空气中冷却的退火工艺。

等温退火工艺应用于中碳合金钢和低合金钢，其目的是细化组织和降低硬度。亚共析钢加热温度为 $Ac_3 + (30 \sim 50)℃$，过共析钢加热温度为 $Ac_3 + (20 \sim 40)℃$，保持一定时间，随炉冷至稍低于 Ar_1 温度进行等温转变，然后出炉空冷。等温退火的组织与硬度比完全退火的更为均匀。

5）球化退火。球化退火是使钢中碳化物球化而进行的退火工艺。将钢加热到 Ac_1 温度以上 20 ~ 30℃，保温一段时间，然后缓慢冷却，得到在铁素体基体上均匀分布的球状或颗粒状碳化物的组织。

球化退火主要适用于共析钢和过共析钢，如碳素工具钢、合金工具钢、轴承钢等。这些钢经轧制、锻造后空冷，所得组织是片层状珠光体与网状渗碳体，这种组织硬而脆，不仅难以切削加工，且在以后淬火过程中也容易变形和开裂。而经球化退火得到的是球状珠光体组织，其中的渗碳体呈球状颗粒，弥散分布在铁素体基体上，和片状珠光体相比，不但硬度低，便于切削加工，而且在淬火加热时，奥氏体晶粒不易长大，冷却时工件变形和开裂倾向小。另外对于一些需要改善冷塑性变形（如冲压、冷镦等）的亚共析钢有时也可采用球化退火。

球化退火加热温度为 $Ac_1+(20\sim40)$℃ 或 $A_{cm}-(20\sim30)$℃，保温后等温冷却或直接缓慢冷却。在球化退火时奥氏化是"不完全"的，只是片状珠光体转变成奥氏体，及少量过剩碳化物熔解。因此，球化退火不可能消除网状碳化物，如过共析钢有网状碳化物存在，则在球化退火前须先进行正火，将其消除，才能保证球化退火正常进行。

球化退火工艺方法很多，最常用的两种工艺是普通球化退火和等温球化退火。普通球化退火是将钢加热到 Ac_1 温度以上 $20\sim30$℃，保温适当时间，然后随炉缓慢冷却，冷却到 500℃ 左右出炉空冷。等温球化退火与普通球化退火工艺同样是加热保温后，随炉冷却到略低于 Ar_1 的温度进行等温，等温时间为其加热保温时间的 1.5 倍。等温后随炉冷至 500℃ 左右出炉空冷。和普通球化退火相比，等温球化退火不仅可缩短周期，而且可使球化组织均匀，并能严格地控制退火后的硬度。

6）**再结晶退火（中间退火）**。再结晶退火是经冷形变后的金属加热到再结晶温度以上，保持适当时间，使形变晶粒重新结晶成均匀的等轴晶粒，以消除形变强化和残余应力的热处理工艺。

7）**去应力退火**。去应力退火是为了消除由于塑性形变加工、焊接等造成的以及铸件内存在的残余应力而进行的退火工艺。锻造、铸造、焊接以及切削加工后的工件内部存在内应力，如不及时消除，将使工件在加工和使用过程中发生变形，影响工件精度，采用去应力退火消除加工过程中产生的内应力十分重要。去应力退火的加热温度低于相变温度 A_1，因此，在整个热处理过程中不发生组织转变。内应力主要是通过工件的保温和缓冷过程消除的。为了使工件内应力消除得更彻底，在加热时应控制加热温度。一般是低温进炉，然后以 100℃/h 左右的加热速度加热到规定温度。焊件的加热温度应略高于 600℃。保温时间视情况而定，通常为 $2\sim4$h。铸件去应力退火的保温时间取上限，冷却速度控制在 $(20\sim50)$℃/h，冷却至 300℃ 以下才能出炉空冷。

3. 正火

正火工艺是将钢件加热到 Ac_3（或 A_{cm}）以上 $30\sim50$℃，保温适当的时间后，在静止的空气中冷却的热处理工艺。把钢件加热到 Ac_3 以上 $100\sim150$℃ 的正火则称为高温正火。

对于中、低碳钢的铸、锻件，正火的主要目的是细化组织。与退火相比，正火后珠光体片层较细，铁素体晶粒也比较细小，因而强度和硬度较高。低碳钢由于退火后硬度太低，切削加工时会产生黏刀现象，切削性能差，通过正火提高硬度，可改善切削性能，某些中碳结构钢零件可用正火代替调质，简化热处理工艺。

过共析钢正火加热到 A_{cm} 温度以上，使原先呈网状的渗碳体全部熔入到奥氏体，然后用较快的速度冷却，抑制渗碳体在奥氏体晶界的析出，从而能消除网状碳化物，改善过共析钢的组织。焊件中要求焊缝强度的零件用正火来改善焊缝组织，保证焊缝强度。在热处理过程中的返修零件必须要正火处理，要求力学性能指标的结构零件必须正火后进行调质处理才能满足力学性能要求。中、高合金钢和大型锻件正火后必须加高温回火来消除正火时产生的内应力。

有些合金钢在锻造时产生部分马氏体，形成硬组织。为了消除这种不良组织采取正火时，要比正常正火温度高 20℃ 左右加热保温进行正火。正火工艺比较简便，有利于采用锻造余热进行操作，可节省能源和缩短生产周期。正火工艺操作不当也会产生组织缺陷，与退火相似，补救方法基本相同。

正火与退火的不同点是正火冷却速度比退火冷却速度稍快，因而正火组织要比退火组织更细一些，其力学性能也有所提高。另外，正火炉外冷却不占用设备，生产率较高，因此生产中尽可能采用正火来代替退火。正火的主要应用范围有：

1）用于低碳钢，正火后硬度略高于退火，韧性也较好，可作为切削加工的预处理。

2）用于中碳钢，可代替调质处理作为最后热处理，也可作为用感应加热方法进行表面淬火前的预备处理。

3）用于工具钢、轴承钢、渗碳钢等，可以消降或抑制网状碳化物的形成，从而得到球化退火所需的良好组织。

4）用于铸钢件，可以细化铸态组织，改善切削加工性能。

5）用于大型锻件，可作为最后热处理，从而避免淬火时较大的开裂倾向。

6）用于球墨铸铁，使硬度、强度、耐磨性得到提高，如用于制造汽车、拖拉机、柴油机的曲轴、连杆等重要零件。

4. 回火

回火是将淬火后的钢重新加热到 Ac_1 以下某一温度范围（大大低于退火、正火和淬火时的加热温度），保温后在空气中、油或水中冷却的热处理工艺。

回火的目的是减小或消除工件在淬火时产生的内应力，降低淬火后钢的脆性，使工件获得较好的强度、韧性、塑性、弹性等综合力学性能。

根据回火温度的不同，回火分为低温回火、中温回火和高温回火。

（1）低温回火　回火温度为 150~250℃。低温回火可以消除部分内应力，降低钢的脆性，提高韧性，同时保持较高的硬度，故广泛应用于要求硬度高、耐磨性好的零件，如量具、刀具、冷变形模具及表面淬火件等。

（2）中温回火　回火温度为 300~450℃。中温回火可以消除大部分内应力，硬度有显著的下降，但仍有一定的韧性和弹性。中温回火主要应用于各类弹簧、高强度的轴、轴套及热锻模具等工件。

（3）高温回火　回火温度为 500~650℃。高温回火可以消除内应力，使工件既具有良好的塑性和韧性，又具有较高的强度。淬火后再经高温回火的工艺称为调质处理。对于大部分要求具有较高综合力学性能的重要零件，都要经过调质处理，如轴、齿轮等。

回火的作用在于：

1）提高组织稳定性，使工件在使用过程中不再发生组织转变，从而使工件几何尺寸和性能保持稳定。

2）消除内应力，以改善工件的使用性能并稳定工件几何尺寸。

3）调整钢铁的力学性能以满足使用要求。

回火之所以具有这些作用,是因为温度升高时,原子活动能力增强,钢铁中的铁、碳和其他合金元素的原子可以较快地进行扩散,实现原子的重新排列组合,从而使不稳定的不平衡组织逐步转变为稳定的平衡组织。内应力的消除还与温度升高时金属强度降低有关。一般钢铁回火时,硬度和强度下降,塑性提高。

回火温度越高,力学性能的变化越大。有些合金元素含量较高的合金钢,在某一温度范围回火时,会析出一些颗粒细小的金属化合物,使强度和硬度上升。这种现象称为二次硬化。

不同用途的工件应在不同温度下回火,以满足使用要求。

1)刀具、轴承、渗碳淬火零件、表面淬火零件通常在250℃以下进行低温回火。低温回火后硬度变化不大,内应力减小,韧性稍有提高。

2)弹簧在350~500℃下中温回火,可获得较高的弹性和必要的韧性。

3)中碳结构钢制作的零件通常在500~600℃进行高温回火,以获得适宜的强度与韧性的良好配合。钢在300℃左右回火时,常使其脆性增大,这种现象称为第一类回火脆性,一般不应在这个温度区间回火。某些中碳合金结构钢在高温回火后,如果缓慢冷至室温,也易于变脆,这种现象称为第二类回火脆性。在钢中加入钼,或回火时在油或水中冷却,都可以防止第二类回火脆性。将第二类回火脆性的钢重新加热至原来的回火温度,便可以消除这种脆性。

5. 调质

调质指通过淬火+高温回火,以获得回火索氏体的热处理工艺。

调质件大都在比较大的动载荷作用下工作,它们承受着拉伸、压缩、弯曲、扭转或剪切的作用,有的表面还具有摩擦,要求有一定的耐磨性等,总之,零件处在各种复合应力下工作。这类零件主要为各种机器和机构的结构件,如轴类、连杆、螺栓、齿轮等,在机床、汽车和拖拉机等制造工业中用得很普遍。尤其是对于重型机器制造中的大型部件,调质处理用得更多。因此,调质处理在热处理中占有很重要的位置。

机械产品中的调质件,因其受力条件不同,对其所要求的性能也就不完全一样。一般说来,各种调质件都应具有优良的综合力学性能,即高强度和高韧性的适当配合,以保证零件能长期顺利工作。

1.4.2　化学热处理的基本原理及应用

1. 化学热处理的基本原理

将钢件置于一定温度的活性介质中保温,使一种或几种元素渗入它的表层,以改变其化学成分、组织和性能,这种热处理工艺称为化学热处理。化学热处理与其他热处理相比,不仅改变了钢的组织,而且表层的化学成分也发生了变化。

化学热处理都是通过以下三个基本过程来完成的:

(1)分解　介质在一定温度下,发生化学分解,产生渗入元素的活性原子。

(2)吸收　活性原子被工件表面吸收。

(3)扩散　渗入的活性原子,由表面向中心扩散,形成一定厚度的扩散层(即渗层)。

2. 化学热处理的应用

(1)钢的渗碳　将钢件在渗碳介质中加热并保温,使碳原子渗入表层的化学热处理工艺称为渗碳。渗碳的目的是提高钢件表层的碳含量和具有一定的碳浓度梯度，渗碳后工件经淬火及低温回火，表面获得高硬度，而其内部又具有高韧性，为了达到上述要求，渗碳零件必须用低碳钢或低碳合金钢来制造。

渗碳方法可分为固体渗碳、盐浴渗碳及气体渗碳三种，应用较为广泛的是气体渗碳。

（2）钢的渗氮　在一定温度下，使活性氮原子渗入工件表面的化学热处理工艺称为渗氮。渗氮的目的是提高零件表面的硬度、耐磨性，耐蚀性及疲劳强度，零件经渗氮后不再需要进行其他的热处理。

渗氮层具有比渗碳层更高的硬度和耐磨性，而且渗氮层的硬度在 600~650℃ 时仍可维持。

渗氮层具有很好的耐蚀性，可防止水蒸气、碱性溶液腐蚀，此外，渗氮温度低，工件变形小，生产中主要用来处理重要和复杂的精密零件。

（3）碳氮共渗　在一定温度下，将碳、氮同时渗入工件表层奥氏体中，并以渗碳为主的化学热处理工艺称为碳氮共渗，常用的为气体碳氮共渗。

碳氮共渗同渗碳相比，具有很多优点，它不仅加热温度低，零件变形小，生产周期短，而且渗层具有较高的硬度、耐磨性和疲劳强度，主要用来处理汽车和机床上的齿轮、蜗杆和轴类等零件。与渗氮相比，碳氮共渗的渗层硬度较低，脆性较小。用来处理模具、量具，高速钢刀具等。

（4）其他化学热处理　根据使用要求不同，工件还可以采用渗铝，以提高零件的抗高温氧化性；渗硼，以提高零件的耐磨性、硬度及耐蚀性；渗铬，可提高零件的耐蚀性、抗高温氧化及耐磨性等。

1.5 焊接材料知识

1.5.1 焊接材料的管理

1. 焊条的存放管理

1）进入企业的焊条必须按照国家标准要求进行工艺验证，只有检验合格的焊条才能办理入库手续。焊条的生产厂家质量合格证及企业工艺验证合格报告必须妥善保管。

2）焊条必须在干燥通风良好的室内仓库存放；焊条储存库内，应设置温度计、湿度计；存放低氢型焊条的仓库的室内温度应不低于 5℃，相对空气湿度应不高于 60%。

3）焊条应存放在架子上，架子离地面高度不小于 300mm，离墙壁距离不小于 300mm；架子下面应放置干燥剂等，严防焊条受潮。

4）焊条堆放时应按种类、牌号、批次、规格及入库时间分类存放；每堆应有明确的标注，避免混乱。

5）焊条在供给使用单位之后至少在 6 个月之内可保证继续使用；焊条发放应做到先入库的焊条先使用。

6）操作者领用烘干后的焊条，应将焊条放入焊条保温筒内进行保温，保温筒内只允许装一种型（牌）号的焊条，不允许将多种型号的焊条装在同一保温筒内进行使用，以免在焊接施工中用错焊条，造成焊接质量事故。

7）受潮或包装出现损坏的焊条未经处理或复检不合格的焊条都不允许入库。

8）对于受潮、药皮变色以及焊心有锈迹的焊条须经烘干后进行质量评定，各项性能指标合格后方可入库，否则不准入库。

9）存放一年以上的焊条，在发放前应重新做各种性能试验，符合要求时方可发放，否则不应出库使用。

2. 焊剂的储存管理

1）储存焊剂的环境，室温最好控制在 10~25℃，相对湿度应小于 50%。

2）储存焊剂的环境应该通风良好，在距离地面高度 500mm、距离墙壁 400mm 的货架上进行存放。

3）焊剂使用应该本着先进先出的原则进行发放使用。

4）回收后的焊剂，如果准备再次进行使用，应及时存放在保温箱内进行保温处理。

5）对进入保管库的焊剂，要求对入库的焊剂质量保证书、焊剂的发放记录等妥善保管。

6）不合格、报废的焊剂要妥善处理，不得与库存待用焊剂混淆存放。

7）刚采购进的新焊剂，要进行产品质量验证；在验证结果未出来之前，必须与验证合格的焊剂分开存放。

8）每种焊剂储存前，都应有相应的焊剂标签，标签应注明焊剂的型号、牌号、生产日期、有效日期、生产批号、生产厂家及购入日期等信息。

3. 焊丝的存放管理

1）存放焊丝的仓库应具备干燥通风环境，避免潮湿，空气相对湿度应控制在 60% 以下；拒绝水、酸、碱等液体及易挥发有腐蚀性气体的物质存在，更不宜与这些物质共存同一仓库。

2）焊丝应放在木托盘上，不能将其直接放在地板或紧贴墙壁，码放时要与地面和墙壁保持 30cm 的距离。

3）搬运过程要避免乱扔乱放，防止包装破损，特别是内包装"热收缩膜"要保持完好，一旦包装破损，可能会引起焊丝吸潮、生锈。

4）分清型号和规格存放，不能混放，防止错用。

5）焊丝码放不宜过高。

6）一般情况下，药心焊丝无须烘干，开封后应尽快用完。当焊丝没用完，需放在送丝机内过夜时，要用帆布、塑料布或其他物品将送丝机（或焊丝盘）罩住，以减少与空气中的湿气接触。

7）按照"先进先出"的原则发放焊丝，尽量减少产品库存时间。

8）对于桶装焊丝，搬运时切勿滚动，容器也不能放倒或倾斜，以避免筒内焊丝缠绕，妨碍使用。

1.5.2 焊接材料的选用原则

1. 焊条的选用原则

焊条的种类很多，各有其应用范围，选用是否恰当将直接影响到焊接质量、劳动生产率和产品成本。焊条的选用须在确保焊接结构安全、可靠使用的前提下，根据钢材的化学成分、力学性能以及工作环境（有无腐蚀介质、高温或低温）等要求，并对焊接结构的状况（刚度大小）、受力情况、结构使用条件等对焊缝性能的要求和设备条件（是否有直流焊机）等因素进行综合考虑，以便做到合理地选用焊条，必要时还需进行焊接试验。

（1）选用焊条时应注意以下基本原则

1）等强度原则。该原则一般用于焊接低碳钢和低合金钢。对于承受静载荷或一般载荷的工件或结构，通常选用抗拉强度与母材同等级的焊条，这就是等强度原则。例如，焊接20钢、Q235等低碳钢或抗拉强度在400MPa左右的钢就可以选用E43系列焊条。而焊Q355（16Mn）、Q355g等抗拉强度在500MPa左右的钢可以选用E50系列焊条。

有人认为选用抗拉强度高的焊条焊接抗拉强度低的材料好，这个观念是错误的，通常抗拉强度高的钢材的塑性指标都较差，比选用单纯追求焊缝金属的抗拉强度，降低了它的塑性，往往不一定有利。

2）同成分原则。该原则一般用于焊接耐热钢、不锈钢等金属材料。焊接有特殊要求的工件或结构，如要求耐磨、耐蚀、在高温或低温下具有较高的力学性能，则应选用能保证熔敷金属的性能与母材相近的焊条，这就是同成分原则。例如，焊接不锈钢时，应选用不锈钢焊条；焊接耐热钢时应选用耐热钢焊条。

3）等条件原则。根据工件或焊接结构的工作条件和特点选择焊条，这就是等条件原则。例如，焊接需承受动载荷或冲击载荷时，应选用熔敷金属冲击韧度较高的低氢型碱性焊条。反之，焊接一般结构时，应选用酸性焊条。虽然选用焊条时还应考虑工地供电情况、工地设备条件、经济性及焊接效率等，但这都是比较次要的问题，应根据实际情况决定。

4）抗裂纹原则。选用抗裂性好的碱性焊条，以免在焊接和使用过程中接头产生裂纹，一般用于焊接刚度大、形状复杂、使用中承受动载荷的焊接结构。

5）抗气孔原则。受焊接工艺条件的限制，若对焊件接头部位的油污、铁锈等清理不便，应选用抗气孔能力强的酸性焊条，以免焊接过程中气体滞留于焊缝中，形成气孔。

6）低成本原则。在满足使用要求的前提下，尽量选用工艺性能好、成本低和效率高的焊条。

7）等韧性原则。即焊条熔敷金属和母材等韧性或相近，因为在实际中，焊接结构的破坏大多不是因为强度不够，而是韧性不足。因此焊条选择时强度可以略低于母材，而韧性要相同或相近。

（2）同种钢材焊接时焊条的选用应遵循以下原则

1）考虑力学性能和化学成分。对于普通结构钢，通常要求焊缝金属与母材等强度，应选用熔敷金属抗拉强度等于或稍高于母材的焊条。对于合金结构钢，有时还需要合金成分与母材相同或者相近。在焊接结构刚度大、接头应力高以及焊缝容易产生裂纹的不利情况下，应考虑选用比母材强度低或相近的焊条。当母材中碳、硫、磷等元素的含量偏高时，焊缝中容易产生裂纹，应选用抗裂性能好的低氢型碱性焊条。

2）考虑焊件的使用性能和工作条件。对于承受动载荷和冲击载荷的焊件，除满足强度要求外，还要保证焊缝金属具有较高的冲击韧性和塑性，可选用塑性、韧性指标较高的低氢型碱性焊条。对于接触腐蚀介质的焊件，应根据介质的性质及腐蚀特征选用不锈钢焊条或其他耐腐蚀焊条。在高温、低温、耐磨或者其他特殊条件下工作的焊件，应选用相应的耐热钢、低温钢、堆焊或其他特殊用途焊条。

3）考虑简化工艺、提高生产率、降低生产成本。对于薄板焊接或点焊时宜采用 J421 焊条，焊件不易烧穿且易引弧；在满足焊件使用性能和焊条操作性能的前提下，应选用规格大、效率高的焊条。

（3）异种钢焊接时焊条的选用应遵循以下原则

1）强度级别不同的碳钢与低合金钢（或低合金钢与低合金高强度钢）一般要求焊缝金属或接头的强度不低于两种被焊金属的最低强度，选用的焊条熔敷金属的强度应保证焊缝及接头的强度不低于强度较低侧母材的强度，同时焊缝金属的塑性和冲击韧性应不低于强度较高而塑性较差侧母材的韧性。因此可按两者之中强度级别较低的钢材选用焊条。但是，为了防止产生焊接裂纹，应按强度级别较高、焊接性较差的钢种确定焊接工艺，包括焊接规范、预热温度及焊后热处理等。

2）低合金钢与奥氏体型不锈钢应按照对熔敷金属化学成分限定的数值来选用焊条，一般选用铬、镍含量较高的塑性、抗裂性较好的 A402 型奥氏体型不锈钢钢焊条，以避免因产生脆性淬硬组织而导致的裂纹。但应根据焊接性较差的不锈钢确定焊接工艺及规范。

3）不锈钢复合钢板应考虑对基层、覆层、过渡层的焊接要求选用三种不同性能的焊条。对于基层（碳钢或低合金钢）的焊接，选用相应强度等级的结构钢焊条；覆层直接与腐蚀介质接触，选用相应成分的奥氏体型不锈钢焊条。关键是过渡层（即覆层与基层交界面）的焊接，必须考虑基体材料的稀释作用，应选用铬、镍含量较高且塑性和抗裂性好的 A402 型奥氏体型不锈钢焊条。

（4）酸性焊条和碱性焊条的选用应遵循以下原则

1）在焊条的抗拉强度等级确定后，在决定选用酸性或碱性焊条时，一般要考虑以下因素：

① 当接头坡口表面难以清理干净时，应采用氧化性强，对铁锈、油污等不敏感的酸性焊条。

② 在容器内部或通风条件较差的环境下，应选用焊接时析出有害气体少的酸性焊条。

③ 在母材中碳、硫、磷等元素含量较高且焊件形状复杂、结构刚度和厚度大时，应选用抗裂纹性好的低氢碱性型焊条。

④ 当焊件承受振动载荷或冲击载荷时，除保证抗拉强度外，应选用塑性和韧性较好的碱性焊条。

⑤ 在酸性焊条和碱性焊条均能满足性能要求的前提下，应尽量选用工艺性能较好的酸性焊条。

2）按简化工艺、生产率和经济性来选用焊条的原则：

① 薄板焊接或定位焊宜采用 J421 焊条，焊件不易烧穿且易引弧。

② 在满足焊件使用性能和焊条操作性能的前提下，应选用规格大、效率高的焊条。

③ 在使用性能基本相同时，应尽量选用价格较低的焊条，降低焊接生产的成本。

焊条除根据上述原则选用外，有时为了保证焊件的质量，还需通过试验来最后确定，同时为了保证焊工的身体健康，在允许的情况下应尽量多采用酸性焊条，目前生产作业过程中常用钢推荐选用的焊条见表1-11。

表 1-11 常用钢推荐选用的焊条

钢牌号	焊条型号	焊条牌号	钢牌号	焊条型号	焊条牌号
Q235AF Q235A、10、20	E4303	J422	12Cr1MoV	E5515-B2-V	R317
20R、20HP、20G	E4316	J426	12Cr2Mol	E6015-B3	R407
25	E4315	J427	12Cr2MolR		
	E4303	J422	1Cr5Mo	E1-5MOV-15	R507
	E5003	J502	06Crl8Ni11Ti	E0-19-10	A102
09Mn2V	E5515-C1	W707Ni		E0-19-15	A107
09Mn2VD	E5515-C1	W707Ni		E0-19	A132
06MnNBDR	E5515-C2	W907Ni		19-10Nb	A137
Q355	R5003	J502	0Crl9Ni9	E0-19-16	A102
Q355R	E5016	J506		E0-19-15	A107
Q355RE	E5015	J507	0Crl8Ni9Ti	E0-10Nb16	A132
Q355D	E5015-G	J507RH	0Crl8Nil1Ti	E0-10Nb15	A137
Q355DR	E5016L-G	J506RH			

2. 焊剂的选用原则

（1）低碳钢埋弧焊焊剂的选用原则

1）在采用沸腾钢焊丝进行埋弧焊时，为了保证焊缝金属能通过冶金反应得到硅锰渗合金，形成致密且具有足够强度和韧性的焊缝金属，同时必须配用高锰高硅焊剂。例如，焊接过程中采用 H08A 或 H08MnA 焊丝进行焊接产品时，必须采用 HJ43X 系列的焊剂。

2）中厚板对接大电流单面开 I 形坡口埋弧焊时，为了有效地提高焊缝金属的抗裂性能，应该尽量降低焊缝金属的含碳量，同时需要选用氧化性较高的高锰高硅焊剂配用 H08A 或 H08MnA 焊丝进行焊接。

3）厚板埋弧焊时，为了得到冲击韧度较高的焊缝金属，应该选用中锰中硅焊剂（如 HJ321、HJ350 等牌号）配用 H10Mn2 高锰焊丝，直接由焊丝向焊缝金属进行渗透锰元素，同时通过焊剂中 SiO_2 进行还原，向焊缝金属渗透硅元素。

（2）低合金钢埋弧焊焊剂的选用原则

1）低合金钢埋弧焊时，首先应该选用碱度较高的低氢型 HJ25X 系列焊剂。此焊剂属于低锰中硅型焊剂。在焊接过程中，由于 Si 和 Mn 还原合金的作用不够强，所以必须选用含 Si、Mn 量适中的合金焊丝，可有效防止冷裂纹及氢致延迟裂纹的产生，如 H08MnMo、H08Mn2Mo 和 H08GrMoA 等。

2）低合金钢埋弧焊时，HJ250 和 HJ101 属于硅锰还原反应较弱的高碱度焊剂，使用此焊剂进行焊接产品，焊缝金属非金属杂物较少、纯度较高，可以有效保证焊接接头的强度和韧性不低于母材的相应指标。

3）由于高碱度烧结焊剂的脱渣性比高碱度熔炼焊剂好，所以低合金钢厚板多层多道埋弧焊时，基本选用高碱度烧结焊剂进行焊接。

（3）不锈钢埋弧焊焊剂的选用原则

1）不锈钢埋弧焊时，应该选用氧化性较低的焊剂，主要是为了防止合金元素在焊接过程中的过量烧损。

2）HJ260 为低锰高硅中氟型熔炼焊剂，具有一定的氧化性。埋弧焊时，对防止合金元素的烧损不利，故需要配用铬、镍含量较高的铬镍钢焊丝，补充焊接过程中合金元素的烧损。

3）SJ103 氟碱性烧结焊剂，不仅脱渣性能良好、焊缝成形美观，具有良好的焊接工艺性能，而且还能保证焊缝金属具有足够的 Cr、Mo 和 Ni 元素的含量，可有效满足不锈钢焊件的技术要求。

3. 钨极的选用原则

（1）根据承载电流选择钨极直径　钨极的焊接电流承载能力与钨极的直径有较大的关系，焊接工件时，可根据焊接电流大小选择钨极直径，见表 1-12。

表 1-12　根据焊接电流大小选择钨极直径

钨极直径/mm	直流 DC/A		交流 AC/A
	电极接正极（+）	电极接负极（-）	
1.0	—	15～80	10～80
1.6	10～19	60～150	50～120
2.0	12～20	100～200	70～160
2.4	15～25	150～250	80～200
3.2	20～35	220～350	150～270
4.0	35～50	350～500	220～350
4.8	45～65	420～650	240～420
6.4	65～100	600～900	360～560

（2）根据电极材料的不同选择钨极　目前实际生产中使用较多的钨极主要有纯钨极、铈钨极和钍钨极等，应根据电极材料的不同选择合适的钨极。钨极性能对比见表 1-13。

表 1-13　钨极性能对比

名称	空载电压	电子逸出功	小电流断弧间隙	弧压	许用电流	放射性计量	化学稳定性	大电流烧损	寿命	价格
纯钨电极	高	高	短	较高	小	无	好	大	短	低
铈钨电极	较低	较低	较长	较低	较大	小	好	较小	较长	较高
钍钨电极	低	低	长	低	大	无	较好	小	长	较高

1.6　焊接设备知识

1.6.1　焊接及辅助设备的日常维护、保养及管理

1. 焊接设备的日常维护、保养及管理

正确使用和维护、保养焊接设备，不但能保持其工作性能，而且还能延长使用寿命，所

以对焊工来说，必须掌握弧焊电源的正确使用与维护保养，对生产管理部门来说，必须制订严格的设备管理制度。

1）焊机的接线和安装应由专门的电工负责，焊工不得自行操作。焊机的安装场地，应通风干燥、无振动、无腐蚀性气体。

2）焊接设备机壳必须接地。

3）使用时在合、拉电源闸刀开关时，头部不得正对电闸。

4）弧焊发电机的电源开关必须采用磁力启动器，并且必须使用降压启动器。

5）当焊钳与工件短接时，不得启动焊接设备。

6）焊机应按额定焊接电流和负载持续率来使用，不得过载。

7）保持焊机接线柱接触良好，固定螺母要压紧。

8）要经常检查弧焊发电机的碳刷与换向片间的接触情况，当火花过大时，必须及时更换或压紧碳刷，或修整换向片。

9）要保持焊机的内部和外部清洁。

10）整流焊机必须保证整流元件的冷却和通风良好。

11）检修焊机故障，必须切断电源。

12）要经常润滑焊机的运转部分。

13）移动焊机时，应避免剧烈振动，对整流焊机应更加注意。

14）工作完毕或临时离开工作场地时，必须切断电源。

2. 焊机辅助设备的日常维护、保养及管理

目前在生产中使用的焊接辅助设备种类较多，但它们的主要功能都是为了实现工件在装配和焊接过程中的反复翻转、变动焊接位置和减少辅助工作量，实现焊接作业的机械化和自动化，以获得高质量的产品。目前使用的绝大部分焊接辅助设备都包括控制和调节、动力传动、电器元件运行等几部分，所以对焊接辅助设备的正确使用和维护保养可归纳如下：

1）对大型装置必须制订专用操作规程。

2）产品的质量、尺寸与形状必须与装置的使用性能相一致，严禁超范围使用。

3）电器装置必须可靠接地，控制电压不得>36V。

4）机械和动力传动部分，必须保持清洁并经常润滑，防护罩壳必须完整。

5）工件装夹机构的运行必须可靠。

6）装置工作台内禁止放置无关物品。

7）行走机构的轨道两端必须有定位挡铁，禁止在轨道上放置任何物品。

8）操作前必须检查限位开关或行程开关，以免动作失误造成事故。

9）吊装工件时，严禁碰撞，安放的重心要正确。

1.6.2 电工的基本知识

1. 电路的组成及各部分的作用

（1）电路的组成　电流经过的路径称为电路。最简单的电路由电源、负载和开关、导线等元件组成，如图 1-8 所示。电路的三种基本状态：

1）通路状态：开关接通，构成闭合回路，电路中有电流通过。

2）断路状态：开关断开或电路中某处断开，电路中无电流。

3）短路状态：电路（或电路中的一部分）被短接。如果电路中电源被短路，电路中会形成较大的短路电流，损坏电气设备。

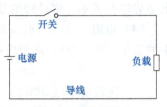

图1-8 电路的组成

（2）各部分的作用

1）电源：把其他形式的能转换成电能的装置叫作电源，如发电机能把机械能转换成电能，干电池能把化学能转换成电能，电源的作用就是为电路提供能源。

2）负载：把电能转换成其他形式能的装置叫作负载。白炽灯能把电能转换成热能和光能，电动机能把电能转换成机械能，电焊机能把电能转换成热能。

3）开关：主要作用是隔离、转换、接通、断开电路。开关闭合时电路形成通路状态，电路有电流流过，为负载工作提供电能；开关打开时电路断开，电路中没有电流通过。

4）导线：电能传输的通道。导线将电源、负载、开关连接起来，形成一个回路，当开关接通时，导线中有电流流过，将电能传输给负载。其材质主要有铜、铝两种。

2. 电路的有关物理量

（1）电流　电荷有规则的移动形成电流。按照规定导体中正电荷的运动方向为电流的方向，并定义在单位时间内通过导体任一截面的电量为电流强度（简称电流）。在电路中，电流用 I 表示。

$$I = \frac{Q}{t}$$

式中　Q——电量（C）；

t——时间（s）；

I——电流（A）。

电流分为直流（DC）和交流（AC）两种。电流的大小和方向恒定不变的叫作直流。电流的大小和方向随时间变化的叫作交流。电流的单位是安培（A），简称"安"，也常用毫安（mA）或者微安（μA）作为单位。

$$1A = 1000mA，1mA = 1000μA。$$

（2）电位和电压

1）电位：表示电荷在电场中某点所具有的电位能的大小。电荷在电路中某点的电位，等于电场力把单位正电荷从该点移送到定为零电位的参考点所做的功。单位是伏特（V），简称"伏"。

2）电压：为衡量电场力移动电荷做功的本领，引入"电压"这一物理量。电压是电场内任意两点间的电位差。电压的方向规定从高电压到低电压，就是电压降的方向。在电路中，电压用 U 表示。电压的单位也是伏特，也常用毫伏（mV）或者微伏（μV）作为单位。

$$1V = 1000mV，1mV = 1000μV。$$

（3）电动势　电动势是衡量其他形式的能转换成电能的做功能力的物理量。与电压不同，电动势仅在电源内存在；而电压则在电源内部和外部都存在。电动势的方向规定为从负极（低电位）到正极（高电位）是正方向，电动势的正方向是电位上升的方向；而电压的方向是电位下降的方向。

电路处于断路状态时，电源的端电压数值与其电动势数值相同，方向相反。在电路中，

电动势用 E 表示。电动势的单位和电压的单位相同，也是伏特。

（4）**电阻**　表示对电流有阻碍作用的物理量称作电阻。在电路中，电阻用 R 表示。电阻的单位是欧（Ω），常用的单位还有千欧（kΩ）、兆欧（MΩ）。

$$1\text{k}\Omega = 1000\Omega，1\text{M}\Omega = 1000\text{k}\Omega。$$

在一定温度下（20℃），一段均匀导体的电阻与导体的长度成正比，与导体的横截面积成反比，还与组成导体材料的性质（物质导电性能的物理量 ρ）有关，其关系可用下式表示：

$$R = \rho \frac{L}{S}$$

式中　L——导体长度（mm）；

　　　　S——导体截面积（mm^2）；

　　　　ρ——导体电阻系数，大小取决于材料（$\Omega \cdot \text{m}$）。

（5）**欧姆定律**　导体中的电流 I 和导体两端的电压 U 成正比，和导体的电阻 R 成反比，即

$$I = \frac{U}{R}$$

这个定律叫作欧姆定律。如果知道电压、电流、电阻三个量中的任意两个，就可以根据欧姆定律求出第三个量。欧姆定律又分为部分电路欧姆定律与全电路欧姆定律。

1）部分电路的欧姆定律。部分电路欧姆定律反映了在不含电源的一段电路中，电流与这段电路两端的电压及电阻的关系，如图 1-9 所示。部分电路欧姆定律的内容为：通过电阻的电流 I 与电阻两端电压 U 成正比，与电路的电阻 R 成反比，即

$$I = \frac{U}{R}$$

2）全电路欧姆定律。含有电源和负载的闭合电路称为全电路，如图 1-10 所示。图中虚线框内代表一个电源。电源除了具有电动势 E 外，一般都是有电阻的，这个电阻称为内电阻，用 r_0 表示，当开关 S 闭合时，负载 R 中有电流 I 流过，电动势 E、内电阻 r_0、负载电阻 R 和电流 I 之间的关系用公式表示即为

$$I = \frac{E}{R+r_0}$$

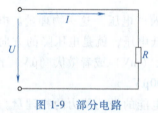

图 1-9　部分电路

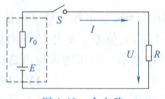

图 1-10　全电路

全电路欧姆定律还可以写为：

$$E = IR + Ir_0 = U + U_0$$

式中 $U = IR$ 称为电源的端电压；$U_0 = Ir_0$ 称为电源的内阻压降。

3. 电阻的串联与并联

（1）电阻的串联 电阻的串联就是将两个或两个以上的电阻头尾依次相连，中间无分支的连接方式，如图 1-11 所示为三个电阻的串联电路。电阻串联电路具有以下特点：

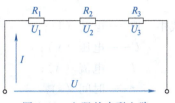

图 1-11 电阻的串联电路

1）流过每一个电阻的电流都相等，即

$$I = I_1 = I_2 = I_3$$

2）电路的总电压等于各个电阻上电压的代数和，即：

$$U = U_1 + U_2 + U_3 = I_1 R_1 + I_2 R_2 + I_3 R_3 = I(R_1 + R_2 + R_3)$$

3）电路的总电阻 R 等于各串联电阻之和，即：

$$R = R_1 + R_2 + R_3$$

4）各电阻上分配的电压与各自电阻的阻值成正比。

$$U_n = \frac{R_n}{R} U$$

5）各电阻上消耗的功率之和等于电路所消耗的总功率。

电阻的串联，应用欧姆定律可以列出下式：

$$I = \frac{U}{R_1 + R_2 + R_3}$$

$$U = I_1 R_1 + I_2 R_2 + I_3 R_3 = I(R_1 + R_2 + R_3) = IR$$

（2）电阻的并联 几个电阻的一端连在电路中的一点，另一端也同时连在另一点，使每个电阻两端都承受相同的电压，这种连结方式叫电阻的并联，如图 1-12 所示为三个电阻的并联电路。电阻并联电路具有以下特点：

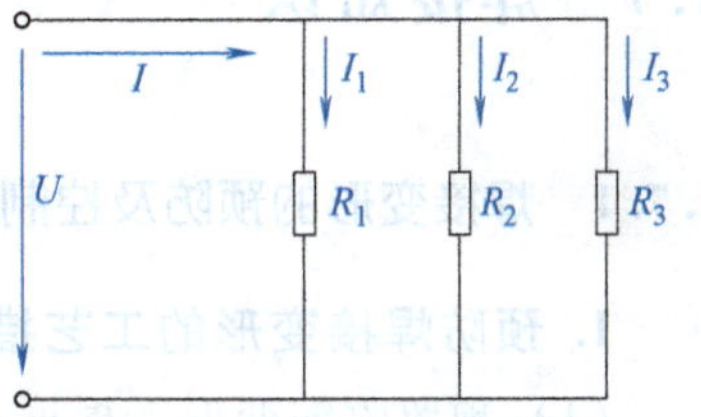

1）电路的总电流等于各支路电流之和，即

$$I = I_1 + I_2 + I_3$$

图 1-12 电阻的并联电路

2）并联电路中各电阻两端的电压相等，即

$$U = U_1 = U_2 = U_3$$

3）并联电路总电阻的倒数等于各并联支路电阻的倒数之和，即

$$\frac{1}{R} = \frac{1}{R_1} + \frac{1}{R_2} + \frac{1}{R_3}$$

对于两只电阻的并联电路，总电阻即为

$$R = \frac{R_1 R_2}{R_1 + R_2}$$

4）各并联电阻中的电流及电阻所消耗的功率均与各电阻阻值成反比，即

$$I_1 : I_2 : I_3 = P_1 : P_2 : P_3 = \frac{1}{R_1} : \frac{1}{R_2} : \frac{1}{R_3}$$

并联电路中的总电阻小于各并联支路的电阻。并联电阻越多其总电阻越小，电路中的总电流越大，而流过各电阻的电流不变，即负载并联时互相没有影响。

4. 电功和电功率

（1）电功 电流流过负载时，负载将电能转换成其他形式能的过程，叫作电流做功，

简称电功。电功的计算公式为

$$W = UIt$$

式中 W——电功（J）；
　　　 U——电压（V）；
　　　 I——电流（A）；
　　　 t——时间（s）。

由欧姆定律，还可以把电功的计算公式写成下面的形式

$$W = I^2Rt = \frac{U^2}{R}t$$

（2）**电功率**　电流在单位时间内所做的功叫作电功率，简称功率。负载的功率 P 等于负载两端的电压与通过负载电流的乘积，即

$$P = UI$$

电功率的单位为瓦［特］（W）。电功率常用的单位还有千瓦（kW）、毫瓦（mW），它们之间的关系是：1kW = 1000W，1W = 1000mW。

由欧姆定律，电功率的计算公式还可以写成下面的形式

$$P = I^2R = \frac{U^2}{R}$$

1.7　焊接知识

1.7.1　焊接变形的预防及控制方法

1. 预防焊接变形的工艺措施

（1）**预留收缩变形**　根据理论计算和实践经验，在焊件备料及加工时预先考虑收缩余量，以便焊后工件达到所要求的形状、尺寸。

（2）**反变形法**　根据理论计算和实践经验，预先估计结构焊接变形的方向和大小，然后在焊接装配时给予一个方向相反、大小相等的预置变形，以抵消焊后产生的变形，如图 1-13 所示。

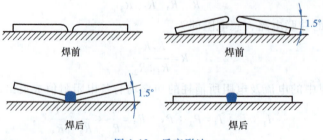

焊前　　　　　　　　　　焊前

焊后　　　　　　　　　　焊后

图 1-13　反变形法

（3）**刚性固定法**　焊接时将焊件加以刚性固定，焊后待焊件冷却到室温后再去掉刚性固定，可有效防止角变形和波浪变形，如图 1-14 所示。此方法会增大焊接应力，只适用于

塑性较好的低碳钢结构。

（4）选择合理的焊接顺序尽量使焊缝自由收缩 焊接焊缝较多的结构件时，应先焊错开的短焊缝，再焊直通长焊缝，以防在焊缝交接处产生裂纹。如果焊缝较长，可采用逐步退焊法和跳焊法，使温度分布较均匀，从而减少焊接应力。

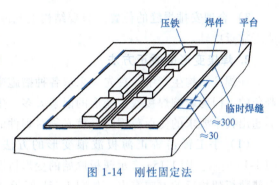

图 1-14 刚性固定法

具体如下：

1）先焊收缩量大的焊缝，后焊收缩量较小的焊缝。

2）焊缝较长的焊件可以采用分中对称焊法、跳焊法、分段逐步退焊法、交替焊法。

3）焊件焊接时要先将所有的焊缝都定位焊后，再统一焊接，能够提高焊件的刚度。定位焊后，将增加焊接结构刚度的部件先焊，使结构具有抵抗变形的足够刚度。

4）具有对称焊缝的焊件最好成双地对称焊，使各焊道引起的变形相互抵消。

5）焊件焊缝不对称时要先焊接焊缝少的一侧。

6）采用对称于中轴的焊接和由中间向两侧焊接都有利于抵抗焊接变形。

7）在焊接结构中，当钢板拼接时，同时存在着横向的端接焊缝和纵向的边接焊缝，应该先焊接端接焊缝再焊接边接焊缝。

8）在焊接箱体时，同时存在着对接焊缝和角接焊缝时，要先焊接对接焊缝，后焊接角接焊缝。

9）十字接头和丁字接头焊接时，应该正确采取焊接顺序，避免焊接应力集中，以保证焊缝获得良好的焊接质量。对称于中轴的焊缝，应由内向外进行对称焊接。

10）焊接操作时，减少焊接时的热输入（降低电流、加快焊接速度）。

11）焊接操作时，减少熔敷金属量（焊接时采用小坡口、小焊缝宽度，焊接角接焊缝时减小焊脚尺寸）。

（5）逐步退焊法 常用于焊补出现较短裂纹的焊缝。施焊前把焊缝分成适当的小段，标明次序，进行后退焊补。焊缝边缘区段的焊补，从裂纹的终端向中心方向进行，其他各区段按首尾相接的方法进行。

（6）锤击焊缝法 在焊缝的冷却过程中，用圆头小锤均匀迅速地锤击焊缝，使金属产生塑性延伸变形，抵消一部分焊接收缩变形，从而减小焊接应力和变形。

（7）加热"减应区"法 焊接前，在焊接部位附近区域（称为减应区）进行加热使之伸长，焊后冷却时，减应区与焊缝一起收缩，可有效减小焊接应力和变形。

（8）焊前预热和焊后缓冷 预热的目的是减小焊缝区与焊件其他部分的温差，降低焊缝区的冷却速度，使焊件能较均匀地冷却下来，从而减小焊接应力与变形。

（9）合理的焊接工艺方法 采用焊接热源比较集中的焊接方法进行焊接可降低焊接变形，如 CO_2 气体保护焊、氩弧焊等。减小焊接变形从设计方面的措施主要有：

1）选用合理的焊缝尺寸和形状。在保证构件承载能力的条件下，应尽量采用较小的焊缝尺寸。

2）减少焊缝的数量。在满足质量要求的前提下，尽可能地减少焊缝的数量。

3）**合理安排焊缝的位置。**只要结构上允许，应该尽可能使焊缝对称于焊件截面的中轴或者靠近中轴。

2. 焊接变形的矫正方法

在焊接结构生产中，首先应采取各种措施来防止和控制焊接变形，但是焊接变形是难以避免的，因为影响焊接残余变形的因素太多，生产中无法面面俱到。当焊接结构中的残余变形超出技术要求的变形范围时，就必须对焊件的变形进行矫正。

（1）**手工锤击矫正薄板波浪变形的方法** 手工锤击矫正薄板波浪变形的方法，如图 1-15 所示。图 1-15a 表示薄板原始的变形情况，锤击时锤击部位不能是突起的地方，这样会使薄板朝相反的方向突出，如图 1-15b 所示，接着又要锤击反面，结果不仅不能矫平，反而增加变形。正确的方法是锤击突起部分四周的金属，使之产生塑性伸长，并沿半径方向由里向外锤击，如图 1-15c 所示，或者沿着突起部分四周逐渐向里锤击，如图 1-15d 所示。

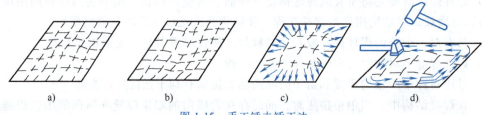

a)   b)   c)   d)

图 1-15 手工锤击矫正法

（2）**机械矫正法** 机械矫正法就是利用机器或工具来矫正焊接变形。具体地说，就是用千斤顶、拉紧器、压力机、矫直机等将焊件顶直或压平。

（3）**火焰加热矫正法** 火焰加热矫正法就是利用火焰对焊件进行局部加热，使焊件产生新的变形去抵消焊接变形。火焰加热矫正法在生产中应用广泛，主要用于矫正弯曲变形、角变形、波浪变形等，也可用于矫正扭曲变形。

火焰加热的方式有点状加热、线状加热和三角形加热三种方式。

1）**点状加热。**加热点的数目应根据复合板的厚度和变形情况而定，对于厚板，加热点的直径应大点；薄板的加热点直径则应小些。变形量大时，加热点之间距离应小一些；变形量小时，加热点之间距离应大一些。

2）**线状加热。**火焰沿直线缓慢移动或同时做横向摆动，形成一个加热带的加热方式，称为线状加热。线状加热有直通加热、链状加热和带状加热三种形式。线状加热可用于矫正波浪变形、角变形和弯曲变形。

3）**三角形加热。**即加热区域呈三角形，一般用于矫正刚度大，厚度较大的结构弯曲变形。加热时，三角形的底边应在被矫正结构的拱边上，顶端朝焊件的弯曲方向。三角形加热与线状加热联合使用，对于矫正大而厚焊件的焊接变形，效果更佳。

1.7.2 焊接缺欠的分类、形成原因及防止措施

1. 焊接缺欠的分类

在焊接接头中因焊接产生的金属不连续、不致密或连接不良的现象称为焊接缺欠，简称缺欠。超过规定限值的缺欠为焊接缺陷。

金属熔化焊焊缝缺欠按 GB/T 6417.1—2005《金属熔化焊接头缺欠分类及说明》规定分

为6大类：裂纹、孔穴、固体夹杂、未熔合及未焊透、形状和尺寸不良、其他缺欠。

2. 焊接缺欠的形成原因及预防措施

（1）**焊缝形状尺寸不符合要求** 焊缝形状尺寸不符合要求主要是指焊缝外形高低不平、波形粗劣，焊缝宽窄不均、太宽或太窄，焊缝余高过高或高低不均，角焊缝焊脚不均以及变形较大等，如图1-16所示。

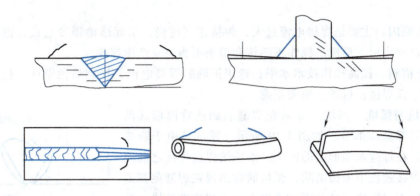

图1-16 焊缝形状尺寸不符示意图

1）**危害**。焊缝宽窄不均，除了造成焊缝成形不美观外，还影响焊缝与母材的结合强度；焊缝余高太高，使焊缝与母材交界突变，形成应力集中，而焊缝低于母材，就不能得到足够的接头强度；角焊缝的焊脚不均，且无圆滑过渡也易造成应力集中。

2）**产生原因**。主要是由于焊接坡口角度不当或装配间隙不均匀；焊接电流过大或过小；运条速度或手法不当以及焊条角度选择不合适；埋弧焊主要是由于焊接参数选择不当。

3）**防止措施**。选择正确的坡口角度及装配间隙；正确选择焊接参数；提高焊工操作技术水平，正确地掌握运条手法和速度，随时适应焊件装配间隙的变化，以保持焊缝的均匀。

（2）**咬边** 咬边是焊接过程中，电弧将焊缝边缘熔化后，没有得到填充金属的补充，在焊缝金属的焊趾区域或根部区域形成沟槽或凹陷，如图1-17所示。

1）**危害**。减小了母材的有效面积，降低了焊接接头强度，并且在咬边处形

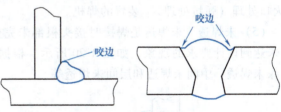

图1-17 焊缝咬边示意图

成应力集中，容易引发裂纹。特别是焊接低合金结构钢时，咬边的边缘被淬硬，常常是焊接裂纹的发源地。因此，重要结构的焊接接头不允许存在咬边，或者规定咬边深度在一定数值之下（如咬边深度不得超过0.5mm），否则就应进行焊补修磨。

2）**产生原因**。焊接电流太大以及运条速度不合适，角焊时焊条角度或电弧长度不适当，埋弧焊时焊接速度过快等。

3）**防止措施**。选择适当的焊接电流、保持运条均匀；角焊时焊条要采用合适的角度和保持一定的电弧长度；埋弧焊时要正确选择焊接参数。

（3）**焊瘤** 焊瘤是过量的焊缝金属流出基体金属熔化表面而未熔合，这种过量的焊缝金属是由于熔池温度过高，液体金属凝固较慢，在自重作用下下坠而形成的。也就是在焊接

过程中，熔化金属流淌到焊缝之外未熔化的母材上所形成的金属瘤，如图 1-18 所示。

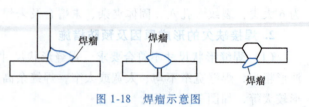

图 1-18　焊瘤示意图

1）危害。焊瘤不仅影响了焊缝的成形，而且在焊瘤的部位往往还存在着夹渣和未焊透。

2）产生原因。主要是焊接电流过大，焊接速度过慢，引起熔池温度过高，液态金属凝固较慢，在自重作用下形成。操作不熟练和运条不当也易产生焊瘤。

3）防止措施。提高操作技术水平；选用正确的焊接电流，控制熔池温度；使用碱性焊条时宜采用短弧焊接；运条方法要正确。

（4）凹坑与弧坑　凹坑是焊后在焊缝表面或背面形成的低于母材的局部低洼部分，如图 1-19 所示。弧坑是由于断弧或收弧不当，在焊缝末端形成的凹陷，而后续焊道焊接之前或在后续焊道焊接过程中未被消除，弧坑通常出现在焊缝尾部或接头处。弧坑不仅削弱焊缝截面，而且由于冷却速度较快，杂质易于集聚，且会伴随产生气孔、夹渣、裂纹等缺陷。

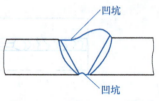

图 1-19　焊缝凹坑示意图

1）危害。凹坑和弧坑使焊缝的有效断面减小，削弱了焊缝强度。对弧坑来说，由于杂质的集中，会导致产生弧坑裂纹。

2）产生原因。操作技能不熟练，电弧拉得过长；焊接表面焊缝时，焊接电流过大，焊条又未做适当摆动，熄弧过快；过早进行表面焊缝焊接或中心偏移等都会导致弧坑；埋弧焊时，导电嘴压得过低，造成导电嘴粘渣，也会使表面焊缝两侧凹陷等。

3）防止措施。提高焊工操作技能；采用短弧焊接；填满弧坑，如焊条电弧焊时，焊条在收弧处做短时间的停留或做几次环形运条；使用引出板；CO_2 气体保护焊时，选用有"火口处理（弧坑处理）"装置的焊机。

（5）未焊透　未焊透是焊接时接头根部未完全熔透的现象，对于对接焊缝也指焊缝厚度未达到设计要求的现象，如图 1-20 所示。根据未焊透产生的部位，可分为根部未焊透、边缘未焊透、中间未焊透和层间未焊透等。

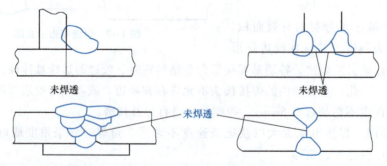

图 1-20　焊缝未焊透示意图

1）危害。未焊透是一种比较严重的焊接缺陷，它使焊缝的强度降低，引起应力集中。因此重要的焊接接头不允许存在未焊透。

2）产生原因。主要是由于焊接坡口钝边过大，坡口角度太小，装配间隙太小；焊接电流过小，焊接速度太快，熔深浅，边缘未充分熔化；焊条角度不正确，电弧偏吹，使电弧热量偏于焊件一侧；层间或母材边缘的铁锈或氧化皮及油污等未清理干净。

3）防止措施。正确选用坡口形式及尺寸，保证装配间隙；正确选用焊接电流和焊接速度；认真操作，防止焊偏，注意调整焊条角度，使熔化金属与基本金属充分熔合。

（6）下塌与烧穿　下塌是指单面熔焊时，由于焊接工艺不当，造成焊缝金属过量而透过背面，使焊缝正面塌陷，背面凸起的现象。烧穿是在焊接过程中，熔化金属自坡口背面流出，形成穿孔的缺陷，如图1-21所示。

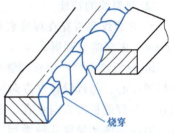

图 1-21　焊缝烧穿示意图

1）危害。下塌和烧穿是焊条电弧焊和埋弧自动焊中常见的缺陷，前者削弱了焊接接头的承载能力，后者则是使焊接接头完全失去了承载能力，是一种绝对不允许存在的缺陷。

2）产生原因。主要是由于焊接电流过大，焊接速度过慢，使电弧在焊缝处停留时间过长，装配间隙太大，钝边太薄。

3）防止措施。正确选择焊接电流和焊接速度；减少熔池在高温停留时间；严格控制焊件的装配间隙和钝边大小。

（7）焊接裂纹　在焊接应力及其他致脆因素共同作用下，焊接接头局部地区的金属原子结合力遭到破坏而形成的新界面所产生的缝隙称为焊接裂纹。它具有尖锐的缺口和大的长宽比的特征。裂纹不仅降低了接头强度，而且还会引起应力集中，使结构断裂破坏。所以裂纹是一种危害性最大的焊接缺陷。裂纹按其产生的温度和原因不同分为热裂纹、冷裂纹、再热裂纹等。按其产生的部位不同分为纵向裂纹、横向裂纹、焊根裂纹、弧坑裂纹、熔合线裂纹及热影响区裂纹等，如图1-22所示。

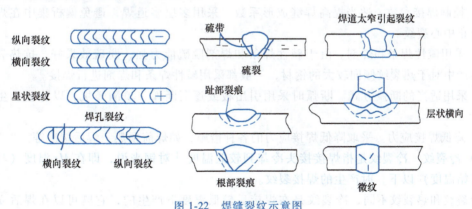

图 1-22　焊缝裂纹示意图

1）热裂纹。热裂纹是指焊接过程中，焊缝和热影响区金属冷却到固相线附近的高温区产生的裂纹称为热裂纹。

① 热裂纹产生的原因。由于焊接熔池在结晶过程中存在着偏析现象，偏析出的物质多为低熔点共晶和杂质。在开始冷却结晶时，晶粒刚开始形成，液态金属比较多，流动性比较好，可以在晶粒间自由流动，而由焊接拉应力造成的晶粒间的间隙都能被液态金属所填满，

所以不会产生热裂纹。当温度继续下降，柱状晶体继续生长。由于低熔点共晶的熔点低，往往最后结晶，在晶界以"液体夹层"形式存在，这时焊接应力已增大，被拉开的"液体夹层"产生的间隙已没有足够的低熔点液体金属来填充，因而就形成了裂纹。

因此，热裂纹可看成是焊接拉应力和低熔点共晶两者共同作用而形成的，增大任何一方面的作用，都可能促使在焊缝中形成热裂纹。

② 热裂纹的特征

a. 热裂纹多贯穿在焊缝表面，并且断口被氧化，呈氧化色。一般热裂纹宽度为 0.05~0.5mm，末端略呈圆形。

b. 热裂纹大多产生在焊缝中，有时也出现在热影响区。焊缝中的纵向热裂纹一般发生在焊道中心，与焊缝长度方向平行；横向热裂纹一般沿柱状晶界发生，并与母材的晶粒间界相连，与焊缝长度方向垂直。根部裂纹发生在根部。弧坑裂纹大多发生在弧坑中心的等轴晶区，有纵、横和星状几种类型。热影响区中的热裂纹有横向也有纵向的，但都是沿晶界发生的。

c. 热裂纹的微观特征一般是沿晶界开裂，故又称晶间裂纹。

③ 防止措施。热裂纹的产生与冶金因素和力学因素有关，故防止热裂纹主要从以下几方面来考虑：

a. 限制钢材和焊材中的硫、磷等元素含量。如焊丝中的硫、磷含量一般应小于 0.03%~0.04%（质量分数）。焊接高合金钢时要求硫、磷的含量必须限制在 0.03%（质量分数）以下。

b. 降低含碳量。当金属中的含碳量小于 0.15%（质量分数）时产生裂纹的倾向很小。一般碳钢焊丝含碳量控制在 0.11%（质量分数）以下。

c. 改善熔池金属的一次结晶。由于细化晶粒可以提高焊缝金属的抗裂性，所以广泛采用向焊缝中加入细化晶粒的元素，如钛、铝、锆、硼或稀土金属铈等，进行变质处理。

d. 控制焊接参数。适当提高焊缝成形系数。采用多层多道焊，避免偏析集中在焊缝中心，防止中心裂纹。

e. 采用碱性焊条和焊剂。由于碱性焊条和焊剂脱硫能力强，脱硫效果好，抗热裂性能好，生产中对于热裂纹倾向较大的钢材，一般都采用碱性焊条和焊剂进行焊接。

f. 采用适当的断弧方式。断弧时采用引出板或逐渐断弧，填满弧坑，以防止产生弧坑裂纹。

g. 降低焊接应力。采取降低焊接应力的各种措施，如焊前预热、焊后缓冷等。

2）冷裂纹　冷裂纹是指焊接接头冷却到较低温度 [对钢来说，即在 Ms 温度（马氏体转变开始温度）以下] 时产生的焊接裂纹。

冷裂纹和热裂纹不同，冷裂纹是在焊接后较低温度下产生的，它既可以在焊后立即出现，也可能经过一段时间（几小时、几天，甚至更长）才出现。这种滞后一段时间出现的冷裂纹称为延迟裂纹，它是冷裂纹中比较普遍的一种形态，它的危害性比其他形态的裂纹更为严重。根据冷裂纹产生的部位，通常将冷裂纹分为三种形式：焊道下冷裂纹、焊趾冷裂纹和焊根冷裂纹。一般情况下焊道下冷裂纹的裂纹方向与熔合线平行（也有时垂直于熔合线）。焊趾冷裂纹起源于焊缝和母材的交界处，沿应力集中的焊趾处所形成，裂纹的方向经常与焊缝纵向平行，一般由焊趾的表面开始，向母材的深处延伸。焊根冷裂纹主要发生在焊根附近沿应力集中的焊缝根部。

① 冷裂纹产生的原因。冷裂纹主要发生在中碳钢、高碳钢、低合金或中合金高强度钢的焊缝中。其产生的主要原因有钢种的淬硬倾向大；焊接接头受到的拘束应力；较多的扩散氢的存在和聚集。这三个因素共同存在时，就容易产生冷裂纹。一般钢的淬硬倾向越大，焊接应力越大，氢的聚集越多，越容易产生冷裂纹。在许多情况下，氢是诱发冷裂纹的最活跃因素。

② 冷裂纹的特征

a. 冷裂纹的断裂表面没有氧化色彩，这表明冷裂纹与热裂纹不一样，它是在较低温度下产生的（为 200~300℃ 以下）。

b. 冷裂纹都产生在热影响区与焊缝交界的熔合线上，但也有可能产生在焊缝上。

c. 冷裂纹一般为穿晶裂纹，少数情况下也可能沿晶界发生。

③ 防止措施。防止冷裂纹的产生主要从降低扩散氢含量、改善组织和降低焊接应力等几方面来解决，具体措施是：

a. 选用碱性焊条，可减少焊缝中的氢。

b. 焊条和焊剂应严格按规定进行烘干，随用随取。保护气体控制其纯度，严格清理焊丝和工件坡口两侧的油污、铁锈、水分，控制环境湿度等。

c. 改善焊缝金属的性能，加入某些合金元素以提高焊缝金属的塑性，例如，使用 J507MnV 焊条，可提高焊缝金属的抗冷裂能力。此外，采用奥氏体组织的焊条焊接某些淬硬倾向较大的低合金高强度钢，可有效地避免冷裂纹的产生。

d. 正确地选择焊接参数，采取预热、缓冷、后热以及焊后热处理等工艺措施，以改善焊缝及热影响区的组织、去氢和消除焊接应力。

e. 改善结构的应力状态，降低焊接应力等。

3）再热裂纹。再热裂纹是指焊件焊后在一定温度范围再次加热（消除应力热处理或其他加热过程）而产生的裂纹。再热裂纹又称焊后热处理裂纹或消除应力回火裂纹。

① 产生原因。再热裂纹一般发生在含铬、钼或钒等元素的高强度低合金钢的热影响区中。这是由于这些元素一般是以晶间碳化物的状态存在于母材中，在焊接时焊缝热影响区中加热到 1200℃ 的部分，这些晶间碳化物便进入了固溶体中。而在焊后进行消除应力热处理的时候，一方面由于处于高温情况下材料的屈服强度有所降低；另一方面，碳化物析出强化了晶粒内部，使材料发生蠕变（主要集中在晶粒边界）。当这种变形超出了热影响区熔合线附近金属的塑性时，便产生了裂纹。

② 防止措施

a. 控制基本金属及焊缝金属的化学成分，适当调整各种敏感元素（如铬、钼、钒等）的含量。

b. 选择抵抗再热裂纹能力高的焊接材料。

c. 从设计上改进接头形式，减小接头刚性和应力集中，焊后打磨焊缝至平滑过渡。

d. 合理选择消除应力回火温度，避免采用 600℃ 这个对再热裂纹敏感的温度，适当减慢回火时的加热速度，减小温差应力。

（8）未熔合　未熔合是指熔焊时，焊道与母材之间或焊道与焊道之间未完全熔化结合的部分。未熔合可细分为：坡口边缘未熔合、焊道之间未熔合、焊缝根部未熔合，如图 1-23

所示。

1）**危害**。未熔合直接降低了接头的力学性能，严重的未熔合使焊接结构无法承载。

2）**产生未熔合的原因**。主要是由于焊接热输入太低；焊条偏心、电弧偏吹使电弧偏于一侧或焊炬火焰偏于坡口一侧，使母材或前一层焊缝金属未得到充分熔化就被填充金属覆盖；坡口及层间清理不干净；单面焊双面成形焊接时第一层的电弧燃烧时间短等。

3）**防止措施**。焊条、焊丝和焊炬的角度要合适，运条摆动应适当，要注意观察坡口两侧熔合情况；选用稍大的焊接电流和火焰能率，焊接速度不宜过快，使热量增加足以熔化母材或前一层焊缝金属；发生电弧偏吹应及时调整角度，使电弧对准熔池；加强坡口及层间清理。

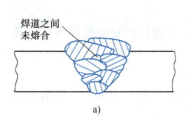
a)

b)

c)

图 1-23　焊缝未熔合示意图

（9）夹渣　夹渣是指焊后残留在焊缝中的非金属夹杂物。主要是由于操作不恰当，熔池中的熔渣来不及浮出，而存在于焊缝之中，如图 1-24 所示。

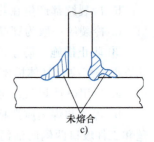

图 1-24　焊缝夹渣示意图

1）**危害**。夹渣削弱了焊缝的有效工作断面，降低了焊缝的力学性能，还会引起应力集中，易使焊接结构在承载时遭受破坏。

2）**产生原因**。主要是由于焊件边缘及焊道、焊层之间清理不干净；焊接电流太小，焊接速度过大，使熔渣残留下来而来不及浮出；运条角度和运条方法不当，使熔渣和铁液分离不清，以致阻碍了熔渣上浮等；坡口角度小，焊接参数不当，使焊缝的成形系数过小；焊件及焊条的化学成分不当，杂质较多等。

3）**防止措施**。采用具有良好工艺性能的焊条；选择适当的焊接参数；焊件坡口角度不宜过小；焊前、焊间要做好清理工作，清除残留的锈皮和焊渣；操作过程中注意熔渣的流动方向，调整焊条角度和运条方法，特别是在采用酸性焊条时，必须使熔渣在熔池的后面，若熔渣流到熔池的前面，就很容易产生夹渣等。

（10）气孔　焊接时，熔池中的气泡在凝固时未能及时逸出而残留下来所形成的空穴叫作气孔。产生气孔的气体主要有：氢气、氮气和一氧化碳。根据气孔产生的部位不同，可分为内部气孔和外部气孔；根据分布的情况可分为单个气孔、链状气孔和密集气孔；根据气孔产生的原因和条件不同，其形状有球形、椭圆形、旋涡状和毛虫状等，如图 1-25 所示。

1）**危害**。气孔的存在削弱了焊缝的有效工作断面，造成应力集中，降低焊缝金属的强度和塑性，尤其是冲击韧度和疲劳强度降低得更为显著。

2）**产生原因**。焊接时，高温的熔池内存在着各种气体，一部分是能熔解于液态金属中的氢气和氮气。氢和氮在液、固态焊缝金属中的熔解度差别很大，高温液态金属中的熔解度大，固态焊缝中的熔解度小。另一部分是冶金反应产生的不熔于液态金属的一氧化碳等。焊缝结晶时，由于熔解度突变，熔池中就有一部分超过熔解度的"多余的"氢、氮。这些"多余的"氢、氮与不熔解于熔池的一氧化碳就要从液体金属中析出形成气泡上浮，由于焊接熔池结晶速度快，气泡来不及逸出而残留在焊缝中形成了气孔。

① 氢气孔。焊接低碳钢和低合金钢时，氢气孔主要发生在焊缝的表面，断面为螺钉状，从焊缝的表面上看呈喇叭口形，气孔的内壁光滑。有时氢气孔也会出现在焊缝的内部，呈小圆球状。焊接铝、镁等有色金属时，氢气孔主要发生在焊缝的内部。

② 氮气孔。氮气孔大多发生在焊缝表面，且成堆出现，呈蜂窝状。一般发生氮气孔的机会较少，只有在熔池保护条件较差，较多的空气侵入熔池时才会发生。

③ 一氧化碳气孔。焊接熔池中产生一氧化碳的途径有两个：一是碳被空气中的氧直接氧化而成；另一个是碳与熔池中 FeO 反应生成。一氧化碳气孔主要发生在碳钢的焊接中，一氧化碳气孔在多数情况下存在于焊缝的内部，气孔沿结晶方向分布，呈条虫状，表面光滑。

3）防止气孔的措施

① 焊前将焊丝和焊接坡口及其两侧 20～30mm 范围内的焊件表面清理干净。

② 焊条和焊剂按规定进行烘干，不得使用药皮开裂、剥落、变质、偏心或焊心锈蚀的焊条。气体保护焊时，保护气体纯度应符合要求，并注意防风。

③ 选择合适的焊接参数。

④ 碱性焊条施焊时应采用短弧焊，并采用直流反接。

⑤ 若发现焊条偏心要及时调整焊条角度或更换焊条。

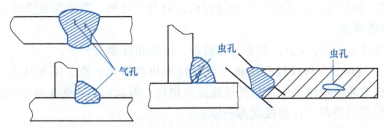

图 1-25 焊缝气孔示意图

（11）夹钨 钨极惰性气体保护焊时，由钨极进入到焊缝中的钨粒称为夹钨。

1）产生原因。 焊接电流过大或钨极直径太小时，使钨极端部强烈地熔化烧损；氩气保护不良引起钨极烧损；炽热的钨极触及熔池或焊丝而产生的飞溅等。

2）防止措施。 根据工件的厚度选择相应的焊接电流和钨极直径；使用符合标准要求纯度的氩气；施焊时，采用高频振荡器引弧，在不妨碍操作情况下，尽量采用短弧，以增强保护效果；操作要仔细，不使钨极触及熔池或焊丝产生飞溅；经常修磨钨极端部。

1.7.3 焊接工艺文件的相关知识

不同的焊接方法有不同的焊接工艺。焊接工艺主要是根据被焊工件的材质、牌号、化学成分，焊件结构类型，焊接性能要求来确定。首先要确定焊接方法，如焊条电弧焊、埋弧焊、钨极氩弧焊、熔化极气体保护焊等，焊接方法的种类非常多，只能根据具体情况选择。

确定焊接方法后，再制定焊接参数，焊接参数的种类各不相同，如焊条电弧焊的焊接参数主要包括：焊条型号（或牌号）、直径、电流、电压、焊接电源种类、极性接法、焊接层数、道数、检验方法等。

1. 焊接参数

1）预热有利于降低中碳钢热影响区的最高硬度，防止产生冷裂纹，这是焊接中碳钢的主要工艺措施。预热还能改善接头塑性，减小焊后残余应力。通常，35 钢和 45 钢的预热温度为 150～250℃。含碳量再高或者因厚度和刚度很大，裂纹倾向大时，可将预热温度提高至 250～400℃。若焊件太大，整体预热有困难时，可进行局部预热，局部预热的加热范围为焊口两侧各 150～200mm。

2）焊条条件。许可时优先选用酸性焊条。

3）坡口形式。将焊件尽量开成 U 形坡口进行焊接。如果是铸件缺陷，铲挖出的坡口外形应圆滑，其目的是减少母材熔入焊缝金属中的比例，以降低焊缝中的含碳量，防止裂纹产生。

4）焊接参数选择。由于母材熔化到第一层焊缝金属中的比例最高达 30%左右，所以第一层焊缝焊接时，应尽量采用小电流、慢焊接速度，以减小母材的熔深，也就是通常说的灼伤（电流过大时母材被烧伤）。

5）热处理。焊后应在 200～350℃下保温 2～6h，进一步减缓冷却速度，增加塑性、韧性，并减小淬硬倾向，消除接头内的扩散氢。所以，焊接时不能在过冷的环境或雨中进行。焊后最好对焊件立即进行消除应力热处理，特别是大厚度焊件、高刚性结构件以及严苛条件下（动载荷或冲击载荷）工作的焊件更应如此。焊后消除应力的回火温度为 600～650℃，保温 1～2h，然后随炉冷却。若焊后不能进行消除应力热处理，应立即进行焊后热处理。

2. 焊接方法种类

金属焊接方法有 40 种以上，主要分为熔焊、压焊和钎焊三大类。

（1）熔焊　熔焊是在焊接过程中将工件接口加热至熔化状态，不加压力完成焊接的方法。熔焊时，热源将待焊两工件接口处迅速加热熔化，形成熔池。熔池随热源向前移动，冷却后形成连续焊缝而将两工件连接成为一体。

在熔焊过程中，如果大气与高温的熔池直接接触，大气中的氧就会氧化金属和各种合金元素。大气中的氮、水蒸气等进入熔池，还会在随后冷却过程中在焊缝中形成气孔、夹渣、裂纹等缺陷，恶化焊缝的质量和性能。

为了提高焊接质量，人们研究出了各种保护方法。例如，气体保护电弧焊就是用氩、二氧化碳等气体隔绝大气，以保护焊接时的电弧和熔池；又如钢材焊接时，在焊条药皮中加入对氧亲和力大的钛铁粉进行脱氧，就可以保护焊条中有益元素锰、硅等免于氧化而进入熔池，冷却后获得优质焊缝。

（2）压焊　压焊是在加压条件下，使两工件在固态下实现原子间结合，又称固态焊接。常用的压焊工艺是电阻对焊，当电流通过两工件的连接端时，该处因电阻很大而温度上升，当加热至塑性状态时，在轴向压力作用下连接成为一体。

各种压焊方法的共同特点是在焊接过程中施加压力而不填充材料。多数压焊方法如扩散焊、高频焊、冷压焊等都没有熔化过程，因而没有像熔焊那样的有益合金元素烧损或有害元素侵入焊缝的问题，从而简化了焊接过程，也改善了焊接安全卫生条件。同时由于加热温度比熔焊低、加热时间短，因而热影响区小。许多难以用熔化焊焊接的材料，往往可以用压焊焊成与母材同等强度的优质接头。

（3）钎焊　钎焊是使用比工件熔点低的金属材料做钎料，将工件和钎料加热到高于钎料熔点、低于工件熔点的温度，利用液态钎料润湿工件，填充接口间隙并与工件实现原子间的相互扩散，从而实现焊接的方法。

焊接时形成的连接两个被连接体的接缝称为焊缝。焊缝的两侧在焊接时会受到焊接热的作用，进而发生组织和性能变化，这一区域被称为热影响区。焊接时因工件材料、焊接材料、焊接电流等不同，焊后在焊缝和热影响区可能产生过热、脆化、淬硬或软化现象，也使焊件性能下降，恶化焊接性。这就需要调整焊接条件，焊前对焊件接口处预热、焊时保温和焊后热处理可以改善焊件的焊接质量。

3. 焊接设备及材料

焊接设备及材料有手工焊条电弧焊焊机、二氧化碳保护焊机、氩弧焊机、电阻焊焊机、埋弧焊机、焊丝、焊剂、焊接辅助材料等。

4. 焊接工艺文件

（1）温度控制　熔池温度，直接影响焊接质量，熔池温度高、熔池较大、铁液流动性好，易于熔合，但熔池温度过高时，铁液易下淌，单面焊双面成形的背面易烧穿，形成焊瘤，成形也难控制，且接头塑性下降，弯曲易开裂。熔池温度低时，熔池较小，铁液较暗，流动性差，易产生未焊透、未熔合、夹渣等缺陷。熔池温度与焊接电流、焊条直径、焊条角度、电弧燃烧时间等有着密切关系。

（2）焊条直径　焊接电流与焊条直径，根据焊缝空间位置、焊接层次来选用焊接电流和焊条直径。开焊时，选用的焊接电流和焊条直径较大，立、横仰位较小。如：12mm 平板对接平焊的封底层选用直径 $\phi3.2$mm 的焊条，焊接电流 80～85A；填充、盖面层选用直径 $\phi4.0$mm 的焊条，焊接电流 165～175A。合理选择焊接电流与焊条直径，易于控制熔池温度，是焊缝成形的基础。

（3）运条方法　运条方法，圆圈形运条熔池温度高于月牙形运条熔池温度，月牙形运条熔池温度又高于锯齿形运条的熔池温度，在 12mm 平焊封底层，采用锯齿形运条，并且用摆动的幅度和在坡口两侧的停顿，有效地控制了熔池温度，使熔孔大小基本一致，坡口根部未形成焊瘤和烧穿的概率有所下降，未焊透有所改善，使平板对接平焊的单面焊接双面成形不再是难点。

（4）角度　焊条角度，焊条与焊接方向的夹角在 90°时，焊接电弧集中，焊缝熔池温度高；当焊条夹角变小时，焊接电弧分散，熔池温度降低，如在焊接 12mm 板平焊封底层时，焊条角度一般控制在 50°～70°，使熔池温度有所下降，避免了背面产生焊瘤或起高。又如，在焊接 12mm 板立焊封底层换焊条后，接头时采用 90°～95°的焊条角度，使熔池温度迅速提高，熔孔能够顺利打开，背面成形较平整，有效地控制了接头点内凹的现象。

（5）时间　$\phi57$mm×3.5mm 管子的水平固定和垂直固定焊的实习教学中，采用断弧法施焊，封底层焊接时，断弧的频率和电弧燃烧时间直接影响着熔池温度，由于管壁较薄，电弧热量的承受能力有限，如果放慢断弧频率来降低熔池温度，易产生缩孔，所以，只能用电弧燃烧时间来控制熔池温度，如果熔池温度过高，熔孔较大时，可减少电弧燃烧时间，使熔池温度降低，这时，熔孔变小，管子内部成形高度适中，避免管子内部焊缝超高或产生焊瘤。

1.8 安全与环境保护知识

1.8.1 焊接环境保护相关知识

1. 焊接环境危害因素的识别

（1）光辐射及其危害

1）光辐射产生于焊接热源的高温，是一切明弧焊均具有的危害因素。

2）光辐射的主要危害是对员工眼睛造成损伤，形成"电光性眼炎"。

（2）热辐射及其危害

1）电弧区域是热源的主体，有 20%～30% 的热能以辐射的形式向周围环境扩散，形成热辐射。

2）热辐射会引起人体体温调节功能紊乱，使体温升高，大量出汗，即可发生"中暑"。

（3）放射性及其危害

1）焊接过程的放射性危害，主要指非熔化极氩弧焊、等离子弧焊和等离子切割的钍放射性污染和电子束焊接时的 X 射线。

2）长期受到超过容许剂量的外照射或者放射性物质，通过特定的途径经常少量地进入并积聚体内，则可引起病变，造成中枢神经系统、造血器官和消化系统的疾病，严重时可患放射病。

（4）高频电磁场及其危害

1）非熔化极氩弧焊和等离子弧焊用高频振荡器引弧瞬间，有一部分能量以电磁波形式向空间辐射，所以存在高频电磁场。

2）长期接触场强较大的高频电磁场，会引起头晕、头痛、疲乏无力、记忆力减退、心悸、胸闷、消瘦等神经衰弱症状和植物性神经功能紊乱。

（5）噪声及其危害

1）噪声是指声强和频率的变化无规则，杂乱无章的声音。噪声存在于所有焊接工艺过程中。

2）噪声将造成下列危害：

① 噪声分散了焊工的注意力，降低了劳动生产率和工作质量。

② 对周围环境的异常动态不能及时做出反应，容易发生工伤事故。

③ 焊工如果长期在强噪声下工作，内耳器官会发生器质性病变，造成永久性听力损伤，也就是噪声性耳聋。

④ 噪声作用于中枢神经系统，会影响人体整个器官，可使神经紧张、恶心、烦躁、疲倦，还可引起肠胃功能阻滞，造成消化不良、食欲不振或导致胃溃疡。噪声作用于血管系统可使血管紧张、血压升高、心动过速、心律不齐等。

（6）焊接烟尘及其危害

1）焊接烟尘是金属及非金属物质在过热条件下产生的高温蒸汽，从电弧区吹出后，被迅速氧化和冷凝，变成细小的固态粒子，以气溶胶状态弥散在电弧周围形成的。因此电焊烟尘的化学成分，主要取决于焊条、焊丝、焊剂及钎料等焊接材料和母材的成分及其蒸发的难易程度。焊接烟尘的主要成分是铁、硅、锰、氟等，其中有毒的元素主要是锰、氟。

2）长期接触焊接烟尘，会导致焊工尘肺、锰中毒、氟中毒、焊工金属烟热等职业病。

① 焊工长期吸入超过规定浓度焊接烟尘，沉积在肺泡内，引起肺组织弥漫性纤维化疾病，称为焊工尘肺。

② 焊工长期吸入超过允许浓度的锰及其化合物的微粒和蒸气，可导致锰中毒。

③ 焊接烟尘中的可溶性氟化物一般可顺利深入至支气管和肺泡，再经肺泡壁进入血液，引起氟中毒。

④ 焊工在工作中焊接铜、锌等有色金属产生氧化铁、氧化锰微粒和氟化物等，这种焊接烟尘颗粒直径大约在 $0.05 \sim 0.5 \mu m$，通过呼吸道进入末梢支气管和肺泡，并穿透肺泡壁进入体内，刺激体温调节中枢，使机体产生发热效应。

（7）有毒气体及其危害

1）焊接过程产生的有毒气体主要有臭氧、氮氧化物、一氧化碳和氟化氢。

① 臭氧对人体的危害主要是对呼吸道及肺有强烈刺激作用。

② 氮氧化物的毒性比臭氧小，其对人体的危害主要是对肺有刺激作用。

③ 一氧化碳对人体的危害主要是使机体运输氧或组织利用氧的功能产生障碍，造成组织、细胞缺氧，表现出一系列症状和体征。

④ 氟化氢可被呼吸道黏膜迅速吸收，可经皮肤吸收对全身产生毒性作用。

2）有毒气体的来源：

① 焊接区内的臭氧是空气中的氧在短波紫外线的激发下，经过高温光化学反应而产生的。

② 在焊接电弧高温作用下，空气中的氮、氧分子离解后重新结合形成氮氧化物。

③ 焊接场所一氧化碳（CO）的来源主要是由二氧化碳（CO_2）气体在电弧高温作用下分解而形成的。

④ 氟化氢主要产生于焊条电弧焊和埋弧焊的焊接过程中。当使用碱性低氢焊条或含氟焊剂时，其药皮或萤石（CaF_2）在电弧高温下与石英（SiO_2）等发生化学反应，生成氟化氢气体。

2. 焊接环境危害因素的防护

为了消除焊接中各种不安全、不卫生因素，做好焊接环境危害预防工作，应采取以下几个方面的预防措施：

1）为避免弧光对人体的辐射，不得在焊接处直接用眼睛观看弧光或避开防护面罩偷看。多台焊机作业时，应设置不可燃或阻燃的防护屏。采用吸收材料作为室内墙壁饰面以减少弧光的反射。保证工作场所的照明，消除因焊缝视线不清引弧后戴面罩的情况发生。不得任意更换滤光片色号。改革工艺，变手工焊为自动或半自动焊，使焊工可在远离施焊地点作业。

2）对金属烟尘和有害气体的防护，应根据不同的焊接工艺及场所选择合理的防护用品。在技术措施上选择局部和全面通风的方法。在工艺上选用污染环境小或机械化、自动化程度高以及采用低尘低毒焊条等措施来降低烟尘浓度和毒性。

3）为防止焊接灼烫应穿好工作服、工作鞋、戴好工作帽，工作服应选用纯棉且质地较厚、防烫效果好的。注意脚面保护，不穿易熔的化纤袜子，焊区周围要清洁，焊条堆放要集中，冷热焊条要分别摆放。处理焊渣时，领口要系好，戴好防护眼镜，减少灼烫伤事故。

4）焊接现场事先移去易燃易爆物品。高空焊接下方应设置接火盘。焊补盛装过易燃介质容器应清洗干净，置换彻底。简易建筑、仓库、房屋闷顶内以及易燃物堆垛附近不宜进行焊接作业。

1.8.2　消防相关知识

电焊工在焊接生产过程中，消防知识是每个焊工应具备的基本知识，在发生任何消防安全事故时，必须第一时间懂得保护自己及他人，因此，本书总结了以下有关焊接方面的消防知识：

1）电焊工必须熟悉所有电焊设备的构造、原理，严格遵守焊工防火安全规程，无证不准独立作业。

2）凡离开正常固定焊接作业位置进行焊接作业的，必须严格按临时动火管理规定执行。

3）焊接前必须彻底清除周围易燃杂物，对附近固定的易燃结构设施，应用不燃板遮盖封闭，安放灭火器，确保防火安全。

4）焊接作业完成后，要认真检查四周是否有遗留火种、焊接工件是否冷却，确认无火险隐患后才允许离开；特别是高空焊接作业时，更要彻底清除场地的易燃杂物，并派专人监督防止火星飞溅引燃其他物件。

5）不准在有压力的容器、管道或带电设备上动火，不准在刚涂过油、漆的结构或设备上动火，凡在汽车（油箱有油）任何部位焊接，必须拆除油箱或放清油箱的汽油，并在油箱灌满水后才准许焊接。

6）凡有易燃易爆的气体、液体、粉尘等的场所，未经批准不准动火或烧焊。

7）凡没有经过清洗、排气处理、清除危险的储存过易燃、可燃液体及其他易燃物的容器不准烧焊。

8）焊接作业着火点与乙炔、氧气瓶应保持不少于10m的安全距离；乙炔瓶与氧气瓶应保持5m的安全距离，并应安装回火保险器，各种气瓶应有护栏固定。

9）电焊机的二次接线要良好，严禁在焊机台架及各种管道上搭接，有毛病及损坏的焊接工具、设备不准使用，必须立即报检。

10）电焊机需拉接电源时，应由电工负责，其他人员不准乱拉乱接电线电源，禁止将裸导线直接插入插座。

11）焊接作业现场，应合理配备灭火器材。

1.8.3　GB 9448—1999《焊接与切割安全》相关知识

1. 设备及操作

（1）设备条件　所有运行使用中的焊接、切割设备必须处于正常的工作状态，存在安全隐患（如：安全性或可靠性不足）时，必须停止使用并由维修人员修理。

（2）操作　所有的焊接与切割设备必须按制造厂提供的操作说明书或规程使用，并且还必须符合本标准要求。

2. 责任

管理者、监督者和操作者对焊接及切割的安全实施负有各自的责任。

1）管理者必须对实施焊接及切割操作的人员及监督人员进行必要的安全培训。培训内容包括：设备的安全操作、工艺的安全执行及应急措施等。

① 管理者有责任将焊接、切割可能引起的危害及后果以适当的方式（如：安全培训教育、口头或书面说明、警告标识等）通告给实施操作的人员。

② 管理者必须标明允许进行焊接、切割的区域，并建立必要的安全措施。

③ 管理者必须明确在每个区域内单独的焊接及切割操作规则。并确保每个有关人员对所涉及的危害有清醒的认识并且了解相应的预防措施。

④ 管理者必须保证只使用经过认可并检查合格的设备（诸如焊割机具、调节器、调压阀、焊机、焊钳及人员防护装置）。

2）焊接或切割现场应设置现场管理和安全监督人员。这些监督人员必须对设备的安全管理及工艺的安全执行负责。在实施监督职责的同时，他们还可担负其他职责，如：现场管理、技术指导、操作协作等。

监督者必须保证：各类防护用品得到合理使用；在现场适当地配置防火及灭火设备；指派火灾警戒人员；所要求的热作业规程得到遵循。在不需要火灾警戒人员的场合，监督者必须要在焊工作业完成后做最终检查并组织消灭可能存在的火灾隐患。

3）操作者必须具备对特种作业人员所要求的基本条件，并懂得将要实施操作时可能产生的危害以及适用于控制危害条件的程序。操作者必须安全地使用设备，使之不会对生命及财产构成危害。

操作者只有在规定的安全条件得到满足；并得到现场管理及监督者准许的前提下，才可实施焊接或切割操作。在获得准许的条件没有变化时，操作者可以连续地实施焊接或切割。

3. 工作区域及人员的防护

（1）工作区域的防护

1）设备。焊接设备、焊机、切割机具、钢瓶、电缆及其他器具必须放置稳妥并保持良好的秩序，使之不会对附近的作业或过往人员构成妨碍。

2）警告标志。焊接和切割区域必须予以明确标明，并且应有必要的警告标志。

3）防护屏板。为了防止作业人员或邻近区域的其他人员受到焊接及切割电弧的辐射及飞溅伤害，应用不可燃或耐火屏板（或屏罩）加以隔离保护。

4）焊接隔间。在准许操作的地方、焊接场所，必要时可用不可燃屏板或屏罩隔开形成焊接隔间。

（2）人身防护

在依据 GB/T 11651 选择防护用品的同时，还应做如下考虑：

1）眼睛及面部防护。作业人员在观察电弧时，必须使用带有滤光镜的头罩或手持面罩，或佩戴安全镜、护目镜或其他合适的眼镜。辅助人员亦应佩戴类似的眼保护装置，面罩及护目镜必须符合 GB/T 3609.1 的要求。

对于大面积观察（诸如培训、展示、演示及一些自动焊操作），可以使用一个大面积的滤光窗、幕而不必使用单个的面罩、手提罩或护目镜。窗或幕的材料必须对观察者提供安全的保护效果，使其免受弧光、碎渣飞溅的伤害。防护服应根据具体的焊接和切割操作特点选择，防护服必须符合 GB 15701 的要求，并可以提供足够的保护面积。

2）**身体防护**。所有焊工和切割工必须佩戴耐火的防护手套，当身体前部需要对火花和辐射做附加保护时，必须使用经久耐火的皮制或其他材质的围裙，需要对腿做附加保护时，必须使用耐火的护腿或其他等效的用具。

在进行仰焊、切割或其他操作过程中，必要时必须佩戴皮制或其他耐火材质的套袖或披肩罩，也可在头罩下佩带耐火质地的斗篷以防头部灼伤。当噪声无法控制在 GBJ 87 规定的允许声级范围内时，必须采用保护装置（诸如耳套、耳塞或用其他适当的方式保护）。

3）**呼吸保护设备**。利用通风手段无法将作业区域内的空气污染降至允许限值或这类控制手段无法实施时，必须使用呼吸保护装置，如：长管面具、防毒面具等。

4）**通风**

① 充分通风。为了保证作业人员在无害的呼吸氛围内工作，所有焊接、切割、钎焊及有关的操作必须要在足够的通风条件下（包括自然通风或机械通风）进行。

② 防止烟气流。必须采取措施避免作业人员直接呼吸到焊接操作所产生的烟气流。

③ 通风的实施。为了确保车间空气中焊接烟尘的污染程度低于 GB 16194 的规定值，可根据需要采用各种通风手段（如：自然通风、机械通风等）。

4. 消防措施

（1）**防火职责** 必须明确焊接操作人员、监督人员及管理人员的防火职责，并建立切实可行的安全防火管理制度。

（2）**指定的操作区域** 焊接及切割应在为减少火灾隐患而设计、建造（或特殊指定）的区域内进行。因特殊原因需要在非指定的区域内进行焊接或切割操作时，必须经检查、核准。

（3）**放有易燃物区域的热作业条件** 焊接或切割作业只能在无火灾隐患的条件下实施：

1）**转移工件**。有条件时，首先要将工件移至指定的安全区进行焊接。

2）**转移火源**。工件不可移时，应将火灾隐患周围所有可移动物移至安全位置。

3）**工件及火源无法转移**。工件及火源无法转移时，要采取措施限制火源以免发生火灾，如：易燃地板要清扫干净，并以洒水、铺盖湿沙、金属薄板或类似物品的方法加以保护；地板上的所有开口或裂缝应覆盖或封好，或者采取其他措施以防地板下面的易燃物与可能由开口处落下的火花接触。对墙壁上的裂缝或开口、敞开或损坏的门、窗亦要采取类似的措施。

（4）**灭火**

1）**灭火器及喷水器**。在进行焊接及切割操作的地方必须配置足够的灭火设备。其配置取决于现场易燃物品的性质和数量，可以是水池、沙箱、水龙带、消防栓或手提灭火器。在有喷水器的地方，焊接或切割过程中，喷水器必须处于可使用状态。如果焊接地点距自动喷水头很近，可根据需要用不可燃的薄材或潮湿的棉布将喷头临时遮蔽，而且这种临时遮蔽要便于迅速拆除。

2）**火灾警戒人员的设置**。在下列焊接或切割的作业点及可能引发火灾的地点，应设置火灾警戒人员：

① 靠近易燃物之处。建筑结构或材料中的易燃物距作业点 10m 以内。

② 开口。在墙壁或地板有开口的 10m 半径范围内（包括墙壁或地板内的隐蔽空间）放

有外露的易燃物。

③ 金属墙壁。靠近金属间壁、墙壁、天花板、屋顶等处另一侧易受传热或辐射而引燃的易燃物。

④ 船上作业。在油箱、甲板、顶架和舱壁进行船上作业时，焊接时透过的火花、热传导可能导致隔壁舱室起火。

3）火灾警戒职责。火灾警戒人员必须经必要的消防训练，并熟知消防紧急处理程序。火灾警戒人员的职责是监视作业区域内的火灾情况；在焊接或切割完成后检查并消灭可能存在的残火。火灾警戒人员可以同时承担其他职责，但不得对其火灾警戒任务有干扰。

5. 装有易燃物容器的焊接或切割

当焊接或切割装有易燃物的容器时，必须采取特殊的安全措施并经严格检查批准方可作业，否则严禁开始工作。

6. 封闭空间内的安全要求

在封闭空间内作业时要求采取特殊的措施。注：封闭空间是指一种相对狭窄或受限制的空间，诸如箱体、锅炉、容器、舱室等。"封闭"意味着由于结构、尺寸、形状而导致恶劣的通风条件。

（1）封闭空间内的通风　除了正常的通风要求之外，封闭空间内的通风还要求防止可燃混合气的聚集及大气中富氧。

1）人员的进入。封闭空间内在未进行良好的通风之前禁止人员进入。如要进入，必须佩戴合适的供气呼吸设备并由戴有类似设备的他人监护。必要时在进入之前，对封闭空间要进行毒气、可燃气、有害气、氧量等的测试，确认无害后方可进入。

2）邻近的人员。封闭空间内适宜的通风不仅必须确保焊工或切割工自身的安全，还要确保区域内所有人员的安全。

3）使用的空气。通风所使用的空气，其数量和质量必须保证封闭空间内的有害物质污染浓度低于规定值。供给呼吸器或呼吸设备的压缩空气必须满足正常的呼吸要求。呼吸器的压缩空气管必须是专用管线，不得与其他管路相连接。除了空气之外，氧气、其他气体或混合气不得用于通风。在对生命和健康有直接危害的区域内实施焊接、切割或相关工艺作业时，必须采用强制通风、佩戴供气呼吸设备或其他合适的方式。

（2）使用设备的安置

1）气瓶及焊接电源。在封闭空间内实施焊接及切割时，气瓶及焊接电源必须放置在封闭空间的外面。

2）通风管。用于焊接、切割或相关工艺局部抽气通风的管道必须由不可燃材料制成。这些管道必须根据需要进行定期检查以保证其功能稳定，其内表面不得有可燃残留物。

3）相邻区域。在封闭空间邻近处实施焊接或切割而使得封闭空间内存在危险时，必须使人们知道封闭空间内的危险后果，在缺乏必要的保护措施条件下严禁进入这样的封闭空间。

4）紧急信号。当作业人员从入口或其他开口处进入封闭空间时，必须具备向外部人员发出救援信号的手段。

（3）封闭空间的监护人员　在封闭空间内作业时，如存在着严重危害生命安全的气体，封闭空间外面必须设置监护人员。监护人员必须具有在紧急状态下迅速救出或保护里面作业人员的救护措施；具备实施救援行动的能力。监护人员必须随时监护里面作业人员的状态并与他们保持联络，备好救护设备。

7. 公共展览及演示

在公共场所进行焊接、切割操作的展览、演示时，除了保障操作者的人身安全外，还必须保证观众免受弧光、火花、电击、辐射等伤害。

8. 警告标志

在焊接及切割作业所产生的烟尘、气体、弧光、火花、电击、热、辐射及噪声可能导致危害的地方，应通过使用适当的警告标志使人们对这些危害有清楚的了解。

1.9　相关法律、法规知识

1.9.1　《中华人民共和国特种设备安全法》相关知识

《中华人民共和国特种设备安全法》分总则，生产、经营、使用，检验、检测，监督管理，事故应急救援与调查处理，法律责任、附责等内容，本书只摘录部分相关内容。

特种设备包括锅炉、压力容器、压力管道、电梯、起重机械、客运索道、大型游乐设施、场（厂）内专用机动车辆等。这些设备一般具有在高压、高温、高空、高速条件下运行的特点，易燃、易爆、易发生高空坠落等，对人身和财产安全有较大危险性。

特种设备安全工作应当坚持安全第一、预防为主、节能环保、综合治理的原则。国家对特种设备的生产、经营、使用，实施分类的、全过程的安全监督管理。

1. 生产、经营、使用

（1）一般规定

1）特种设备生产、经营、使用单位及其主要负责人对其生产、经营、使用的特种设备安全负责。

2）特种设备生产、经营、使用单位应当按照国家有关规定配备特种设备安全管理人员、检测人员和作业人员，并对其进行必要的安全教育和技能培训。

3）特种设备安全管理人员、检测人员和作业人员应当按照国家有关规定取得相应资格，方可从事相关工作。特种设备安全管理人员、检测人员和作业人员应当严格执行安全技术规范和管理制度，保证特种设备安全。

（2）生产　国家按照分类监督管理的原则对特种设备生产实行许可制度。特种设备生产单位应当具备下列条件，并经负责特种设备安全监督管理的部门许可，方可从事生产活动：

1）有与生产相适应的专业技术人员。

2）有与生产相适应的设备、设施和工作场所。

3）有健全的质量保证、安全管理和岗位责任等制度。

（3）经营　特种设备销售单位销售的特种设备，应当符合安全技术规范及相关标准的要求，其设计文件、产品质量合格证明、安装及使用维护保养说明、监督检验证明等相关技术资料和文件应当齐全。

特种设备销售单位应当建立特种设备检查验收和销售记录制度。

禁止销售未取得许可生产的特种设备，未经检验和检验不合格的特种设备，或者国家明令淘汰和已经报废的特种设备。

（4）使用

1）特种设备使用单位应当使用取得许可生产并经检验合格的特种设备。

禁止使用国家明令淘汰和已经报废的特种设备。

2）特种设备使用单位应当建立特种设备安全技术档案。安全技术档案应当包括以下内容：

① 特种设备的设计文件、产品质量合格证明、安装及使用维护保养说明、监督检验证明等相关技术资料和文件。

② 特种设备的定期检验和定期自行检查记录。

③ 特种设备的日常使用状况记录。

④ 特种设备及其附属仪器仪表的维护保养记录。

⑤ 特种设备的运行故障和事故记录。

3）特种设备使用单位应当对其使用的特种设备进行经常性维护保养和定期自行检查，并作出记录。

特种设备使用单位应当对其使用的特种设备的安全附件、安全保护装置进行定期校验、检修，并作出记录。

4）特种设备使用单位应当按照安全技术规范的要求，在检验合格有效期届满前一个月向特种设备检验机构提出定期检验要求。

2. 检验、检测

1）从事本法规定的监督检验、定期检验的特种设备检验机构，以及为特种设备生产、经营、使用提供检测服务的特种设备检测机构，应当具备下列条件，并经负责特种设备安全监督管理的部门核准，方可从事检验、检测工作：

① 有与检验、检测工作相适应的检验、检测人员。

② 有与检验、检测工作相适应的检验、检测仪器和设备。

③ 有健全的检验、检测管理制度和责任制度。

2）特种设备检验、检测机构的检验、检测人员应当经考核，取得检验、检测人员资格，方可从事检验、检测工作。

3）特种设备生产、经营、使用单位应当按照安全技术规范的要求向特种设备检验、检测机构及其检验、检测人员提供特种设备相关资料和必要的检验、检测条件，并对资料的真实性负责。

3. 事故应急救援

1）特种设备使用单位应当制定特种设备事故应急专项预案，并定期进行应急演练。

2）特种设备发生事故后，事故发生单位应当按照应急预案采取措施，组织抢救，防止事故扩大，减少人员伤亡和财产损失，保护事故现场和有关证据，并及时向有关部门报告。与事故相关的单位和人员不得迟报、谎报或者瞒报事故情况，不得隐匿、毁灭有关证据或者故意破坏事故现场。

3）事故发生地人民政府接到事故报告，应当依法启动应急预案，采取应急处置措施，组织应急救援。

违反本法相关规定的，按照规定承担相应的法律责任。

1.9.2 《中华人民共和国安全生产法》相关知识

为了加强安全生产工作，防止和减少生产安全事故，保障人民群众生命和财产安全，促进经济社会持续健康发展，制定了《中华人民共和国安全生产法》。本书只摘录部分相关内容。

安全生产工作应当以人为本，坚持安全发展，坚持安全第一、预防为主、综合治理的方针，强化和落实生产经营单位的主体责任，建立生产经营单位负责、职工参与、政府监管、行业自律和社会监督的机制。

生产经营单位必须遵守本法和其他有关安全生产的法律、法规，加强安全生产管理，建立、健全安全生产责任制和安全生产规章制度，改善安全生产条件，推进安全生产标准化建设，提高安全生产水平，确保安全生产。生产经营单位的主要负责人对本单位的安全生产工作全面负责。生产经营单位的从业人员有依法获得安全生产保障的权利，并应当依法履行安全生产方面的义务。工会依法对安全生产工作进行监督。

1. 生产经营单位的安全生产保障

1）生产经营单位的主要负责人对本单位安全生产工作负有下列职责：

① 建立、健全本单位安全生产责任制。

② 组织制定本单位安全生产规章制度和操作规程。

③ 组织制定并实施本单位安全生产教育和培训计划。

④ 保证本单位安全生产投入的有效实施。

⑤ 督促、检查本单位的安全生产工作，及时消除生产安全事故隐患。

⑥ 组织制定并实施本单位的生产安全事故应急救援预案。

⑦ 及时、如实报告生产安全事故。

2）生产经营单位的安全生产管理机构以及安全生产管理人员履行下列职责：

① 组织或者参与拟订本单位安全生产规章制度、操作规程和生产安全事故应急救援预案。

② 组织或者参与本单位安全生产教育和培训，如实记录安全生产教育和培训情况。

③ 督促落实本单位重大危险源的安全管理措施。

④ 组织或者参与本单位应急救援演练。

⑤ 检查本单位的安全生产状况，及时排查生产安全事故隐患，提出改进安全生产管理的建议。

⑥ 制止和纠正违章指挥、强令冒险作业、违反操作规程的行为。

⑦ 督促落实本单位安全生产整改措施。

⑧ 生产经营单位的安全生产管理机构以及安全生产管理人员应当恪尽职守，依法履行职责。

3）未经安全生产教育和培训合格的从业人员，不得上岗作业。

4）生产经营单位应当建立安全生产教育和培训档案，如实记录安全生产教育和培训的时间、内容、参加人员以及考核结果等情况。

5）生产经营单位的特种作业人员必须按照国家有关规定经专门的安全作业培训，取得相应资格，方可上岗作业。

6）生产经营单位应当在有较大危险因素的生产经营场所和有关设施、设备上，设置明显的安全警示标志。生产经营单位不得使用应当淘汰的危及生产安全的工艺、设备。

7）生产、经营、储存、使用危险物品的车间、商店、仓库不得与员工宿舍在同一座建筑物内，并应当与员工宿舍保持安全距离。生产经营场所和员工宿舍应当设有符合紧急疏散要求、标志明显、保持畅通的出口。禁止锁闭、封堵生产经营场所或者员工宿舍的出口。

8）生产经营单位必须为从业人员提供符合国家标准或者行业标准的劳动防护用品，并监督、教育从业人员按照使用规则佩戴、使用。

9）生产经营单位的安全生产管理人员应当根据本单位的生产经营特点，对安全生产状况进行经常性检查；对检查中发现的安全问题，应当立即处理；不能处理的，应当及时报告本单位有关负责人，有关负责人应当及时处理。检查及处理情况应当如实记录在案。

10）生产经营单位发生生产安全事故时，单位的主要负责人应当立即组织抢救，并不得在事故调查处理期间擅离职守。

11）生产经营单位必须依法参加工伤保险，为从业人员缴纳保险费。

2. 从业人员的安全生产权利义务

1）生产经营单位与从业人员订立的劳动合同，应当载明有关保障从业人员劳动安全、防止职业危害的事项，以及依法为从业人员办理工伤保险的事项。生产经营单位不得以任何形式与从业人员订立协议，免除或者减轻其对从业人员因生产安全事故伤亡依法应承担的责任。

2）生产经营单位的从业人员有权了解其作业场所和工作岗位存在的危险因素、防范措施及事故应急措施，有权对本单位的安全生产工作提出建议。

3）从业人员有权对本单位安全生产工作中存在的问题提出批评、检举、控告；有权拒绝违章指挥和强令冒险作业。生产经营单位不得因从业人员对本单位安全生产工作提出批评、检举、控告或者拒绝违章指挥、强令冒险作业而降低其工资、福利等待遇或者解除与其订立的劳动合同。

4）从业人员发现直接危及人身安全的紧急情况时，有权停止作业或者在采取可能的应急措施后撤离作业场所。生产经营单位不得因从业人员在前款紧急情况下停止作业或者采取紧急撤离措施而降低其工资、福利等待遇或者解除与其订立的劳动合同。

5）因生产安全事故受到损害的从业人员，除依法享有工伤保险外，依照有关民事法律尚有获得赔偿的权利的，有权向本单位提出赔偿要求。

6）从业人员在作业过程中，应当严格遵守本单位的安全生产规章制度和操作规程，服从管理，正确佩戴和使用劳动防护用品。

7）从业人员应当接受安全生产教育和培训，掌握本职工作所需的安全生产知识，提高安全生产技能，增强事故预防和应急处理能力。

8）从业人员发现事故隐患或者其他不安全因素，应当立即向现场安全生产管理人员或者本单位负责人报告；接到报告的人员应当及时予以处理。

9）工会有权对建设项目的安全设施与主体工程同时设计、同时施工、同时投入生产和使用进行监督，提出意见。

10）生产经营单位使用被派遣劳动者的，被派遣劳动者享有本法规定的从业人员的权利，并应当履行本法规定的从业人员的义务。

违反本法相关规定的，按照规定承担相应的法律责任。

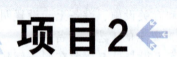

项目2

焊条电弧焊

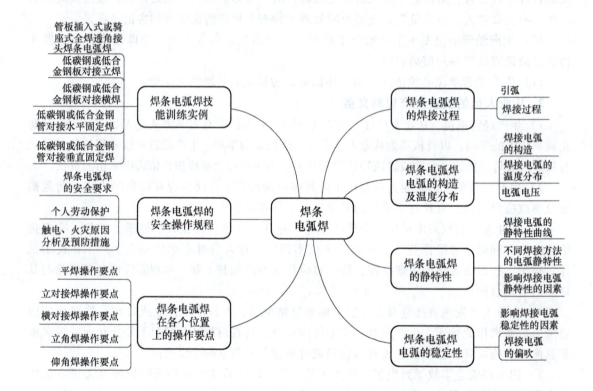

2.1 焊条电弧焊的焊接过程

2.1.1 引弧

把造成两电极间气体发生电离和阴极发射电子而引起电弧燃烧的过程称为焊接电弧的引弧（引燃）。焊接电弧的引弧一般有两种方式：即接触引弧和非接触引弧。电弧的引燃过程如图 2-1 所示。

1. 接触引弧

弧焊电源接通后，将电极（焊条或焊丝）与工件直接短路接触，并随后拉开焊条或焊丝而引燃电弧，称为接触引弧。接触引弧是一种最常用的引弧方式。

在焊接过程中，电弧电压由短路时的零值增加到电弧复燃时的电压值所需的时间为电压

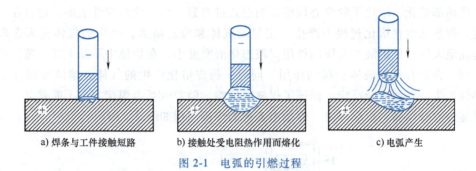

图 2-1　电弧的引燃过程

a) 焊条与工件接触短路　　　b) 接触处受电阻热作用而熔化　　　c) 电弧产生

恢复时间。电压恢复时间对于焊接电弧的引燃及焊接过程中电弧的稳定性具有重要的意义。电压恢复时间的长短，是由弧焊电源的特性决定的。在弧焊时，对电压恢复时间要求越短越好，一般不超过 0.05s。如果电压恢复时间太长，则电弧不容易引燃且造成焊接过程不稳定。

接触引弧主要应用于焊条电弧焊、埋弧焊、熔化极气体保护焊等。对于焊条电弧焊，接触引弧又可分为划擦法引弧（见图 2-2）和直击法引弧（见图 2-3）两种，划擦法引弧相对容易掌握。

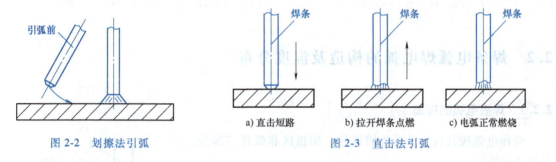

图 2-2　划擦法引弧

图 2-3　直击法引弧

a) 直击短路　　　b) 拉开焊条点燃　　　c) 电弧正常燃烧

2. 非接触引弧

引弧时电极与工件之间保持一定间隙，然后在电极和工件之间施以高电压击穿间隙使电弧引燃，这种方式称为非接触引弧。

非接触引弧需利用引弧器才能实现。根据工作原理不同，非接触引弧可分为高压脉冲引弧和高频高压引弧。高压脉冲引弧需利用高压脉冲发生器，频率一般为 50~100Hz，电压峰值为 3~10kV。高频高压引弧需利用高频振荡器，频率为 150~260kHz，电压峰值为 2~3kV。

这种引弧方式主要应用于钨极氩弧焊和等离子弧焊。由于引弧时电极无须和工件接触，这样不仅不会污染工件上的引弧点，而且也不会损坏电极端部的几何形状，有利于电弧燃烧的稳定性。

2.1.2　焊接过程

焊条电弧焊的焊接回路是由弧焊电源、电缆、焊钳、焊条、焊件和电弧组成，如图 2-4 所示。焊条电弧焊主要设备是弧焊电源，它的作用是为焊接电弧稳定燃烧提供所需要的合适的电流和电压。

开始焊接时，将焊条与焊件接触短路，立即提起焊条，然后引燃电弧。电弧的高温将焊条与焊件局部熔化，熔化了的焊心以熔滴的形式过渡到局部熔化的焊件表面，熔合在一起形成熔池。焊条药皮在熔化过程中产生一定量的气体和液态熔渣，产生的气体充满在电弧周围，起隔绝大气、保护液态金属的作用。液态熔渣密度小，在熔池中不断上浮，覆盖在液体金属上面，也起着保护液体金属的作用。同时，药皮熔化产生的气体、熔渣与熔化了的焊心、焊件发生一系列冶金反应，保证了焊缝的性能。随着电弧沿焊接方向不断移动，熔池液态金属逐步冷却结晶，形成焊缝。焊条电弧焊的焊接过程如图 2-5 所示。

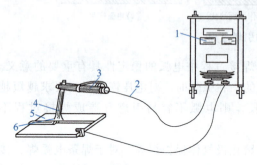 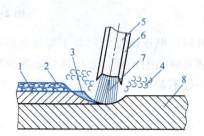

图 2-4　焊条电弧焊焊接回路示意图　　　　图 2-5　焊条电弧焊的焊接过程
1—弧焊电源　2—电缆　3—焊钳　　　　1—焊件　2—熔渣　3—熔池　4—保护气体
4—焊条　5—焊件　6—电弧　　　　　　5—焊心　6—药皮　7—熔滴　8—焊件

2.2　焊条电弧焊电弧的构造及温度分布

2.2.1　焊接电弧的构造

焊接电弧按其构造可分为阴极区、阳极区和弧柱三部分，如图 2-6 所示。

1. 阴极区

电弧紧靠负电极（直流正接）的区域称为阴极区，阴极区很窄，为 $10^{-6} \sim 10^{-5}$ cm。在阴极区的阴极表面有一个明亮的斑点，称为阴极斑点。它是阴极表面上电子发射的发源地，也是阴极区温度最高的地方，具有主动寻找氧化膜、破碎氧化膜的特点，把焊件接在负极上就是利用阴极斑点的这个特性。由于阴极表面堆积一批正离子，所以形成一个电压降，称为阴极电压降。

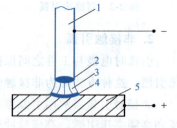

图 2-6　焊接电弧的构造
1—焊条　2—阴极区　3—弧柱
4—阳极区　5—焊件

2. 阳极区

电弧紧靠正电极（直流正接）的区域称为阳极区，阳极区较阴极区宽，为 $10^{-4} \sim 10^{-3}$ cm，在阳极区的阳极表面也有光亮的斑点，称为阳极斑点。它是电弧放电时，正电极表面上集中接收电子的微小区域，阳极区电场强度比阴极区小得多。

3. 弧柱区

电弧阴极区和阳极区之间的区域称为弧柱区。由于阴极区和阳极区都很窄，因此，电弧的主要组成部分是弧柱区。弧柱的长度基本上等于电弧长度。在弧柱的长度方向带电质点的分布是均匀的，所以弧柱的电压降也是均匀的。在弧柱区里充满了电子、正离子、负离子和中性的气体分子和原子，并伴随着激烈的电离反应。

2.2.2　焊接电弧的温度分布

　　焊接电弧三个区域的温度分布是不均匀的，由于阳极不发射电子，消耗能量少，因此，当阳极与阴极材料相同时，阳极区的温度要高于阴极区。阳极区的温度一般可达 2330～3930℃，放出热量占焊接电弧总热量的 43% 左右。

　　阴极区的温度一般可达 2130～3230℃，放出的热量占焊接电弧总热量的 36% 左右。阴极区和阳极区的温度主要取决于电极材料，而且一般阴极温度都低于阳极温度，且低于材料的沸点。

　　弧柱中心温度可达 5370～7730℃，离开弧柱中心，温度逐渐降低。弧柱放出热量占焊接电弧总热量的 21% 左右。弧柱的温度与弧柱气体介质和焊接电流大小等因素有关；焊接电流越大，弧柱中电离程度也越大，弧柱温度也越高。

　　不同的焊接方法，其阳极区、阴极区温度的高低并不一致，见表 2-1。

　　当焊接电源为交流电时，由于电源的极性是周期性改变的，所以两个电极区的温度趋于一致，近似于它们的平均值。

表 2-1　各种焊接方法的阴极区与阳极区温度比较

焊接方法	焊条电弧焊	钨极氩弧焊	熔化极氩弧焊	CO_2 气体保护焊	埋弧自动焊
温度比较	阳极温度>阴极温度		阴极温度>阳极温度		

2.2.3　电弧电压

　　电弧两端（两电极）的电压降称为电弧电压。当弧长一定时，电弧电压分布如图 2-7 所示。电弧电压（U）由阴极压降（$U_阴$）、阳极压降（$U_阳$）和弧柱压降（$U_{弧柱}$）组成。即：

$$U_h = U_i + U_y + U_z = U_i + U_y + BL_z$$

式中　U_h——电弧电压（V）；

　　　U_i——阴极压降（V）；

　　　U_y——阳极压降（V）；

　　　U_z——弧柱压降（V）；

　　　B——单位长度的弧柱压降（V/cm），一般取 20～40V/cm；

　　　L_z——电弧长度（cm）。

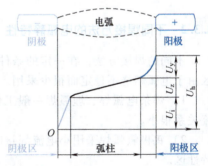

图 2-7　电弧结构与电压分布示意图

2.3　焊条电弧焊的静特性

　　在电极材料、气体介质和弧长一定的情况下，焊接电弧稳定燃烧时，焊接电流与电弧电压之间有一定的匹配关系，称为焊接电弧的静特性，一般也称伏-安特性。

2.3.1 焊接电弧的静特性曲线

焊接电流和电弧电压之间的关系常用一条曲线形象地表示出来，这样的曲线称为焊接电弧的静特性曲线，如图 2-8 所示。

从图 2-8 可以看出：曲线呈 U 形，分 Ⅰ、Ⅱ、Ⅲ 三个区。

（1）Ⅰ区称为下降电弧静特性曲线　在该区内，焊接电流增加时，电弧电压则逐渐降低。此段相当于小电流焊接时的情况，生产实际中很少采用该区所包括的电流电压值。

（2）Ⅱ区称为平直电弧静特性曲线　在此区内，电弧长度不变时，非熔化极气体保护焊的正常焊接参数都在此区内。

（3）Ⅲ区称为上升电弧静特性曲线　在此区内，电流密度非常大，电弧电压随焊接电流的增加而增加。熔化极气体保护焊的正常焊接参数在此区内。

电弧静特性曲线与电弧长度密切相关，当电弧长度增加时，电弧电压升高，其静特性曲线的位置也随之上升，如图 2-9 所示。

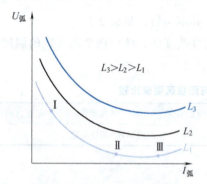

图 2-8　焊接电弧的静特性曲线

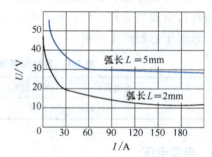

图 2-9　不同电弧长度的静特性

2.3.2 不同焊接方法的电弧静特性

不同的焊接方法，在一定的条件下，其静特性只是曲线的某一区域。静特性的下降特性区由于电弧燃烧不稳定而很少采用。

1）焊条电弧焊、埋弧焊一般工作在平特性区，即电弧电压只随弧长而变化，与焊接电流关系很小。

2）钨极氩弧焊采用小电流焊接时，工作在下降特性区；当用大电流焊接时，工作在平特性区。

3）等离子弧焊一般也工作在平特性区，当焊接电流较大时才工作在上升特性区。

4）熔化极氩弧焊、CO_2 气体保护焊和熔化极活性气体保护焊（MAG 焊）基本上工作在上升特性区。

5）埋弧焊采用正常的焊接电流焊接时，工作在平特性区；当采用大电流焊接时，工作在上升特性区。

2.3.3 影响焊接电弧静特性的因素

1. 电弧长度的影响

一般情况下，电弧电压的变化总是和电弧长度成正比，不同的电弧长度，电弧静特性曲线的位置不同。当电弧长度增加时，电弧电压升高，其静特性曲线的位置也随之上升。反之，电弧长度缩短时，电弧静特性曲线将下移，如图 2-10 所示，每条弧长都对应一条电弧静特性曲线，曲线的基本形状不变，只是曲线在坐标内上下移动。弧长越长、电弧电压越高。所以，同一种焊接方法，电弧静特性曲线有无数条。

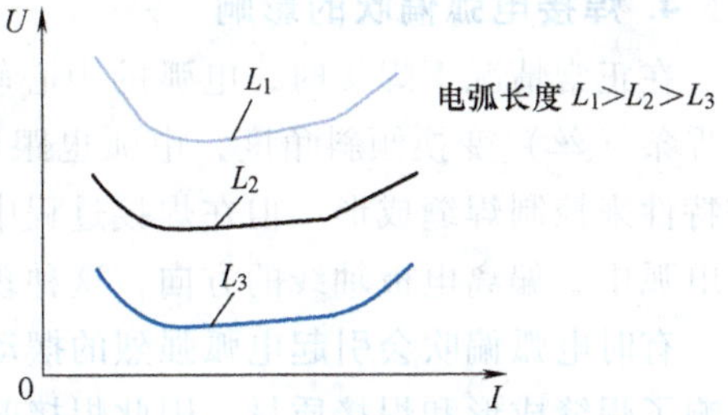

图 2-10　电弧长度对电弧静特性曲线的影响

2. 周围气体介质种类的影响

焊接电弧周围气体介质的热物理性质不同，会对电弧电压产生显著的影响，从而改变静特性曲线位置。例如在氩弧焊时，在氩气中加入 50%（体积分数）H_2，则其电弧电压要比纯氩高出很多，电弧静特性曲线上移。

3. 周围气体介质压力的影响

气体介质压力越大，对电弧的冷却作用越强，结果会使电弧电压升高，静特性曲线随之上升。

2.4　焊条电弧焊电弧的稳定性

焊接电弧的稳定性是指电弧保持稳定燃烧（不产生断弧、飘移和偏吹等）的程度。电弧的稳定燃烧是保证焊接质量的一个重要因素。电弧不稳定的原因除焊工操作技能不熟练外，还与很多因素有关。

2.4.1　影响焊接电弧稳定性的因素

1. 弧焊电源的影响

（1）弧焊电源的特性　弧焊电源的特性是焊接电源以哪种形式向电弧供电，如焊接电源的特性符合电弧燃烧的要求，则电弧燃烧稳定。反之，则电弧燃烧不稳定。

（2）焊接电流的种类　采用直流电源焊接时，电弧燃烧比交流电源焊接时稳定。

（3）焊接电源的空载电压　具有较高空载电压的焊接电源不仅引弧容易，而且电弧燃烧也稳定。这是因为焊接电源的空载电压较高，电场作用强，电离及电子发射强烈，所以电弧燃烧稳定。

2. 焊接电流的影响

焊接电流越大，电弧的温度就越高，则电弧气氛中的电离程度和热发射作用就越强，电弧燃烧也就越稳定。通过实验测定电弧稳定性的结果表明：随着焊接电流的增大，电弧的引燃电压就降低；同时随着焊接电流的增大，自然断弧的最大弧长也增大。所以焊接电流越大，电弧燃烧越稳定。

3. 焊条药皮或焊剂的影响

焊条药皮或焊剂中加入 K、Ni、Ca 等元素的氧化物，能增加电弧气氛中带电粒子，即可以提高气体的导电性，从而提高电弧燃烧的稳定性。如果焊条药皮或焊剂中含有不易电离的氟化物、氯化物时，会降低电弧气氛的电离程度，使电弧燃烧不稳定。

4. 焊接电弧偏吹的影响

在正常情况下焊接时，电弧的中心轴线总是保持着沿焊条（丝）电极的轴线方向。随着焊条（丝）变换倾斜角度，电弧也跟着电极轴线的方向而改变。因此，可以利用电弧这一特性来控制焊缝成形。但在焊接过程中，因气流的干扰、磁场的作用或焊条偏心的影响，使电弧中心偏离电极轴线的方向，这种现象称为电弧偏吹。

有时电弧偏吹会引起电弧强烈的摆动，甚至发生熄弧，不仅使焊接过程发生困难，而且影响了焊缝成形和焊接质量，因此焊接时应尽量减少或防止电弧偏吹。

5. 电弧长度的影响

电弧长度对电弧的稳定性也有较大的影响，如果电弧太长，就会发生剧烈摆动，从而破坏了焊接电弧的稳定性，而且飞溅也增大，所以应尽量采用短弧焊接。

6. 其他影响因素

焊接处如有油漆、油脂、水分和锈层等存在时，也会影响电弧燃烧的稳定性，因此，焊前做好焊件表面的清理工作十分重要。焊条受潮或焊条药皮脱落也会造成电弧燃烧不稳定。

2.4.2 焊接电弧的偏吹

1. 焊接电弧产生偏吹的原因

（1）**焊条偏心度过大** 焊条偏心度是指焊条药皮沿焊心直径方向偏心的程度。焊条偏心度过大，使焊条药皮厚薄不均匀，药皮较厚的一边比药皮较薄的一边熔化时需吸收的热更多，因此，药皮较薄的一边很快熔化而使电弧外露，迫使电弧往外偏吹，如图 2-11 所示。因此，为了保证焊接质量，在焊条的生产过程中对焊条偏心度有一定的要求。

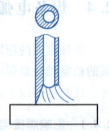

图 2-11　焊条药皮偏心引起的偏吹

（2）**电弧周围气流的干扰** 电弧周围气体的流动会把电弧吹向一侧而造成偏吹。造成电弧周围气体剧烈流动的因素很多，主要是大气中的气流和热对流的影响。如在露天大风中操作时，电弧偏吹情况很严重；在进行管子焊接时，由于空气在管子中流动速度较大，形成所谓"穿堂风"，使电弧发生偏吹；在开坡口的对接接头第一层焊缝的焊接时，如果接头间隙较大，在热对流的影响下也会使电弧发生偏吹。

（3）**焊接电弧的磁偏吹** 直流电弧焊时，因受到焊接回路所产生的电磁力的作用而产生的电弧偏吹称为磁偏吹。它是由于直流电所产生的磁场在电弧周围分布不均匀而引起的电弧偏吹，如图 2-12 所示。

造成电弧产生磁偏吹的因素主要有下列几种：

1）**接地线位置不正确引起的磁偏吹**，如图 2-13 所示。接地线夹在焊件左侧焊接时，电弧左侧的磁力线由两部分组成：一部分是电流通过电弧产生的磁力线，另一部分是电流流经焊件产生的磁力线。而电弧右侧仅有电流通过电弧产生的磁力线，从而造成电弧两侧的磁力线分布极不均匀，电弧左侧的磁力线较右侧的磁力线密集，电弧左侧的电磁力大于右侧的电磁力，使电弧向右侧偏吹。

反之，接地线夹在焊件右侧焊接时，则电弧右侧的磁力线就较左侧的磁力线密集，则电弧偏向磁场较小的左侧。

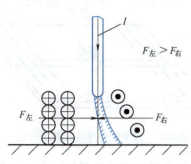

图 2-12 磁场作用引起的电弧偏吹

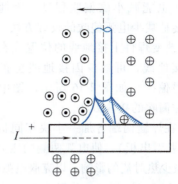

图 2-13 接地线位置不正确引起的磁偏吹

如果把图 2-13 中的正极性改为反极性后，则使焊接电流方向和相应的磁力线方向都同时改变，但作用于电弧左、右两侧上的电磁力方向不变，即磁偏吹方向不变。因此，磁偏吹的方向与焊件上的接地线位置有关，而与电源的极性无关。

2）铁磁物质引起的磁偏吹。由于铁磁物质（如钢板、铁块等）的导磁能力远远大于空气，因此，当焊接电弧周围有铁磁物质存在时，在靠近铁磁物质一侧的磁力线大部分都通过铁磁物质形成封闭曲线，使电弧同铁磁物质之间的磁力线变得稀疏，而电弧另一侧磁力线就显得密集，造成电弧两侧的磁力线分布极不均匀，电弧向铁磁物质一侧偏吹，如图 2-14 所示。

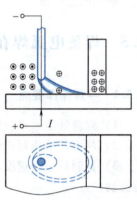

图 2-14 铁磁物质
引起的磁偏吹

3）电弧运动至焊件的端部时引起的磁偏吹。当在焊件边缘处开始焊接或焊至焊件端部时，经常会发生电弧偏吹，而逐渐靠近焊件的中心时，电弧的偏吹现象就逐渐减小或消失。这是由于电弧运动至焊件端部时，导磁面积发生变化，引起空间磁力线在靠近焊件边缘的地方密度增加，产生了指向焊件内部的磁偏吹，如图 2-15 所示。

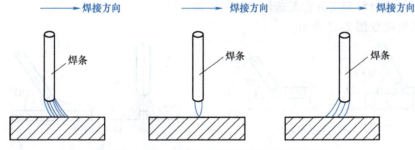

图 2-15 电弧在焊件端部焊接时引起的磁偏吹

2. 防止或减少焊接电弧偏吹的措施

1）焊接时，在条件许可的情况下尽量使用交流电源焊接。

2）调整焊条角度，使焊条偏吹的方向转向熔池，即将焊条向电弧偏吹方向倾斜一定角度，这种方法在实际焊接中应用较为广泛。

3）采用短弧焊接，因为短弧时受气流的影响较小，而且在产生磁偏吹时，如果采用短弧焊接，也能减小磁偏吹程度，因此，采用短弧焊接是减少电弧偏吹的较好方法。

4）改变焊件上接地线的位置或在焊件两侧同时接地线，可减少因接地线位置不正确引起的磁偏吹，如图 2-16 所示，图中虚线表示克服磁偏吹的接线方法。

5）在焊缝两端各加一小块相同材质钢板（引弧板及引出板），使电弧两侧的磁力线分布均匀并减少热对流的影响，以克服电弧偏吹。

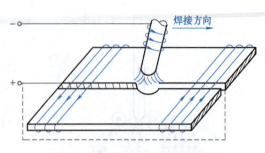

图 2-16　改变焊件导线接线的方法

6）在露天操作时，如果有大风则必须用挡风板遮挡，对电弧进行保护。在进行管子焊接时，必须将管口堵住，以防止气流对电弧的影响。在焊接间隙较大的对接焊缝时，可在接缝下面加垫板，以防止热对流引起的电弧偏吹。

7）采用小电流焊接，这是因为磁偏吹的大小与焊接电流有直接的关系，焊接电流越大，磁偏吹越严重。

2.5　焊条电弧焊在各个位置上的操作要点

2.5.1　平焊操作要点

1）焊缝处于水平位置，故允许使用大电流、粗直径焊条施焊，以提高劳动生产率。

2）尽可能采用短弧焊接，可有效提高焊缝质量。

3）控制好运条速度，利用电弧的吹力和长度使熔渣与液态金属分离，有效防止熔渣向前流动。

4）T 形、角接、塔接平焊接头，若两钢板厚度不同，则应调整焊条角度，将电弧偏向厚板一侧，使两板受热均匀。

5）多层多道焊应注意选择焊接层次及焊道顺序。

6）根据焊接材料和实际情况选用合适的运条方法。

7）焊条角度如图 2-17 所示。

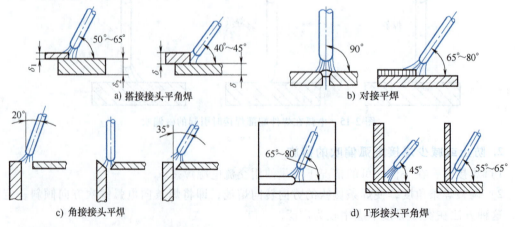

a) 搭接接头平角焊　　b) 对接平焊

c) 角接接头平焊　　d) T形接头平角焊

图 2-17　焊条角度

2.5.2　立对接焊操作要点

1. 清理工件

坡口角度、组装、定位焊、清渣等的要求与开坡口平对接焊基本相同。组装时预留间隙 2～3mm 为宜，反变形角度 2°～3° 为宜。

2. 打底焊

V 形坡口底部较窄，焊接时若焊接参数选择不当，操作方法不正确都会出现焊缝缺陷。为获得良好的焊缝质量，应选用直径为 φ3.2mm 焊条，电流 90～100A，焊条角度与焊缝成 70°～80°，运条方法选用小三角形、小月牙形、锯齿形均可，操作方法选用跳弧焊，也可用灭弧焊。

3. 填充焊

焊前应对打底层进行彻底清理，对于高低不平处进行修整后再焊，否则会影响下一道焊缝质量。调整焊接参数，焊接电流 95～105A，焊条角度与焊缝成 60°～70°，运条方法与打底焊相同，但摆动幅度要比打底焊宽，操作方法可选择跳弧焊法或稳弧焊法（焊条横摆频率要高，到坡口两侧停顿时间要稍长），以免焊缝出现中间凸，两侧低，造成夹渣现象。

4. 盖面焊

焊前要彻底清理前一道焊缝及坡口上的焊渣及飞溅。盖面前一道焊缝应低于工件表面 0.5～1.0mm，若高出该范围值，盖面时会出现焊缝过高现象，若低于该范围值，盖面时则会出现焊缝过低现象。盖面焊焊接电流应比填充焊焊接电流小 10A 左右，焊条角度应稍大些，运条至坡口边缘时应尽量压低电弧且稍停片刻，中间过渡应稍快，手的运动一定要稳、准、快，只有这样才能获得良好焊缝。

2.5.3　横对接焊操作要点

1）起头在板材端部 10～15mm 处引弧后，立即向施焊处长弧预热 2～3s，然后再转入焊接，如图 2-18 所示。

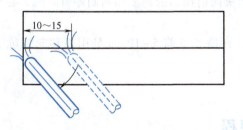
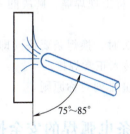

图 2-18　起头焊条位置及角度

2）根据焊接参数对照表，选择适当的运条方法，保持正确的焊条角度，均匀稍快的焊接速度，熔池形状保持较为明显，避免熔渣超前，同时全身也要随焊条的运动倾斜或移动并保持稳定协调。

3）当熔渣超前，或有熔渣覆盖熔池形状倾向时，采用拨渣运条法。

4）焊接过程中电弧要短，严密监视熔池温度即母材熔化情况，若熔池内凹或铁液下淌，要及时灭弧，转灭弧和连弧相结合的运条方法，以防烧穿和咬边。焊道收尾处采用灭弧法填满弧坑。

2.5.4　立角焊操作要点

1）用清理工具将工件表面杂物清理干净，将待焊处矫正平直。

2）组装成 T 形接头，并用 90°直角尺将工件测量准确后，再进行定位焊。

3）焊接时从工件下端定位焊缝处引弧，引燃电弧后拉长电弧做预热动作，当达到半熔化状态时，把焊条开始熔化的熔滴向外甩掉，勿使这些熔滴进入焊缝，立即压低电弧至 2～3mm，使焊缝根部形成一个椭圆形熔池，随即迅速将电弧提高 3～5mm，等熔池冷却为一个暗点，直径约 3mm 时，将电弧下降到引弧处，重新引弧焊接，新熔池与前一个熔池重叠 2/3，然后再提高电弧，即采用跳弧操作手法进行施焊。第二层焊接时可选用连弧焊，但焊接时要控制好熔池温度，若出现温度过高时应随时灭弧，降低熔池温度后再起弧焊接，从而避免焊缝过高或焊瘤的出现。

4）焊缝接头应采用热接法，做到快、准、稳。若采用冷接法应彻底清理接头处焊渣，操作方法类似起头。焊后应对焊缝质量进行检查，发现问题应及时处理。

2.5.5　仰角焊操作要点

1）起头在距板材端部 5～10mm 处引弧，迅速移至板材端部长弧预热 2～3s，压低电弧正式焊接。

2）采用斜圆圈运条时，有意识地让焊条头先指向上板，使熔滴先于上板熔合，由于运条的作用，部分熔池铁液会自然地被拖到立板上，这样两边就能得到均匀的熔合。

3）直线形运条时，保持 0.5～1mm 的短弧焊接，不要将焊条头搭在焊缝上拖着走，以防出现窄而凸的焊道。

4）保持正确的焊条角度和均匀的焊接速度，保持短弧，向上送进速度要与焊条燃烧速度一致。

5）施焊中，所看到的熔池表面为平或凹的为最佳，当温度较高时熔池表面会外鼓或凸，严重时将出现焊瘤，解决的方法是加快向前摆动的速度和两侧停留时间，必要时减小焊接电流。

6）接头时，换焊条要快（即热焊），在原弧坑前 5～10mm 处引弧移向弧坑下方长弧预热 1～2s，转入正常焊接。

7）焊缝排列对称原则。

2.6　焊条电弧焊的安全操作规程

2.6.1　焊条电弧焊的安全要求

1. 电焊机

1）电焊机必须符合国家现行有关安全标准规定要求。

2）电焊机的工作环境应与技术说明书上的规定相符。特殊环境条件下，如在气温过低或过高、湿度过大、气压过低以及在腐蚀性或爆炸性等特殊环境中作业，应使用适合特殊环境条件性能的电焊机，或采取必要的防护措施。

3）防止电焊机受到碰撞或剧烈振动（特别是整流式焊机）。室外使用的电焊机必须有防雨雪的防护设施。

4）电焊机必须装有独立的专用电源开关，其容量应符合安全要求。当电焊机超负荷时，应能自动切断电源；禁止多台电焊机共享一个电源开关。电源控制装置应装在电焊机附近人手便于操作的地方，周围留有安全通道。采用启动器启动的电焊机，必须先合上电源总开关，再启动电焊机。电焊机的一次电源线长度一般不宜超过 2～3m，当有临时任务需要较长的电源线时，应沿墙或立柱用瓷瓶隔离布设，其高度必须距地面 2.5m 以上，不允许将电源线拖在地面上使用。

5）电焊机外露的带电部分应设有完好的防护（隔离）装置，电焊机裸露接线柱必须设有防护罩。

6）使用插头连接的电焊机，插销孔的接线端应用绝缘板隔离，并装在绝缘板平面内。

7）禁止用连接建筑物金属构架和设备等作为焊接电源回路。

8）电弧焊机的安全使用和维护：

① 接入电源网络的电焊机不允许超负荷使用。电焊机运行时的温升，不应超过标准规定的温升限值。

② 电焊机必须平稳地安放在通风良好、干燥的地方，不准靠近高热及易燃易爆危险的环境。

③ 要特别注意对整流式弧焊机硅整流器的保护和冷却。

④ 启动电焊机前，禁止在焊机上放置任何物品和工具，焊钳与焊件不能短路。

⑤ 采用连接片改变焊接电流的电焊机，调节焊接电流前应先切断电源。

⑥ 电焊机必须经常保持清洁，清扫灰尘时必须断电进行操作。焊接现场有腐蚀性、导电性气体或粉尘时，必须对电焊机进行隔离防护。

⑦ 电焊机受潮，应当用人工方法进行干燥。受潮严重的，必须进行检修。

⑧ 每半年应进行一次电焊机维修保养。当发生故障时，应立即切断电焊机电源，及时进行检修保养。

⑨ 定期检查和保持电焊机电缆与电焊机的接线柱接触良好，保持螺母紧固。

⑩ 工作完毕或临时离开工作场地时，必须及时切断电焊机电源。

9）电焊机接地

① 各种电焊机（交流、直流）、电阻焊机等设备或外壳、电气控制箱、电焊机组等，都应按相关标准要求接地，防止触电事故发生。

② 电焊机的接地装置必须保持连接良好，定期检测接地系统的电气性能。

③ 禁用氧气管道和乙炔管道等易燃易爆气体管道作为接地装置的自然接地极，防止由于产生电阻热或引弧时冲击电流的作用，产生火花而引爆。

④ 电焊机组或集装箱式电焊设备都应安装接地装置。

⑤ 专用的焊接工作台架应与接地装置连接。

10）为保护设备安全及人身安全，应装设熔断器、断路器（又称过载保护开关）、触电保安器（也叫漏电开关）。当电焊机的空载电压较高，而又在有触电危险的场所作业时，则对电焊机必须采用空载自动断电装置。当焊接引弧时电源开关自动闭合，停止焊接，更换焊条时，电源开关自动断开。这种装置不仅能避免空载时的触电，也减少了设备空载时的电能损耗。

11）不倚靠带电焊件。身体出汗而衣服潮湿时，不得靠在带电的焊件上施焊。

2. 焊接电缆

1）电焊机用的软电缆应采用多股细铜线电缆，其截面要求应根据焊接需要载流量和长度，按电焊机配用电缆标准的规定选用。电缆应轻便柔软，能任意弯曲或扭转，便于操作。

2）电缆外皮必须完整、绝缘良好、柔软，绝缘电阻不得小于 $1M\Omega$，电缆外皮破损时应及时修补完好。

3）连接电焊机与焊钳必须使用软电缆线，长度一般不宜超过 $20\sim30m$。截面积应根据焊接电流的大小选取，以保证电缆不致过热而损伤绝缘层。

4）电焊机的电缆线应使用整根导线，中间不应有连接接头。当工作需要接长导线时，应使用接头连接器牢固连接，连接处应保持绝缘良好，而且接头不要超过两个。

5）焊接电缆要横过马路或通道时，必须采取保护套等保护措施，严禁搭在气瓶、乙炔发生器或其他易燃物品的容器上。

6）禁止利用厂房的金属结构、轨道、管道、暖气设施或其他金属物体搭接起来做电焊导线电缆。

7）禁止焊接电缆与油脂等易燃物料接触。

3. 电焊钳

1）电焊钳必须有良好的绝缘性与隔热能力，手柄要有良好的绝缘层。

2）焊钳的导电部分应采用纯铜材料制成。焊钳与电焊电缆的连接应简便牢靠，接触良好。

3）焊条在位于45°、90°等方向时，焊钳应都能夹紧焊条，并保证更换焊条安全方便。

4）电焊钳应保证操作方便、焊钳重量不得超过600g。

5）禁止将过热的焊钳浸在水中冷却后立即继续使用。

4. 焊接场所

应有通风除尘设施，防止焊接烟尘和有害气体对焊工造成危害。

5. 个人防护

焊接作业人员应按 LD/T 75—1995《劳动防护用品分类与代码》选用个人防护用品和符合作业条件的遮光镜片和面罩。

6. 焊接作业

焊接作业时，应满足防火要求，可燃、易燃物料与焊接作业点火源距离不应小于10m。

2.6.2　个人劳动保护

防护用品是保护工人在劳动过程中安全和健康必不可少的个人预防性用品。在各种焊接与切割作业中，一定要按规定佩戴防护用品，以防造成对人体的伤害。焊接作业时使用的防护用品种类较多，有防护面罩、头盔、防护眼镜、安全帽、防噪声耳塞、耳罩、工作服、手套、绝缘鞋、安全带、防尘口罩、防毒面具及披肩等。

1. 焊接防护面罩及头盔

焊接防护面罩是一种防止焊接金属飞溅、弧光及其他辐射使面部、颈部损伤，同时通过滤光镜片保护眼睛的一种个人防护用品。常用的有手持式面罩（见图2-19）、头盔式面罩两种。而头盔式面罩又分为普通头盔式面罩（见图2-20）、封闭隔离式送风焊工头盔式面罩（见图2-21）及输气式防护焊工头盔式面罩（见图2-22）三种。

1）普通头盔式面罩，面罩主体可上下翻动，便于双手操作，适合于各种焊接作业，特别是高空焊接作业。

2）封闭隔离式送风焊工头盔式面罩，主要用于高温、弧光较强、发尘量高的焊接与切割作业，如 CO_2 气体保护焊、氩弧焊、空气碳弧气刨、等离子弧切割及仰焊等，该头盔呼吸畅通，既防尘又防毒。缺点是价格太高，设备较复杂，焊工行动受送风管长度限制。

3）输气式防护焊工头盔式面罩，主要用于熔化极氩弧焊，特别适用于密闭空间焊接，该头盔可使新鲜空气通达眼、鼻、口三部分，从而起到保护作用。

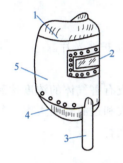

图 2-19 手持式面罩

1—上碗面 2—观察窗 3—手柄
4—下弯面 5—面罩主体

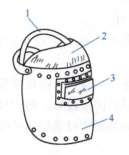

图 2-20 普通头盔式面罩

1—头箍 2—上弯面
3—观察窗 4—面罩主体

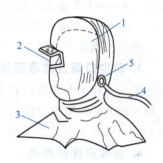

图 2-21 封闭隔离式送风焊工
头盔式面罩

1—面盾 2—观察窗 3—披肩
4—送风管 5—呼吸阀

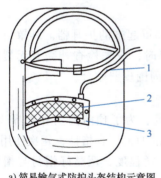

a)简易输气式防护头盔结构示意图

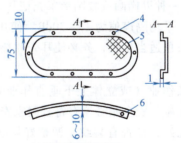

b)送风带构造示意图

图 2-22 输气式防护焊工头盔式面罩

1—送风管 2—小孔 3—风带 4—固定孔 5—送风孔 6—送风管插入孔

2. 防护眼镜

防护眼镜主要是防护滤光片。焊接防护滤光片的滤光编号以可见光透过率的大小决定，可见光透过率越大，编号越小，颜色越浅，滤光片的颜色中工人较喜欢黄绿色或蓝绿色。滤光片分为吸收式、吸收-反射式及电光式三种，吸收-反射式比吸收式好，电光式滤光片造价高。

焊工应根据电流大小、焊接方法、照明强弱及本身视力的好坏来选择正确合适的滤光片，见表2-2。

表 2-2 防护眼镜滤光片的选择参考表

焊接方法	焊条尺寸/mm	焊接电流/A	最低滤光号	推荐滤光号
焊条电弧焊	<2.5	<60	7	—
	2.5～4	60～160	8	10
	4～6.4	160～250	10	12
	>6.4	250～550	11	14

如果焊接、切割中的电流较大，附近又没有滤光号大的滤光片，可将两片滤光号较小的滤光片叠起来使用，效果相同。当把 1 片滤光片换成 2 片时，可根据下列公式换算：

$$N = (n_1 + n_2) - 1$$

式中　　N——1 个滤光片的滤光号；

　n_1、n_2——2 个滤光片各自的滤光号。

为保护操作者的视力，焊接工作累计 8h，一般要更换一次新的防护滤光片。

3. 防尘口罩及防毒面具

焊工在焊接与切割过程中，当采用的通风不能使焊接现场烟尘或有害气体的浓度达到卫生标准时，必须佩戴合格的防尘口罩或防毒面具。防尘口罩有隔离式和过滤式两大类，每类又分为自吸式和送风式两种。防毒面具通常可采用送风焊工头盔来代替。

4. 防噪声保护用品

噪声防护用品主要有耳塞、耳罩、防噪声棉等。最常用的是耳塞、耳罩，最简单的是在耳内塞棉花。耳塞是插入外耳道最简便的护耳器，它分大、中、小三种规格。耳塞的平均隔声值为 15～25dB，其优点是防声作用大，体积小，携带方便，易于保存，价格便宜。

1）佩戴各种耳塞时，要将塞帽部分轻推入外耳道内，使它与耳道贴合，但不要用力太猛或塞得太深，以感觉适度为止。

2）耳罩是一种以椭圆或腰圆形罩壳把耳朵全部罩起来的护耳器。耳罩对高频噪声有良好的隔离作用，平均隔声值为 15～30dB。使用耳罩时，应先检查外壳有无裂纹和漏气，而后将弓架压在头顶适当位置，务必使耳壳软垫圈与周围皮肤贴合。

5. 安全帽

在多层交叉作业（或立体上下垂直作业）现场，为了预防高空和外界飞来物的危害，焊工应佩戴安全帽。安全帽必须有符合国家安全标准的出厂合格证，每次使用前都要仔细检查各部分是否完好，是否有裂纹，调整好帽箍的松紧程度，调整好帽衬与帽顶内的垂直距离，此距离应保持在 20～50mm 之间。

6. 工作服

焊工用的工作服，主要起到隔热、反射和吸收等屏蔽作用，使焊工身体免受焊接热辐射和飞溅物的伤害。

焊工常用白帆布制作的工作服，在焊接过程中具有隔热、反射、耐磨和透气性好等优点。在进行全位置焊接和切割时，特别是仰焊或切割时，为了防止焊接飞溅或熔渣等溅到面部或颈部造成灼伤，焊工可使用石棉物制作的披肩、长套袖、围裙和鞋盖等防护用品进行防护。焊接过程中，为了防止高温飞溅物烫伤焊工，工作服上衣不应该系在裤子里面；工作服穿好后，要系好袖口和衣领上的衣扣，工作服上衣不要有口袋，以免高温飞溅物掉进口袋中引发燃烧，工作服上衣要做大，衣长要过腰部，不应有破损空洞、不允许沾有油脂、不允许潮湿，工作服应较轻。

7. 手套、工作鞋和鞋盖

焊接和切割过程中，焊工必须戴防护手套，手套要求耐磨，耐辐射热，不容易燃烧和绝缘性良好。手套最好采用牛（猪）绒面革制作。

焊接过程中，焊工必须穿绝缘工作鞋。工作鞋应该是耐热、不容易燃烧、耐磨、防滑的高筒绝缘鞋。工作鞋使用前，须经耐压试验500V合格，在有积水的地面上焊接时，焊工的工作鞋必须是经耐压试验600V合格的防水橡胶鞋。工作鞋是黏胶底或橡胶底，鞋底不得有铁钉。

焊接过程中，强烈的焊接飞溅物坠地后，四处飞溅。为了保护好脚不被高温飞溅物烫伤，焊工除了要穿工作鞋外，还要系好鞋盖。鞋盖只起隔离高温焊接飞溅物的作用，通常用帆布或皮革制作。

8. 安全带

焊工登高焊割作业时，必须系符合国家标准的防火高空作业安全带。使用安全带前，必须检查安全带各部分是否完好，救生绳挂钩应固定在牢靠的结构上。安全带要耐高温、不容易燃烧，要高挂低用，严禁低挂高用。

2.6.3　触电、火灾原因分析及预防措施

1. 引起触电事故的原因

1）焊接过程中，因焊工要经常更换焊条和调节焊接电流，操作时要直接接触电极和极板，而焊接电源通常是220V/380V，当电气安全保护装置存在故障、劳动保护用品不合格、操作者违章作业时，就可能引起触电事故。如果在金属容器内、管道上或潮湿的场所焊接，触电的危险性更大。

2）焊机空载时，二次绕组电压一般都在60~90V，由于电压不高，易被电焊工所忽视，但其电压超过规定安全电压36V，仍有一定危险性。假定焊机空载电压为70V，人在高温、潮湿环境中作业，此时人体电阻R约为1600Ω，若焊工手接触钳口，通过人体电流I为：$I = V/R = 70/1600 \approx 44mA$，在该电流作用下，焊工手会发生痉挛，易造成触电事故。

3）因焊接作业大多在露天，焊机、电缆及电源线多处在高温、潮湿（建筑工地）和粉尘环境中，且焊机常常超负荷运行，易使电源线、电器线路绝缘老化，绝缘性能降低，易导致漏电事故。

4）电焊设备的罩壳漏电，人体碰触罩壳而触电。

5）由于电焊设备接地错误引起的事故。例如，焊机的火线与零线错接，使外壳带电，人体碰触壳体而触电。

6）电焊操作过程中，人体触及绝缘破损的电缆、破裂的胶木盒等。

7）由于利用厂房的金属结构、管道、轨道、天车吊钩或其他金属物体搭接作为焊接回路而发生的触电事故。

2. 防触电措施

防触电总的原则是采取绝缘、屏蔽、隔绝、漏电保护和个人防护等安全措施，避免人体

触及带电体。具体方法有：

1）提高电焊设备及线路的绝缘性能。使用的电焊设备及电源电缆必须是合格品，其电气绝缘性能与所使用的电压等级、周围环境及运行条件要相适应；焊机应安排专人进行日常维护和保养，防止日晒雨淋，以免焊机电气绝缘性能降低。

2）当焊机发生故障要检修、移动工作地点、改变接头或更换保险装置时，操作前都必须先切断电源。

3）在给焊机安装电源时不要忘记同时安装漏电保护器，以确保人一旦触电会自动断电。在潮湿或金属容器、设备、构件上焊接时，必须选用额定动作电流不大于 15mA，额定动作时间小于 0.1s 的漏电保护器。

4）对焊机壳体和二次绕组引出线的端头应采取良好的保护接地或接零措施。当电源为三相三线制或单相制系统时应安装保护接地线，其电阻值不超过 4Ω；当电源为三相四线制中性点接地系统时，应安装保护零线。

5）加强作业人员用电安全知识及自我防护意识教育，要求焊工作业时必须穿绝缘鞋、戴专用绝缘手套。禁止雨天露天施焊；在特别潮湿的场所焊接，人必须站在干燥的木板或橡胶绝缘片上。

6）禁止利用金属结构、管道、轨道和其他金属连接做导线用。在金属容器或特别潮湿的场所焊接，行灯电源必须使用 12V 以下安全电压。

3. 引起火灾爆炸事故的原因

由于焊接过程中会产生电弧或明火，在有易燃物品的场所作业时，极易引发火灾。特别是在易燃易爆装置区（包括坑、沟、槽等），储存过易燃易爆介质的容器、塔、罐和管道上施焊时危险性更大。

4. 防火灾爆炸措施

1）在易燃易爆场所焊接，焊接前必须按规定事先办理用火作业许可证，经有关部门审批同意后方可作业，严格做到"三不动火"。

2）正式焊接前检查作业场地下方及周围是否有易燃易爆物，作业面是否有诸如油漆类防腐物质，如果有应事先做好妥善处理。对在临近运行的生产装置区、油罐区内焊接作业，必须砌筑防火墙；如有高空焊接作业，还应使用石棉板或铁板予以隔离，防止火星飞溅。

3）如在生产、储运过易燃易爆介质的容器、设备或管道上施焊，焊接前必须检查与其连通的设备、管道是否关闭或用盲板封堵隔断，并按规定对其进行吹扫、清洗、置换、取样化验，经分析合格后方可施焊。

5. 致人灼伤的原因

因焊接过程中会产生电弧、金属熔渣，如果焊工焊接时没有穿戴好电焊专用的防护工作服、手套和防护鞋，尤其是在高处进行焊接时，因电焊火花飞溅，若没有采取防护隔离措施，易造成焊工自身或作业面下方施工人员皮肤灼伤。

6. 防灼伤措施

1）焊工焊接时必须正确穿戴好焊工专用防护工作服、绝缘手套和绝缘鞋。使用大电流焊接时，焊钳应配有防护罩。

2）对刚焊接的部位应及时用石棉板等进行覆盖，防止脚、身体直接触及造成烫伤。

3）高空焊接时更换的焊条头应集中堆放，不要乱扔，以免烫伤下方作业人员。

4）在清理焊渣时应戴防护镜；高空进行仰焊或横焊时，由于火星飞溅严重，应采取隔离防护措施。

7. 引起电旋光性眼炎的原因

由于焊接时会产生强烈的可见光和大量不可见的紫外线，对人的眼睛有很强的刺激伤害作用，长时间直接照射会引起眼睛疼痛、畏光、流泪、怕风等，易导致眼睛结膜和角膜发炎（俗称电旋光性眼炎）。

8. 防电旋光性眼炎措施

根据焊接电流的大小，应适时选用合适的面罩护目镜滤光片，配合焊工作业的其他人员在焊接时应佩戴有色防护眼睛。

9. 光辐射作用产生的原因

焊接中产生的电弧光含有红外线、紫外线和可见光，对人体具有辐射作用。红外线具有热辐射作用，在高温环境中焊接时易导致作业人员中暑；紫外线具有光化学作用，对人的皮肤有伤害，同时长时间照射外露的皮肤还会使皮肤脱皮，可见光长时间照射会引起眼睛视力下降。

10. 防辐射措施

焊接时焊工及周围作业人员应穿戴好劳保用品。禁止不戴电焊面罩、不戴有色眼镜直接观察电弧光；尽可能减少皮肤外露，夏天禁止穿短裤和短褂从事电焊作业；有条件的可对外露的皮肤涂抹紫外线防护膏。

11. 有害气体和烟尘产生的原因

由于焊接过程中产生的电弧温度可达到4200℃以上，焊条心、药皮和金属焊件融熔后要发生气化、蒸发和凝结现象，会产生大量的锰铬氧化物及有害烟尘；同时，电弧光的高温和强烈的辐射作用，还会使周围空气产生臭氧、氮氧化物等有毒气体。长时间在通风条件不良的情况下从事电焊作业，这些有毒气体和烟尘被人体吸入，对人的身体健康有一定的影响。

12. 防有害气体及烟尘措施

1）合理设计焊接工艺，尽量采用单面焊双面成形工艺，减少在金属容器里焊接的作业量。

2）如在空间狭小或密闭的容器里焊接作业，必须采取强制通风措施，降低作业空间有害气体及烟尘的浓度。

3）尽可能采用自动焊、半自动焊代替手工焊，减少焊接人员接触有害气体及烟尘的机会。

4）采用低尘、低毒焊条，减少作业空间中有害烟尘含量。

5）焊接时，焊工及周围其他人员应佩戴防尘口罩，减少烟尘吸入体内。

13. 高空坠落产生的原因

因施工需要，电焊工要经常登高焊接作业，如果防高空坠落措施没有做好，脚手架搭设不规范，没有经过验收就使用；上下交叉作业没有采取防物体打击隔离措施；焊工个人安全防护意识不强，登高作业时不戴安全帽、不系安全带，一旦遇到行走不慎、意外物体打击等原因，有可能造成高空坠落事故的发生。

14. 防高空坠落措施

焊工必须做到定期体检，凡有高血压、心脏病、癫痫病等病史人员，禁止登高焊接。焊工登高作业时必须正确系安全带，戴好安全帽。焊接前应对登高作业点及周围环境进行检查，查看立足点是否稳定、牢靠，以及脚手架等安全防护设施是否符合安全要求，必要时应在作业下方及周围拉设安全网。涉及上下交叉作业时应采取隔离防护措施。

15. 中毒、窒息产生的原因

电焊工经常要进入金属容器、设备、管道、塔、储罐等封闭或半封闭场所施焊，如果容器或设备储运或生产过有毒有害介质及惰性气体等，一旦工作管理不善，防护措施不到位，极易造成作业人员中毒或缺氧窒息，这种现象多发生在炼油、化工等企业。

16. 防中毒、窒息措施

1）凡在储运或生产过有毒有害介质、惰性气体的容器、设备、管道、塔、罐等封闭或半封闭场所施焊，作业前必须切断与其连通的所有工艺设备，同时要对其进行清洗、吹扫、置换，并按规定办理进设备作业许可证，经取样分析，合格后方可进入作业。

2）正常情况下应做到每 4h 分析一次，如条件发生变化应随时取样分析；同时，现场还应配备适量的空（氧）气呼吸器，以备紧急情况下使用。

3）作业过程应有专人安全监护，焊工应定时轮换作业。对密闭性较强而易缺氧的作业设备，应采用强制通风的办法予以补氧（禁止直接通氧气），防止缺氧窒息。

2.7 焊条电弧焊技能训练实例

技能训练 1 管板插入式或骑座式全焊透角接头焊条电弧焊

1. 焊前准备

（1）试件材料 Q355 钢板，规格 100mm×100mm×12mm，板中间加工直径为 $\phi57mm$ 通孔，再加工 45° V 形坡口，数量 1 件；20 钢管，规格为 $\phi51mm×3.5mm$，$L=100mm$，数量 1 件；接头示意图如图 2-23a 所示。

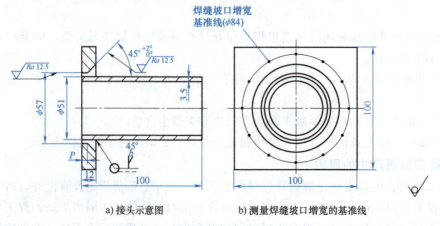

a) 接头示意图　　　　b) 测量焊缝坡口增宽的基准线

图 2-23　插入式管板水平固定焊试件

（2）**焊接材料**　J507 焊条，直径为 $\phi 2.5\text{mm}$ 和直径为 $\phi 3.2\text{mm}$，焊条焊前烘干温度为 $350\sim 400\text{℃}$，保温 $1\sim 2\text{h}$，随用随取。

（3）**焊接要求**　水平固定焊，单面焊双面成形，$K=10\text{mm}\pm 1\text{mm}$，焊后应保证管与孔板垂直。

（4）**焊接设备**　ZX5-400 型直流弧焊机，直流反接。

2. 装配定位焊

1）清除坡口面及坡口正反面两侧各 20mm 范围内的油污、锈蚀、水分及其他污物，直至露出金属光泽。

2）修磨钝边 $P=0.5\sim 1.5\text{mm}$，用划针在管板坡口正面划管孔同心圆，直径为 $\phi 84\text{mm}$，并打上样冲眼，作为焊后测量焊缝坡口每侧增宽的基准线，如图 2-23b 所示；装配间隙为 $2.5\sim 3.5\text{mm}$；错边量 $\leqslant 0.5\text{mm}$。

3）将管子中轴线与管板孔的圆心对中，沿圆周定位焊 3 点，每点相距 120°，定位焊采用与焊接试件相同牌号的焊条，定位焊缝长度 $10\sim 15\text{mm}$，定位焊缝必须是单面焊双面成形，允许将定位焊缝两端打磨成斜坡状。定位装配后应保证管与孔板垂直。

3. 焊接参数

插入式管板水平固定焊焊接参数见表 2-3。

表 2-3　插入式管板水平固定焊焊接参数

焊道分布	焊接层次	焊条直径/mm	焊接电流/A
	打底层（1）	2.5	75~80
	填充层（2）	2.5	100~110
	盖面层（3）	3.2	90~100

4. 操作要点及注意事项

采用灭弧焊手法，将焊缝分为 3 层，即打底焊、填充焊和盖面焊。为了便于说明焊接操作，规定从管子正前方看管板时，按时钟正面的位置将焊件分为 12 等分。插入式管板水平固定对接焊焊接位置和焊条角度如图 2-24 所示。

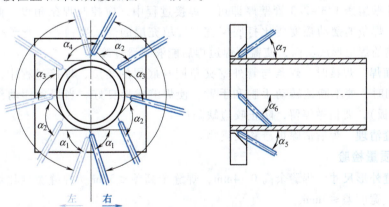

图 2-24　水平固定管板的焊接位置及焊条角度

$\alpha_1 = 80°\sim 85°$　　$\alpha_2 = 100°\sim 105°$　　$\alpha_3 = 100°\sim 110°$　　$\alpha_4 = 120°$　　$\alpha_5 = 30°$　　$\alpha_6 = 45°$　　$\alpha_7 = 35°$

（1）**打底焊**　用划擦法引弧，引弧点在定位焊缝上的管板坡口内侧，电弧引弧后，拉长电弧在定位焊缝上预热 1.5~2s，然后再压低焊接电弧进行焊接。焊接开始时，电弧的 2/3 处在管板的坡口根部，1/3 处在插入管板坡口内的管子端部，以保证管板坡口、管子端部两侧热量平衡。引弧后，压低电弧快速间断灭弧施焊，此时注意观察熔池形成情况，再经过 2~3s 后，稍放慢焊接节奏，正式开始打底焊。

打底层焊接时，将管板焊缝分为左、右两个半圈，即：在相当于时钟钟面位置的 7 点→3 点→11 点位置，另一个半圆是相当于时钟的 5 点→9 点→1 点位置。焊条与管外壁夹角为 25°~30°，采用这种角度的目的是把较多的热量集中在较厚的管板坡口上，避免管壁过烧或管板坡口面熔合不好。从相当于时钟 7 点处引燃电弧，在管板孔的边缘和管子外壁稍加预热后便稍稍提高焊接电弧，焊条与焊接方向的倾角为 70°~80°，焊条向焊件坡口根部顶送深些，采用短弧做小幅度锯齿形横向摆动，逆时针方向进行焊接；在相当于时钟的 4 点→2 点（或 8 点→10 点）位置是立焊与上坡焊，焊条与焊接方向的角度为 100°~120°，焊条向坡口根部的顶送量比仰焊部位浅些；在相当于时钟的 2 点→11 点（或 10 点→1 点）位置是上坡焊与平焊，焊条向坡口根部的顶送量比立焊部位浅些，以防止熔化金属由于重力作用而造成背面焊缝过高和产生焊瘤。焊接时注意控制焊接电弧、焊缝熔池金属与熔渣之间的相互位置，及时调节焊条角度，防止熔渣超前流动，造成夹渣及焊缝未熔合、未焊透的缺陷。

焊接过程中会形成焊缝接头，焊接接头有热接法和冷接法。

1）热接法。当焊接停弧后，立即更换焊条，在熔池尚处在红热状态时，迅速在坡口前方 10~15mm 处引弧，然后快速把电弧的 2/3 拉至原熔池偏向管板坡口面位置上，1/3 的电弧加热管子端部迅速压低电弧进行焊接。焊条在向坡口根部移动的同时，做斜锯齿形摆动，当听到"噗、噗"两声之后，迅速灭弧。再次开始灭弧焊时，节奏稍快些，间断焊接 2~3 次后，焊缝热接法接头完毕，恢复正常的灭弧焊焊接。

2）冷接法。开始接头前，仔细清理焊缝处的飞溅物，焊渣等。引弧后，将电弧拉长，在接头处预热 1~2s，在焊缝熔孔前面进行 5~10mm 的预热焊，此时，焊条做圆弧摆动，当焊条摆动到焊缝熔孔根部时，压低电弧，听到"噗、噗"两声后，立即拉起电弧，恢复正常的灭弧焊焊接。

（2）**填充焊**　焊接时，焊条与管外壁夹角同打底层的角度，电弧的主要热量集中在管板上，使管外壁熔透 1/3~2/3 管壁厚即可。焊接过程中，应控制焊条角度，防止夹渣、过烧缺陷产生，焊条的摆动幅度要比打底层宽些，填充层的焊道要薄些，管子一侧坡口要填满，与板一侧的焊道形成斜面，使盖面焊道焊后能够圆滑过渡。

（3）**盖面焊**　焊接时，焊条与管外壁夹角同打底层的角度，焊接过程中，焊条采用锯齿形摆动的同时，要不断地转动手腕和手臂，使焊缝成形良好。当焊条摆动到焊缝两端时（管外壁和管板），要稍做停留，防止咬边缺陷产生。

（4）**焊缝清理**　焊后清除焊渣和飞溅物。

5. 焊缝质量检验

（1）**焊缝外形尺寸**　焊缝余高 0~4mm，焊缝余高差 ≤3mm，焊缝宽度比坡口每侧增宽 0.5~2.5mm，宽度差 ≤3mm。

（2）**焊缝表面缺陷**　咬边深度 ≤0.5mm，焊缝两侧咬边总长度不超过 18mm。背面凹坑深度 ≤2mm，总长度 ≤18mm。焊缝表面不得有裂纹、未熔合、夹渣、气孔、焊瘤和未焊透。

（3）**焊缝内部质量**　焊缝进行金相检查，取 3 个检查面，用目视或 5 倍放大镜观察金相试块，不得有裂纹和未熔合。气孔或夹渣最大不得超过 1.5mm，当气孔或夹渣大于 0.5mm 而小于 1.5mm 时，其数量不得多于 1 个，当只有小于或等于 0.5mm 的气孔或夹渣时，其数量不得多于 3 个。

技能训练2　低碳钢或低合金钢板对接立焊

1. 焊前准备

（1）**试件材料**　Q355R 钢板，规格 300mm×100mm×12mm，数量 2 件，V 形坡口，坡口角度 60°，接头示意图如图 2-25 所示。

（2）**焊接材料**　J422 或 J507 焊条，直径为 ϕ3.2mm 和直径为 ϕ4.0mm，选用碱性焊条时焊前烘干温度为 350~400℃，保温 1~2h，随烘随取。

（3）**焊接要求**　单面焊双面成形，焊接变形量≤3°。

（4）**焊接设备**　ZX5-400 型直流弧焊机，直流反接；或 BX3-300 型交流焊机，交流电源。

2. 装配定位焊

1）清除坡口面及坡口正反面两侧各 20mm 范围内的油污、锈蚀、水分及其他污物，直至露出金属光泽。

2）修磨钝边 $P = 0.5 ~ 1$mm，无毛刺。始端装配间隙为 3.0mm，终端装配间隙为 3.5mm，如图 2-26 所示；错边量≤1.2mm，预制反变形量为 3°~4°。

3）采用与焊接试件相同的焊条，在试件两端 20mm 的坡口内定位焊，焊缝长度为 10~15mm。然后将试件固定在焊接支架上，间隙较小的始端方向朝下。

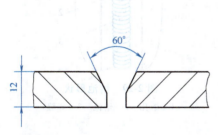

图 2-25　V 形坡口对接立焊接头示意图

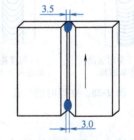

图 2-26　V 形坡口和装配间隙示意图

3. 焊接参数

V 形坡口对接立焊焊接参数见表 2-4。

表 2-4　V 形坡口对接立焊焊接参数

焊道分布	焊接层次	焊条直径/mm	焊接电流/A
	打底层（1）	3.2	90~110
	填充层（2、3）	4.0	100~120
	盖面层（4）	4.0	100~110

4. 操作要点及注意事项

采用立向上焊接，始端在下方。焊接时焊件垂直固定，高度以板的上缘与焊工两腿叉开站立时的视线齐平为宜。

（1）打底层焊接　打底焊可以采用挑弧焊法，也可采用灭弧焊法。

1）挑弧焊法操作

① 引弧。在定位焊缝下端引弧，然后拉长电弧（弧长以不熄弧，而熔滴又不落入熔池为准）将定位焊缝预热到"冒汗"（焊波上出现汗珠似的小粒）时，在定位焊上运条前移（尽量薄一些），电弧前端到达定位焊上沿时，迅速将电弧上移，并压低电弧，使其 2/3 ~ 3/4 透出坡口根部间隙，听到噗的击穿声后，停 0.5s 以打出熔孔，然后迅速向下拉至定位焊缝上，停顿预热 1 ~ 2s，再向上摆动运条。到达定位焊缝上沿时，将焊条向根部顶一下，听到"噗噗"击穿声，表明坡口根部已被焊透，第一个熔池已形成。该熔孔向坡口两侧各深入 0.5 ~ 1mm。

② 运条方式和焊条角度。采用连弧焊法，焊条做月牙形或锯齿形横向摆动，坡口两侧稍做停留，以利于填充金属与母材熔合良好，其交界处应不易形成夹角并便于清渣；采用短弧（弧长小于焊条直径）、连续施焊；向上运条要均匀，间距不宜过大；焊条与焊件之间的角度如图 2-27 所示。

③ 控制熔孔和熔池。合适的熔孔如图 2-28 所示，熔池表面呈水平的椭圆形（见图 2-29），使电弧的 1/3 对着坡口间隙，2/3 覆盖在熔池上。应保持熔池形状和熔孔大小一致。

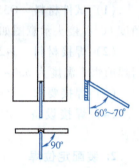

图 2-27　立焊打底时焊条的角度

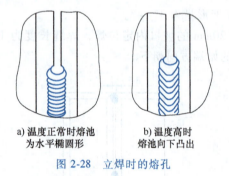

a) 温度正常时熔池
为水平椭圆形

b) 温度高时
熔池向下凸出

图 2-28　立焊时的熔孔

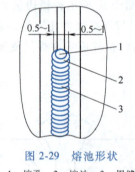

图 2-29　熔池形状

1—熔孔　2—熔池　3—焊缝

④ 焊道接头。可采用热接法或冷接法。

a. 采用热接法。在更换焊条前收弧时，在熔池上方做一个熔孔，然后焊条向左或右下方回焊 10 ~ 15mm 再熄弧，并使接头处呈斜坡形。迅速更换焊条，然后在弧坑上方 10mm 处引弧，往回施焊到原弧坑处，焊条倾角大于正常焊接角度 10°，电弧向焊根背面压送，稍停留，根部被击穿并形成熔孔时，焊条倾角恢复到正常角度，横向摆动向上焊接。

b. 冷接法焊接前，先将收弧处焊道打磨成缓坡，再按热接法的引弧位置和操作方法焊接。

⑤ 操作要领：一看二听三准。

a. 看：观察熔池形状和大小，并基本保持一致。当熔孔过大时，应减小焊条与试板的下倾角，让电弧多压向熔池，少在坡口上停留。当熔孔过小时，应压低电弧，增大焊条与试板的下倾角度。

b. 听：注意听电弧击穿坡口根部发出的"噗噗"声，如没有这种声音则表示没焊透。一般保持焊条端部离坡口根部 1.5~2mm 为宜。

c. 准：施焊时熔孔的端点位置要把握准确，焊条的中心要对准熔池前与母材的交界处，使后一个熔池与前一个熔池搭接，电弧的 2/3 左右对着熔池，保持电弧的 1/3 部分透出熔孔在试件背面燃烧，以加热和击穿坡口根部。

2）灭弧焊法操作

① 灭弧焊时采用一点击穿法：其要领是当熔滴过渡到熔池后，因熔池温度较高，熔池金属有下淌趋势，这时立即将电弧熄灭，使熔化金属有瞬间凝固的机会，随后重新在灭弧处引弧，当形成的新熔池良好熔合后，再立即灭弧，使燃弧—灭弧交替地进行。灭弧时间的长短根据熔池温度高低做相应的调节，燃弧时间根据熔池的熔合情况灵活掌握。在第一个熔池形成后，也可采用二点击穿灭弧法施焊。

② 引弧：在始焊端的定位焊处引弧，并将电弧拉长 3~6mm，适当延长预热时间（一般熔滴下落 2~4 滴），当焊接部位有熔化迹象时，压低电弧，左右均匀摆动，打出熔孔，听到"噗噗"声后灭弧。灭弧动作要干脆、果断。每引燃、灭弧一次，就完成一个焊点的焊接，其节奏控制在每分钟灭弧 45~55 次。焊接时，应根据坡口根部熔化程度（由坡口根部间隙、焊接电流、钝边的大小、待焊处的温度等因素决定），控制灭弧的频率。灭弧焊过程中，每个新熔池应覆盖前一个熔池 2/3 左右，焊接速度应控制在 1~1.5mm/s，接弧时间要准确，以防止缩孔的产生，上升速度要均匀，保证熔池与焊件良好熔合。

③ 打底层焊缝正面余高、背面余高以 2mm 左右为好。

④ 焊道接头：在焊道接头时，应预留一熔孔，迅速更换焊条，并向已焊处引弧，预热至熔孔处接头（预留熔孔有缩孔时应将缩孔打磨掉）。

（2）填充层焊接

1）填充焊前应该清理干净前道焊缝的焊渣、飞溅，并将焊缝接头的过高部分打磨平整。

2）在距离焊缝始端约 10mm 处引弧后，将电弧拉回到始端施焊。每次都应按此法操作，以防产生缺陷。

3）填充焊可以焊一层或二层二道。施焊时焊条与试件的下倾角为 70°~85°；运条方法同打底层，如图 2-30 所示。摆动幅度增大，在坡口两侧略停顿，稍加快焊条摆动速度；各层焊道应平整或呈凹形，填充层焊缝厚度应低于坡口表面 1~1.5mm。

4）填充焊接头时，在弧坑上方 10mm 处引弧，电弧拉至弧坑处，沿弧坑的形状将弧坑填满，再正常焊接。

5）填充层每层所焊焊道要平整，避免焊道成形中间高、两侧低的尖角形状，给以后清渣带来困难，造成夹渣、未焊透等缺陷。填充焊时可采用横向锯齿形或月牙形运条法摆动。无论采用哪种方法，焊条摆动到焊道两侧时，都要稍做停顿或上下稍做摆动，以利于熔合及排渣，并防止焊缝两边产生死角，如图 2-30 所示。控制熔池温度，使两侧良好熔合，并保持扁圆形的熔池外形。

6）最后一层填充层的厚度，应低于焊件表面 1~1.5mm，且应呈凹形，如图 2-31 所示，不得熔化坡口棱边，以利于盖面层保持垂直。对局部低洼处要通过焊补将整个填充焊道焊接平整，为盖面层焊接打下基础。

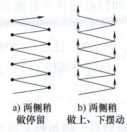

a) 两侧稍做停留　b) 两侧稍做上、下摆动

图 2-30　锯齿形运条法示意图

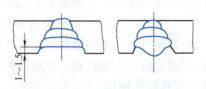

a) 合格的焊道表面平整　b) 焊道凸出太高

图 2-31　填充焊道的外观

（3）盖面层焊接　盖面焊直接影响焊缝外观质量。

1）引弧同填充层焊接，焊条与试件的下倾角为 70°~75°。

2）焊接时可根据焊缝余高的不同要求来选择运条方法，如要求余高稍平些，可选用锯齿形运条法；如要求余高稍凸些，可采用月牙形运条法。

3）运条速度要均匀，摆动要有节奏，如图 2-32 所示。焊条摆动到坡口边缘 a、b 两点时，应将电弧进一步缩短并稍做停留，这样有利于熔滴过渡和防止咬边。焊条摆动到焊道中间的过程要快些，防止熔池外形凸起产生焊瘤；接头处还应避免焊缝过高和脱节。

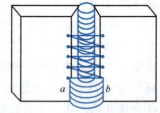

图 2-32　盖面层焊接运条法

4）焊条摆动频率应比平焊稍快些，前进速度要均匀一致，使每个新熔池覆盖前一个熔池的 2/3~3/4，以获得薄而细腻的焊缝波纹。

5）更换焊条前收弧时，应对熔池填些熔滴，迅速更换焊条后，再在弧坑上方 10mm 左右的填充焊缝金属上引弧，并拉到原弧坑处填满弧坑后，继续施焊。

6）焊后清理焊渣及飞溅。

5. 焊缝质量检验

（1）焊缝外形尺寸　焊缝余高 0~4mm，焊缝余高差 ≤3mm，焊缝宽度比坡口每侧增宽 0.5~2.5mm，宽度差 ≤3mm。

（2）焊缝表面缺陷　咬边深度 ≤0.5mm，焊缝两侧咬边总长度不超过 30mm。背面凹坑深度 ≤2mm，总长度 ≤30mm。焊缝表面不得有裂纹、未熔合、夹渣、气孔和未焊透。

（3）焊接变形　焊件（试板）焊后变形角度 θ≤3°，错边量 ≤2mm。

（4）焊缝内部质量　焊缝经 NB/T 47013.2—2015《承压设备无损检测　第 2 部分：射线检测》标准检测，射线透照质量不低于 AB 级，焊缝缺陷等级不低于 Ⅱ 级。

技能训练 3　低碳钢或低合金钢板对接横焊

1. 焊前准备

（1）试件材料　Q355R 钢板，规格 300mm×100mm×12mm，数量 2 件，V 形坡口，坡口角度 60°。接头示意图如图 2-33 所示。

（2）焊接材料　J427 或 J507 焊条，直径为 φ3.2mm，选用碱性焊条时焊前烘干温度为 350~400℃，保温 1~2h，随用随取。

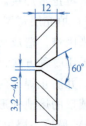

图 2-33　V 形坡口对接横焊接头示意图

（3）**焊接要求**　单面焊双面成形，焊接变形量≤3°。

（4）**焊接设备**　ZX5-400 型直流弧焊机，直流反接；或 BX3-300 型交流焊机，交流电源。

2. 装配定位焊

1）清除坡口面及坡口正反面两侧各 20mm 范围内的油污、锈蚀、水分及其他污物，直至露出金属光泽。

2）修磨钝边 $P = 1 \sim 1.5mm$，无毛刺。始端装配间隙为 3.2mm，终端装配间隙为 4.0mm，如图 2-34 所示；错边量≤ 1.2mm，预制反变形量为 4°~5°。

3）采用与焊接试件相同的焊条，在试件两端 20mm 的坡口内定位焊，焊缝长度为 10~15mm。然后将试件固定在焊接支架上，使焊接坡口置于水平位置。始端处于左侧，坡口上边缘与焊工视线齐平。

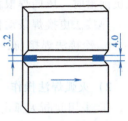

图 2-34　V 形坡口和
预留间隙示意图

3. 焊接参数

V 形坡口对接横焊焊接参数见表 2-5。

表 2-5　V 形坡口对接横焊焊接参数

焊道分布	焊接层次	焊条直径/mm	焊接电流/A
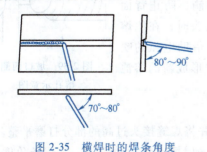	打底层（1）	3.2	90~110
	填充层（2）（3、4）	3.2	100~120
	盖面层（5、6、7）	3.2	100~110

4. 操作要点及注意事项

（1）**打底层焊接**　打底焊可采用连弧焊法或灭弧焊法。

1）**连弧焊法操作**

① **引弧**。打底焊时在始端定位焊缝处引弧，上下摆动向右焊接，到达定位焊缝前沿时，电弧向焊根背面压送，稍停顿，根部被熔化并击穿，形成熔孔。

② **运条方式和焊条角度**。采用连弧焊法锯齿形运条，上下摆动，短弧，向右连续施焊。焊条角度和运条方法如图 2-35 和图 2-36 所示。

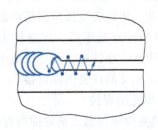

图 2-35　横焊时的焊条角度　　　　图 2-36　横焊时的运条方法

③ **控制熔孔和熔池**。电弧在坡口上根部停留时间比在坡口下根部停留时间稍长，使坡口上根部熔化 1~1.5mm，坡口下根部熔化 0.5~1mm，如图 2-37 所示。电弧的 1/3 用来熔化和击穿坡口根部，控制熔孔，电弧的 2/3 覆盖在熔池上，保持熔池形状均匀一致。

④ **焊道接头**。采用热接法或冷接法。

a. 采用热接法时，在前道焊缝焊接收弧时，焊条向焊接反方向的下坡口面回拉 10~15mm，逐渐抬起焊条，形成缓坡；在距弧坑前约 10mm 的上坡口面将电弧引燃，电弧移至弧坑前沿时，压向焊根背面，稍做停顿，形成熔孔后，电弧恢复到正常焊接长度，再继续施焊。热接法更换焊条动作越快越好。

b. 冷接法焊接前，先将收弧处焊道打磨成缓坡，再按热接法的引弧位置和操作方法焊接。

2）灭弧焊法操作

① 采用间断灭弧击穿法。首先在离始焊端定位焊缝尾部 10~15mm 间隙处引弧，随后将电弧拉到定位焊的尾部预热，当坡口钝边即将熔化时，将熔滴送至坡口根部，并压下电弧，从而使熔化的部分定位焊缝和坡口钝边熔合成第一个熔池。当听到背面有电弧的击穿声时，立即灭弧，这时就形成明显的熔孔。

② 运条方式和焊条角度。按先上坡口、后下坡口的顺序依次往返击穿的灭弧焊运条方式进行焊接。灭弧时，焊条向后下方动作要快速、干净利落，如图 2-38 所示。

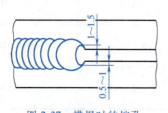

图 2-37　横焊时的熔孔

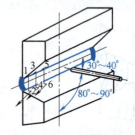

图 2-38　运条方式与焊条角度

③ 从灭弧转入引弧时，焊条要接近熔池，待熔池温度下降、颜色由亮变暗时，迅速而准确地在原熔池上引弧焊接片刻，再马上灭弧。如此反复地引弧→焊接→引弧→灭弧→引弧。

④ 焊接时要求下坡口面击穿的熔孔始终较上坡口面熔孔超前 0.5~1 个熔孔（直径 3mm 左右，如图 2-39 所示），以防止熔化金属下坠造成粘结，出现熔合不良的缺陷。

⑤ 在更换焊条灭弧前，必须向背面补充几滴熔滴，防止背面出现冷缩孔。然后将电弧拉到熔池的侧后方灭弧。接头时，在原熔池后面 10~15mm 处引弧，焊至接头处稍拉长电弧，借助电弧的吹力和热量重新击穿钝边，然后压低电弧并稍做停顿，形成新的熔池后，再转入正常的往复击穿焊接。

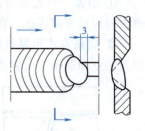

图 2-39　坡口两侧熔孔示意图

（2）填充层焊接

1）填充焊施焊前先清除前道焊缝焊渣、飞溅，并将焊缝接头过高的部分打磨平整。

2）填充焊可焊一层或焊二层。如果焊二层，第一层填充焊为单焊道，其焊条角度与打底层相同，但摆幅稍大；也可焊二道，每道焊道均采用直线形或直线往返形运条，焊条前倾角为 80°~85°，下倾角根据坡口上、下侧与打底层焊道间夹角处熔化情况调整，防止产生未焊透与夹渣等缺陷，并且使上焊道覆盖下焊道 1/2~2/3，防止焊层过高或形成沟槽，如图 2-40 所示。第二层填充层焊二道焊缝，先焊下焊缝，后焊上焊缝，焊条角度如图 2-41 所示。焊下面填充焊道时，电弧对准前层焊道下沿，稍摆动，熔池压住焊道的 1/2~2/3；焊接上面填充焊道时，电弧对准前层焊道上沿并稍做摆动，熔池填满空余位置。填充层焊缝焊完后，其表面应距下坡口表面约 2mm，距上坡口表面约 0.5mm。不要破坏坡口棱边。

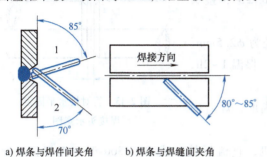

a) 焊条与焊件间夹角　　b) 焊条与焊缝间夹角

图 2-40　填充焊道的焊条角度

1—下焊道焊条角度　2—上焊道焊条角度

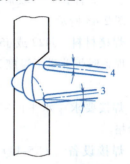

图 2-41　第二层填充焊道焊条角度

3）填充焊接头时，在弧坑前 10mm 处引弧，电弧回焊至弧坑处，沿弧坑的形状将弧坑填满，再继续正常施焊。

（3）**盖面层焊接**　盖面层一般都采用多道焊，盖面焊缝的实际宽度以上、下坡口边缘各熔化 1.5~2mm 为宜。如果焊件较厚，焊缝较宽时，盖面焊缝也可以采用大斜圆圈形运条法焊接，一次盖面成形。

① 盖面层施焊时，焊条与焊件角度如图 2-42 所示。盖面层焊缝焊三道，由下至上焊接。每条盖面焊道要依次压住前焊道的 1/2~2/3。

② 上、下边缘焊道施焊时，运条应快些，焊道尽可能细、薄一些，这样有利于盖面焊缝与母材圆滑过渡。

③ 上盖面层的最后一条焊道施焊时，适当增大焊接速度或减小焊接电流，调整焊条角度，避免液态金属下淌或产生咬边。

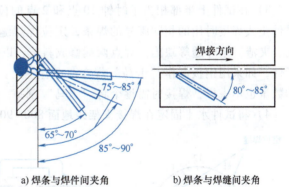

a) 焊条与焊件间夹角　　b) 焊条与焊缝间夹角

图 2-42　盖面焊道的焊条角度

（4）**焊后清理飞溅及焊渣**

5. 焊缝质量检验

（1）**焊缝外形尺寸**　焊缝余高 0~4mm，焊缝余高差 ≤3mm，焊缝宽度比坡口每侧增宽 0.5~2.5mm，宽度差 ≤3mm。

（2）**焊缝表面缺陷**　咬边深度 ≤0.5mm，焊缝两侧咬边总长度不超过 30mm。背面凹坑深度 ≤2mm，总长度 ≤30mm。焊缝表面不得有裂纹、未熔合、夹渣、气孔和未焊透。

（3）**焊接变形**　焊件（试板）焊后变形角度 $\theta \leqslant 3°$，错边量 ≤2mm。

（4）焊缝内部质量　焊缝经 NB/T 47013.2—2015《承压设备无损检测　第 2 部分：射线检测》标准检测，射线透照质量不低于 AB 级，焊缝缺陷等级不低于 Ⅱ 级。

技能训练 4　低碳钢或低合金钢管对接水平固定焊

1. 焊前准备

（1）试件材料　20 钢管，规格 $\phi 57mm \times 4mm$，$L=100mm$，数量 2 件，V 形坡口，坡口角度 $60° \pm 5°$，接头示意图如图 2-43 所示。

（2）焊接材料　J422 或 J507 焊条，直径为 $\phi 2.5mm$，选用碱性焊条时焊前烘干温度为 $350 \sim 400℃$，保温 $1 \sim 2h$，随用随取。

（3）焊接要求　水平固定单面焊双面成形，焊后通球试验合格。

（4）焊接设备　ZX5-400 型直流弧焊机，直流反接；或 BX3-300 型交流焊机，交流电源。

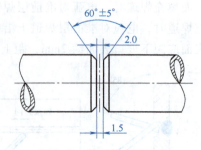

图 2-43　管对接水平固定焊接头示意图

2. 装配定位焊

1）清除坡口面及坡口正反面两侧各 20mm 范围内的油污、锈蚀、水分及其他污物，直至露出金属光泽。

2）修磨钝边 $P=0.5 \sim 1mm$，无毛刺。上部装配间隙（平焊位）为 2.0mm，下部装配间隙（仰焊位）为 1.5mm，放大上半部间隙作为焊接时焊缝的收缩量（见图 2-43），错边量 $\leqslant 0.5mm$。

3）在试件上半部相当于时钟 10 点和 2 点的位置进行定位焊，如图 2-44 所示。采用与试件正式焊接时用的相同牌号的焊条，定位焊焊缝长度为 $10 \sim 15mm$。要求焊透，不得有气孔、夹渣、未焊透等缺陷。焊点两端修成斜坡，以利于接头。特殊情况可以采用连接块点固试件，如采用钢板制作"卡马"焊在两根管子上，如图 2-45 所示。根据管径不同，"卡马"的数量也不一样，焊接时需逐个将"卡马"割掉。

4）将试件水平固定在焊接支架距地面 $800 \sim 900mm$ 的高度上，焊接方向如图 2-46 所示。

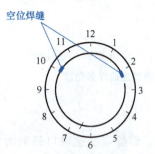

图 2-44　试件定位焊位置

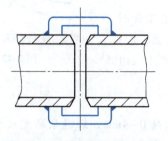

图 2-45　连接块固定管示意图

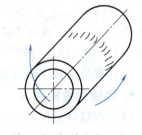

图 2-46　焊接方向示意图

3. 焊接参数

V 形坡口管对接水平固定焊焊接参数见表 2-6。

表2-6　V形坡口管对接水平固定焊焊接参数

焊道分布	焊接层次	焊条直径/mm	焊接电流/A
	打底焊（1）	2.5	75~85
	盖面焊（2）	2.5	70~80

4. 操作要点及注意事项

水平固定管焊接常从管子仰位开始，分成前后两半圈焊接。先按顺时针方向焊前半圈；后按逆时针方向焊后半圈；引弧和收弧部位要超过管子中心线5~10mm，焊接顺序和焊条角度如图2-47所示。

（1）打底层焊接　打底层焊可采用连弧焊法或灭弧焊法，运条方法采用月牙形或横向锯齿形摆动。

1）连弧焊法。

① 引弧及起焊。在图2-47a所示A点坡口面上引弧至间隙内，使焊条在两钝边做微小横向摆动，当钝边熔化金属与焊条熔滴连在一起时，焊条上送，此时焊条端部到达坡口底边，整个电弧的2/3将在管内燃烧，并形成第一个熔孔。

② 仰焊及下爬坡部位的焊接。应压住电弧做横向摆动运条，运条幅度要小，速度要快，焊条与管子切线倾角为80°~85°。随着焊接向上进行，焊条角度变大，焊条深度慢慢变浅。在相当于时钟7点位置时，焊条端部离坡口底边1mm，焊条角度为100°~150°，这时约有1/2电弧在管内燃烧，横向摆动幅度增大，并在坡口两侧稍做停顿。到达立焊时，焊条与管子切线的倾角为90°。

③ 上爬坡和平焊位的焊接。焊条继续向外带出，焊条端部离坡口底边约2mm，这时1/3电弧在管内燃烧。上爬坡的焊条与管切线夹角为85°~90°，并在图2-47a所示的B点收弧。

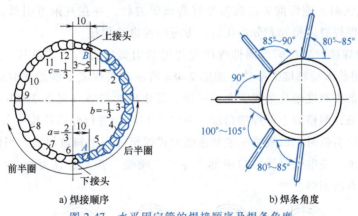

a) 焊接顺序　　　　　b) 焊条角度

图2-47　水平固定管的焊接顺序及焊条角度

2）灭弧焊法。

① 引弧和建立熔池。打底焊起焊时从仰焊位置开始，采用划擦法在坡口内引弧，待坡口两侧局部熔化，电弧向坡口根部顶送，熔化并击穿根部后形成熔池。

② 运条方式和焊条角度。采用一点击穿断弧焊法向上施焊。当熔池形成后，焊条向焊接方向做划挑动作，迅速灭弧；待熔池变暗，在未凝固的熔池边缘重新引弧，在坡口间隙处

稍停顿，电弧的 1/3 击穿根部，新的熔孔形成后，再熄弧。

③ **控制电弧顶送深度**。仰焊位置焊接时，焊条向上顶送深些，尽量压低电弧；焊接立焊和平焊位置时，焊条向坡口根部压送深度比仰焊浅些。

④ **焊接操作要点**。

a. 每次引弧位置要准确，每次引弧时焊条要对准熔池前部的约 1/3 处，使每个熔池覆盖前一个熔池 2/3 左右。

b. 灭弧动作要干净利落，不要拉长电弧，灭弧与接弧的时间间隔要短。灭弧频率大体为：仰焊和平焊区段 35~40 次/min，立焊区段 40~50 次/min。焊条与焊件之间的角度如图 2-47b 所示。

c. 焊接过程中要使熔池的形状和大小基本保持一致，熔池金属清晰明亮，熔孔始终深入每侧母材 0.5~1mm。

d. 在前半圈起焊区（即 A 点~相当于时钟的 6 点区）5~10mm 范围，焊接时焊缝应由薄变厚，形成一个斜坡；而在平焊位置收弧区（即相当于时钟的 12 点~B 点区）5~10mm 范围，则焊缝应由厚变薄，形成一个斜坡，以利于与后半圈接头。

e. 与定位焊缝接头时，电弧至定位焊点，将电弧向下压一下，若听到"噗噗"声后，快速向前施焊，到定位焊缝另一端时，电弧在接头处稍停，将电弧再向下压一下，又听到"噗噗"声后，表明根部已焊透，恢复原来的操作方法。

⑤ **焊道接头**。更换焊条时接头有热接和冷接两种方法。

a. 采用热接法在更换焊条收弧时，使焊条向坡口左侧或右侧带弧回拉 10mm，或沿着熔池向后稍快点焊 2~3 下，缓降熔池温度，消除收弧时的缩孔。接头时，在距弧坑前端 5~10mm 处引燃电弧，电弧稳定燃烧后，回焊至弧坑处，压送电弧，形成新的熔池和熔孔后熄弧，再继续采用一点击穿法焊接。

b. 采用冷接法时，施焊前应将收弧处打磨成缓坡状，并在其附近引弧，再拉到修磨处稍做停顿，待先焊焊缝连接处充分熔化后，方可向前继续焊接。

⑥ **后半圈的焊接**。先将前半圈仰焊位置焊道的引弧处打磨成缓坡状，距缓坡底部 5~10mm 处引弧，用长弧预热接头部位，如图 2-48a 所示。当焊缝金属熔化时迅速将焊条转成水平位置，使焊条头对准熔化金属，向前一推，形成槽形斜坡（见图 2-48b、c），然后马上把转成水平的焊条，调整为正常焊接角度（见图 2-48d），进行仰焊位接头。

相当于 6 点处引弧时，以较慢速度和连弧方式焊至 A 点把斜坡焊满，当焊至接头末端 A 点时，焊条向上顶，使电弧穿透坡口根部，并有"噗噗"声后，恢复原来的正常手法。之后，再按前半圈方法施焊。

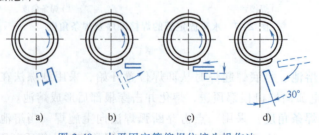

a)　　　　b)　　　　c)　　　　d)

图 2-48　水平固定管仰焊位接头操作法

⑦ **平焊位置封闭焊道接头**。当后半圈没有焊出缓坡时，应将焊缝端部先打磨成缓坡状。当运条到焊缝缓坡底部距 B 点 3~5mm 时，应压低电弧，将焊条向里压一下，听到电弧穿透坡口根部发出"噗噗"声后，在接头处来回摆动几下，保证充分熔合，填满弧坑，然后引弧到坡口一侧熄弧。

（2）**盖面层焊接**　盖面焊施焊前，需清除打底层焊缝焊渣、飞溅，焊缝接头过高部分处打磨平整。盖面层焊缝的起头和收尾的位置同打底层。在打底层焊道上引弧，采用锯齿形或月牙形运条方法连续焊接，焊条角度比相同位置打底焊大 5°左右。横向摆动幅度要小，焊条摆动到坡口两侧时，稍做停顿，并熔化坡口边缘各 1~2mm，以防咬边。

（3）**焊后清理飞溅和焊渣**。

5. 焊缝质量检验

（1）**焊缝外形尺寸**　焊缝余高 0~4mm，焊缝余高差≤3mm，焊缝宽度比坡口每侧增宽 0.5~2.5mm，宽度差≤3mm。

（2）**焊缝表面缺陷**　咬边深度≤0.5mm，焊缝两侧咬边总长度不超过 18mm。背面凹坑深度≤2mm，总长度≤18mm。焊缝表面不得有裂纹、未熔合、夹渣、气孔、焊瘤和未焊透。

（3）**焊接变形**　焊件（试板）焊后变形角度 θ≤3°，错边量≤2mm。

（4）**焊缝内部质量**　焊缝进行金相检查，用目视或 5 倍放大镜观察金相试块，不得有裂纹和未熔合。气孔或夹渣最大不得超过 1.5mm，当气孔或夹渣大于 0.5mm 而小于 1.5mm 时，其数量不得多于 1 个，当只有小于或等于 0.5mm 的气孔或夹渣时，其数量不得多于 3 个。

技能训练5　低碳钢或低合金钢管对接垂直固定焊

1. 焊前准备

（1）**试件材料**　20 钢管，规格 ϕ60mm×5mm，L=100mm，数量 2 件，V 形坡口，坡口角度 60°±2°，接头示意图如图 2-49 所示。

（2）**焊接材料**　J422 或 J507 焊条，直径为 ϕ2.5mm，选用碱性焊条时焊前烘干温度为 350~400℃，保温 1~2h，随用随取。

（3）**焊接要求**　水平固定单面焊双面成形，焊后通球试验合格。

（4）**焊接设备**　ZX5-400 型直流弧焊机，直流反接；或 BX3-300 型交流焊机，交流电源。

2. 装配定位焊

1）清除坡口面及坡口正反面两侧各 20mm 范围内的油污、锈蚀、水分及其他污物，直至露出金属光泽。

2）修磨钝边 P=0.5~1mm，无毛刺。装配间隙为 2.5~3.2mm（见图 2-49），错边量≤0.5mm。

3）管子试件装配定位焊所用焊条与正式焊接时使用的焊条相同。按圆周方向均布 1~2处，如图 2-49 所示。每处定位焊缝长度为 10~15mm，要求焊透，不得有气孔、夹渣、未焊透等缺陷。焊点两端修成斜坡，以利于接头。

4）将试件垂直固定在焊接支架上，高度由焊工自定，焊接方向如图 2-50 所示。

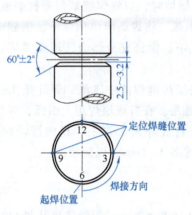

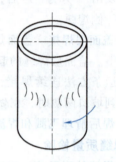

图 2-49 管对接垂直固定焊接头
及装配示意图

图 2-50 焊接方向示意图

3. 焊接参数

V 形坡口管对接垂直固定焊焊接参数见表 2-7。

表 2-7 V 形坡口管对接垂直固定焊焊接参数

焊道分布	焊接层次	焊条直径/mm	焊接电流/A
	打底焊（1）	2.5	70~80
	盖面焊（2、3）	2.5	70~80

4. 操作要点及注意事项

（1）打底层焊接

1）引弧和建立熔池。打底焊起焊时采用划擦法在管子坡口内引燃电弧，待坡口两侧局部熔化，向根部压送，熔化并击穿根部后，熔滴送至坡口背面，建立起熔池。

2）运条方式和焊条角度。采用一点击穿灭弧焊法向右施焊。当熔池形成后，焊条向焊接反方向做划挑动作，迅速灭弧；待熔池变暗，在未凝固的熔池边缘重新引弧，在坡口装配间隙处稍停顿，电弧的 1/3 击穿根部，新的熔孔形成后，再熄弧。焊条与焊件之间的角度如图 2-51 所示。

3）控制熔孔和熔池。在熔池前沿应能看到均匀的熔孔，上坡口根部熔化 1~1.5mm，下坡口根部略小些；熔池形状保持一致，每次引弧的位置要准确，后一个熔池搭接前一个熔池的 2/3 左右。

4）焊道接头。采用热接法或冷接法。

① 采用热接法施焊，在更换焊条收弧时，将焊条断续地向熔池后方点 2~3 下，缓降熔池温度，消除收弧的缩孔。焊接时距熔池前 5~10mm 处引燃电弧回焊，焊至弧坑处，向坡口根部压送电弧，稍停顿，听见电弧击穿声，形成熔孔后，熄弧，再采用一点击穿灭弧焊法继续焊接。

② 采用冷接法施焊前,先将收弧处打磨成缓坡状。

③ 封闭接头施焊前,焊缝端部的焊道应先打磨成缓坡形状,然后再施焊,焊到缓坡底部时,向坡口根部压送电弧,稍停顿,根部熔透后,焊过缓坡并超过前焊缝 10mm,填满弧坑后熄弧。

(2) 盖面层焊接

1) 盖面焊施焊前,需清除打底层焊缝焊渣、飞溅,焊缝接头过高部分处打磨平整。

2) 盖面层焊缝分上、下两道焊接。先焊下焊道,再焊上焊道。焊条与焊件间的角度如图 2-52 所示。

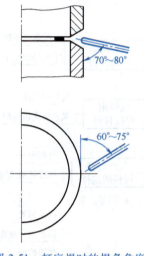

图 2-51 打底焊时的焊条角度

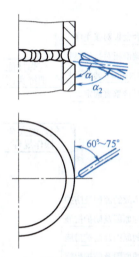

图 2-52 盖面焊时的焊条角度

3) 焊下面焊道时,电弧对准打底焊道下沿,稍摆动,熔化金属覆盖打底焊道的 1/2 ~ 1/3;焊上面焊道时,适当加快焊接速度或减小焊接电流,调整焊条角度,防止出现咬边和液态金属下淌。

(3) 焊后清理飞溅和焊渣

5. 焊缝质量检验

(1) 焊缝外形尺寸 焊缝余高 0~4mm,焊缝余高差≤3mm,焊缝宽度比坡口每侧增宽 0.5~2.5mm,宽度差≤3mm。

(2) 焊缝表面缺陷 咬边深度≤0.5mm,焊缝两侧咬边总长度不超过 18mm。背面凹坑深度≤2mm,总长度≤18mm。焊缝表面不得有裂纹、未熔合、夹渣、气孔、焊瘤和未焊透。

(3) 焊接变形 焊件(试板)焊后变形角度 θ≤3°,错边量≤2mm。

(4) 焊缝内部质量 焊缝进行金相检查,用目视或 5 倍放大镜观察金相试块,不得有裂纹和未熔合。气孔或夹渣最大不得超过 1.5mm,当气孔或夹渣大于 0.5mm 而小于 1.5mm 时,其数量不得多于 1 个,当只有小于或等于 0.5mm 的气孔或夹渣时,其数量不得多于 3 个。

项目3

气焊

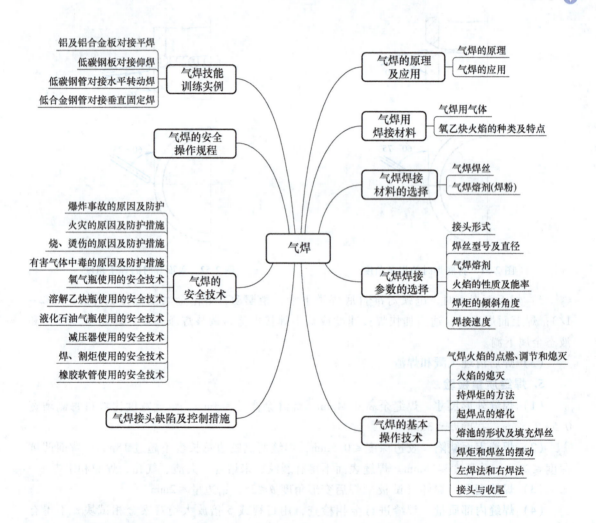

3.1 气焊的原理及应用

3.1.1 气焊的原理

气焊是利用可燃气体与助燃气体，通过焊炬进行混合后喷出，经点燃而发生剧烈的氧化燃烧，以此燃烧所产生的热量去熔化工件接头部位的母材和焊丝而达到金属牢固连接的方法。

气焊时，先将焊件焊接处的金属加热到熔化状态形成熔池，并不断地熔化焊丝向熔池中填充，气体火焰覆盖在熔化金属的表面起保护作用，随着焊接过程的进行，熔化金属冷却形成焊缝。气焊过程如图3-1所示。

气焊有以下特点：

（1）优点

1）设备简单、费用低、移动方便、使用灵活。

2）通用性强，对铸铁及某些有色金属的焊接有较好的适应性。

3）由于无须电源，因而在无电源场合和野外工作时有实用价值。

（2）缺点

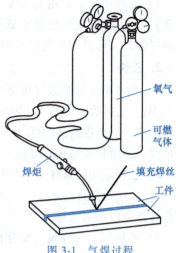

图 3-1 气焊过程

1）生产效率较低。气焊火焰温度低，加热速度慢。

2）焊接后工件变形和热影响区较大，加热区域宽，焊接热影响区宽，焊接变形大。

3）焊接过程中，熔化金属受到的保护差，焊接质量不易保证。

4）较难实现自动化。

3.1.2 气焊的应用

气焊具有使用的设备简单、操作方便、质量可靠、成本低、适应性强等优点，但由于火焰温度低、加热分散、热影响区宽，焊件变形大且过热严重，因此，气焊接头质量不如焊条电弧焊容易保证。目前，在工业生产中，气焊主要用于焊接薄钢板、小直径薄壁管、铸铁、有色金属、低熔点金属及硬质合金等。

3.2 气焊用焊接材料

3.2.1 气焊用气体

气焊是利用可燃气体与助燃气体混合燃烧产生的气体火焰作为热源，进行金属材料焊接的一种加工工艺方法。可燃气体有乙炔、液化石油气等，助燃气体是氧气。

1. 氧气

1）在常温和标准大气压下，氧气是一种无色、无味、无毒的气体，氧气的分子式为O_2，氧气的密度是$1.429kg/m^3$，比空气略重（空气为$1.293kg/m^3$）。

2）氧气本身不能燃烧，但能帮助其他可燃物质燃烧。氧气的化学性质极为活泼，它几乎能与自然界一切元素（除惰性气体外）相化合，这种化合作用称为氧化反应，剧烈的氧化反应称为燃烧。氧气的化合能力随着压力的加大和温度的升高而增加。因此当工业中常用的高压氧气，如果与油脂等易燃物质相接触时，就会发生剧烈的氧化反应而使易燃物自行燃烧，甚至发生爆炸。因此在使用氧气时，切不可使氧气瓶瓶阀、氧气减压器、焊炬、割炬、氧气皮管等沾染上油脂。

3）气焊用的工业用氧气按纯度一般分为两级，一级纯度氧气含量不低于99.2%（体积分数），二级纯度氧气含量不低于98.5%（体积分数）。一般情况下，由氧气厂和氧气站供应的二级氧气可以满足气焊的要求。对于质量要求较高的气焊应采用一级纯度的氧。

2. 乙炔

1）在常温和标准大气压下，乙炔是一种无色而带有特殊臭味的碳氢化合物，其分子式为C_2H_2。乙炔的密度是$1.179kg/m^3$，比空气轻。乙炔是可燃性气体，它与空气混合燃烧时所产生的火焰温度为2350℃，而与氧气混合燃烧时所产生的火焰温度为3000~3300℃，因此足以迅速熔化金属进行焊接。

2）乙炔是一种具有爆炸性的危险气体，当压力在0.15MPa时，如果气体温度达到580~600℃，乙炔就会自行爆炸。压力越高，乙炔自行爆炸所需的温度就越低；温度越高，则乙炔自行爆炸的压力就越低。

3）乙炔与空气或氧气混合而成的气体也具有爆炸性，乙炔的含量（按体积计算）在2.2%~81%范围内与空气形成的混合气体，以及乙炔的含量（按体积计算）在2.8%~93%范围内与氧气形成的混合气体，只要遇到火星就会立刻爆炸。

4）乙炔与铜或银长期接触后会生成一种爆炸性的化合物，即乙炔铜（Cu_2C_2）和乙炔银（Ag_2C_2），当它们受到剧烈震动或者加热到110~120℃时就会引起爆炸。所以凡是与乙炔接触的器具设备禁止用银或纯铜制造，可用含铜量不超过70%的铜合金制造。乙炔和氯、次氯酸盐等化合会发生燃烧和爆炸，所以乙炔燃烧时，绝对禁止用四氯化碳来灭火。乙炔爆炸时会产生高热，特别是产生高压气浪，其破坏力很强，因此使用乙炔时必须要注意安全。乙炔能大量溶解于丙酮溶液中，利用这个特性，可将乙炔装入盛有丙酮和多孔性物质的乙炔瓶内储存、运输和使用。

3. 液化石油气

1）液化石油气是油田开发或炼油厂裂化石油的副产品，其主要成分是丙烷（C_3H_8），约占50%~80%（体积分数），其余是丁烷（C_4H_{10}）、丙烯（C_3H_6）等碳氢化合物。在常温和标准大气压下，液化石油气是一种略带臭味的无色气体，液化石油气的密度为1.8~2.5kg/m^3，比空气重。如果加上0.8~1.5MPa的压力，就变成液态，便于装入瓶中储存和运输，液化石油气由此而得名。

2）液化石油气与乙炔一样，也能与空气或氧气构成具有爆炸性的混合气体，但具有爆炸危险的混合比值范围比乙炔小得多。液化石油气在空气中的爆炸范围为3.5%~16.3%（体积分数），同时由于燃点比乙炔高（500℃左右，乙炔为305℃），因此，使用时比乙炔安全得多。

目前，国内外已把液化石油气作为一种新的可燃气体来逐渐代替乙炔，广泛地应用于钢材的气割和低熔点的有色金属焊接中，如黄铜焊接、铝及铝合金焊接和铅的焊接等。

4. 其他可燃气体

随着工业的发展，人们在探索各种各样的乙炔代用气体，目前在乙炔代用气体中液化石油气（主要是丙烷）用量最大。此外还有丙烯、天然气、焦炉煤气、氢气以及丙炔、丙烷与丙烯的混合气体，乙炔与丙烯的混合气体，乙炔与丙烷的混合气体，乙炔与乙烯的混合气体等。还有以丙烷、丙烯、液化石油气为原料，再辅以一定比例的添加剂的气体。另外汽油经雾化后也可作为可燃气体。

根据使用效果、成本、气源情况等综合分析，液化石油气（主要是丙烷）是比较理想的代用气体。

3.2.2 氧乙炔火焰的种类及特点

1. 氧乙炔焰

乙炔与氧气混合燃烧所产生的火焰称为氧乙炔焰。它具有很高的温度，加热集中，因此是目前气焊中主要采用的火焰。氧乙炔焰的外形、构造及火焰的温度分布和氧气与乙炔的混合比例的大小有关。

根据氧气与乙炔混合比例的大小不同，氧乙炔焰可分为三种不同性质的火焰，即中性焰、碳化焰和氧化焰。

（1）中性焰　中性焰是氧气与乙炔混合比为 1.1～1.2 时燃烧所形成的火焰，如图 3-2 所示。中性焰燃烧后的气体中既无过剩氧气，也无过剩的乙炔。中性焰由焰心、内焰和外焰三部分组成。焰心是火焰中靠近焊炬（或割炬）喷嘴孔的呈尖锥状而发亮的部分，中性焰的焰心呈光亮蓝白色圆锥形，轮廓清楚，温度为 800～1200℃。在焰心的外表面分布着乙炔分解所生成的碳微粒层，因受高温而使焰心形成光亮而明显的轮廓；在内焰处，乙炔和氧气燃烧生成的一氧化碳及氢气形成还原性火焰或中性焰，在与熔化金属相互作用时，能使氧化物还原。中性焰的最高温度在距焰心 2～4mm 处，为 3050～3150℃。用中性焰焊接时主要利用内焰这部分火焰加热焊件。

由于中性焰的焰心和外焰温度较低，而内焰温度最高，且具有还原性，可以改善焊缝的力学性能，所以采用中性焰焊接大多数金属及其合金时，均利用内焰。中性焰适用于焊接一般低碳钢和要求焊接过程对熔化金属不渗碳的金属材料，如不锈钢、纯铜、铝及铝合金等。

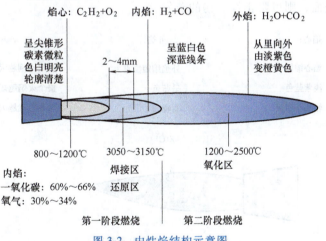

焰心：$C_2H_2+O_2$　内焰：H_2+CO　外焰：H_2O+CO_2

呈尖锥形　碳素微粒　色白明亮　轮廓清楚

2～4mm

呈蓝白色深蓝线条

从里向外由淡紫色变橙黄色

800～1200℃　3050～3150℃　1200～2500℃氧化区

内焰：一氧化碳：60%～66%　氧气：30%～34%

焊接区　还原区

第一阶段燃烧　第二阶段燃烧

图 3-2　中性焰结构示意图

（2）碳化焰　碳化焰是氧与乙炔的混合比小于 1.1 时燃烧所形成的火焰。它燃烧后的气体中尚有过剩的乙炔，火焰中含有游离碳，具有较强的还原作用，也有一定的渗碳作用。碳化焰可明显的分为焰心、内焰和外焰三部分，如图 3-3 所示。碳化焰整个火焰比中性焰长，碳化焰中有过剩的乙炔，并分解成游离状态的碳和氢，碳渗到熔池中使焊缝的含碳量增加，塑性下降；氢进入熔池使焊缝产生气孔和裂纹。

焰心：CO+H$_2$+碳素微粒　外焰：O$_2$+H$_2$+CO$_2$+水蒸气+碳素微粒

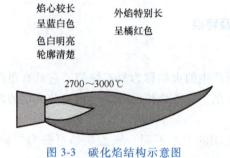

焰心较长
呈蓝白色
色白明亮
轮廓清楚

外焰特别长
呈橘红色

2700～3000℃

图3-3　碳化焰结构示意图

碳化焰的焰心呈蓝白色，内焰呈淡白色。碳化焰的最高温度为2700～3000℃。由于碳化焰对焊缝金属具有渗碳作用，所以不能用来焊接低碳钢及低合金钢。只适用含碳较高的高碳钢、铸铁、硬质合金及高速钢的焊接。

（3）氧化焰　氧化焰是氧与乙炔的混合比大于1.2时得到的火焰，它燃烧后的气体中有部分过剩的氧气，在尖形焰心外面形成了一个有氧化性的富氧区，其火焰构造和形状如图3-4所示。氧化焰的焰心呈淡紫蓝色，轮廓也不太明显。由于氧化焰在燃烧过程中氧气的浓度极大，氧化反应进行得非常激烈，所以焰心和外焰都缩短了，内焰和外焰层次不清，氧化焰没有碳素微粒层，外焰呈蓝色，火焰挺直，燃烧时发出急剧的"嘶嘶"噪声。氧化焰的大小决定于氧的压力和火焰中氧的比例。氧的比例越大，则整个火焰越短，噪声也越大。

氧化焰的最高温度可达3100～3300℃。整个火焰具有氧化性。所以，这种火焰很少采用。但焊接黄铜和锡青铜时，采用含硅焊丝，利用轻微氧化焰的氧化性，生成硅的氧化物薄膜，覆盖在熔池表面，则可阻止锌、锡的蒸发。

焰心：

焰心缩短
淡紫蓝色
轮廓不明显

外焰：

外焰缩短挺直
呈蓝色
有噪声

氧气比例越大
整个火焰越短
噪声也就越大

3100～3300℃

图3-4　氧化焰结构示意图

2. 氧液化石油气火焰

氧液化石油气火焰的构造，同氧乙炔火焰基本一样，也分为氧化焰、碳化焰和中性焰三种。其焰心也有部分分解反应，不同的是焰心分解产物较少，内焰不像乙炔那样明亮，而是有点发蓝，外焰则显得比氧乙炔焰清晰而且较长。氧液化石油气火焰的温度比乙炔焰略低，温度可达2800～2850℃。目前氧液化石油气火焰主要用于气割，并部分取代了氧乙炔焰。

3.3 气焊焊接材料的选择

3.3.1 气焊焊丝

气焊用的焊丝起填充金属的作用，焊接时与熔化的母材一起组成焊缝金属。因此焊缝金属的质量在很大程度上取决于焊丝的化学成分和质量。

1. 气焊焊丝的要求

1）焊丝的熔点等于或略低于被焊金属的熔点。

2）焊丝所焊焊缝应具有良好的力学性能，焊缝内部质量好，无裂纹、气孔、夹渣等缺陷。

3）焊丝的化学成分应基本上与焊件相符，无有害杂质，以保证焊缝有足够的力学性能。

4）焊丝熔化时应平稳，不应有强烈的飞溅或蒸发。

5）焊丝表面应洁净、无油脂、油漆和锈蚀等污物。

2. 常用的气焊丝及选用

1）常用的气焊丝有碳素结构钢焊丝、合金结构钢焊丝、不锈钢焊丝、铜及铜合金焊丝、铝及铝合金焊丝和铸铁气焊丝等。

2）在气焊过程中，气焊丝的正确选用十分重要，应根据工件的化学成分、力学性能选用相应成分或性能的焊丝，有时也可用被焊板材上切下的条料做焊丝，常见焊丝的选用如下：

① 碳素结构钢焊丝。一般低碳钢焊件采用的焊丝有H08A；重要的低碳钢焊件用H08Mn和H08MnA；中强度焊件用H15A；强度较高的焊件用H15Mn。焊接强度等级为300~350MPa的普通碳素钢时，一般采用H08A、H08Mn和H08MnA等焊丝。

② 碳素结构钢焊丝或合金结构钢焊丝。焊接优质碳素钢和低合金结构钢一般采用碳素结构钢焊丝或合金结构钢焊丝，如H08Mn、H08MnA、H10Mn2以及H10Mn2MoA等。

③ 铸铁用焊丝。铸铁焊丝分为灰铸铁焊丝和合金铸铁焊丝，其型号、化学成分可参见相关国家标准。

3.3.2 气焊熔剂（焊粉）

1. 气焊溶剂使用要求

为了防止金属的氧化以及消除已经形成的氧化物和其他杂质，在焊接有色金属材料时，必须采用气焊熔剂。气焊熔剂是气焊时的助熔剂。气焊熔剂熔化反应后，能与熔池内的金属氧化物或非金属夹杂物相互作用生成熔渣，覆盖在熔池表面，使熔池与空气隔离，因而能有效防止熔池金属的继续氧化，改善焊缝的质量。

对气焊熔剂的要求是：

1）气焊熔剂应具有很强的反应能力，能迅速溶解某些氧化物或与某些高熔点化合物作用后生成新的低熔点和易挥发的化合物。

2）气焊熔剂熔化后黏度要小，流动性要好，产生的熔渣熔点要低，密度要小，熔化后容易浮于熔池表面。

3）气焊熔剂能减少熔化金属的表面张力，使熔化的填充金属与焊件更容易熔合。

4）气焊熔剂不应对焊件有腐蚀等副作用，生成的熔渣要容易清除。气焊熔剂可以在焊前直接撒在焊件坡口上或者蘸在气焊丝上加入熔池。焊接有色金属（如铜及铜合金、铝及铝合金）、铸铁、耐热钢及不锈钢等材料时，通常必须采用气焊熔剂。

2. 常用气焊熔剂及选用

1）常用的气焊熔剂有不锈钢及耐热钢气焊熔剂、铸铁气焊熔剂、铜气焊熔剂、铝气焊熔剂。

2）气焊时，熔剂的选择要根据焊件的成分及性质而定，其次应根据母材金属在气焊过程中所产生的氧化物的种类来选用。所选用的熔剂应能中和或溶解这些氧化物。

气焊熔剂按所起的作用不同可分为化学作用气焊熔剂和物理熔解气焊熔剂两大类，常用气焊熔剂的种类、用途和性能见表 3-1。

表 3-1　常用气焊熔剂的种类、用途和性能

牌号	名称	适用材料	熔点基本性能
CJ101	不锈钢及耐热钢气焊熔剂	不锈钢及耐热钢	熔点为 900℃，有良好的湿润作用，能防止熔化金属被氧化，焊后焊渣易清除
CJ201	铸铁气焊熔剂	铸铁	熔点约为 650℃，呈碱性反应，富有潮解性，能有效地去除铸铁在气焊时产生的硅酸盐和氧化物，有加速金属熔化的功能
CJ301	铜气焊熔剂	铜及铜合金	熔点约为 650℃，呈酸性反应，能有效地溶解氧化铜和氧化亚铜
CJ401	铝气焊熔剂	铝及铝合金	熔点为 650℃，呈碱性反应，能有效地破坏氧化膜，因具有潮解性，在空气中能引起铝的腐蚀，焊后必须把焊渣清理干净

3.4　气焊焊接参数的选择

气焊参数包括焊丝的型号、牌号及直径、气焊熔剂、火焰的性质及能率、焊炬的倾斜角度、焊接方向、焊接速度和接头形式等，它们是保证焊接质量的主要技术参数。

3.4.1　接头形式

气焊的接头形式有对接接头、卷边接头、角接接头等。对接接头是气焊采用的主要接头形式，角接接头、卷边接头一般只在薄板焊接时使用，搭接接头、T 形接头很少使用，因为这种接头会使焊件产生较大的变形。采用对接接头，当板厚大于 5mm 时应开坡口。

3.4.2　焊丝型号及直径

气焊时，焊丝的型号、牌号选择应根据焊件材料的力学性能或化学成分，选择相应性能或成分的焊丝。焊丝直径的选用主要根据焊件的厚度、焊接接头的坡口形式以及焊缝的空间位置等因素来选择。焊件的厚度越厚，所选择的焊丝越粗。焊件厚度与焊丝直径关系见表 3-2。

表 3-2　焊件厚度与焊丝直径关系　　　　　　　　　　　　　　（单位：mm）

焊件厚度	1.0~2.0	2.0~3.0	3.0~5.0	5.0~10.0	10.0~15.0
焊丝直径	1.0~2.0	2.0~3.0	3.0~4.0	3.0~5.0	4.0~6.0

在火焰能率确定的情况下，焊丝的粗细决定了焊丝的熔化速度。如果焊丝过细，若焊接时焊件尚未熔化，而焊丝已很快熔化下滴，容易造成未熔合、焊波高低不平、焊缝宽窄不一等缺陷；如果焊丝过粗，则熔化焊丝所需要的加热时间增长，同时增大了对焊件加热的范围，造成热影响区组织过热，使焊接接头质量降低，同时导致焊缝产生未焊透等缺陷。焊接开坡口的第一层焊缝应选用较细的焊丝，以利于焊透，以后各层可采用较粗焊丝。

3.4.3 气焊熔剂

气焊熔剂的选择要根据焊件的成分及其性质而定。一般是根据母材金属在焊接过程中所产生的氧化物的种类来选用的。一般碳素结构钢气焊时不需要气焊熔剂。而不锈钢、耐热钢、铸铁、铜及铜合金、铝及铝合金气焊时，则必须采用气焊熔剂，才能保证焊接质量。气焊熔剂的牌号为：不锈钢及耐热钢气焊熔剂的牌号为 CJ101、铸铁气焊熔剂的牌号为 CJ201、铜气焊熔剂的牌号为 CJ301、铝及其合金气焊熔剂的牌号为 CJ401。

3.4.4 火焰的性质及能率

1. 火焰的性质

气焊火焰的性质与焊接质量关系很大，应根据焊件材料的种类及其性能合理选择火焰。常见金属材料气焊火焰的选用见表 3-3。

表 3-3　常用金属材料气焊火焰的选用

焊件材料	应用火焰	焊件材料	应用火焰
低碳钢	中性焰或轻微碳化焰	铬镍不锈钢	中性焰或轻微碳化焰
中碳钢	中性焰或轻微碳化焰	纯铜	中性焰
低合金钢	中性焰	锡青铜	轻微氧化焰
高碳钢	轻微碳化焰	黄铜	氧化焰
灰铸铁	碳化焰或轻微碳化焰	铝及其合金	中性焰或轻微碳化焰
高速钢	碳化焰	铅、锡	中性焰或轻微碳化焰
锰钢	轻微氧化焰	蒙乃尔合金	碳化焰
镀锌薄钢板	轻微碳化焰	镍	碳化焰或轻微碳化焰
铬不锈钢	中性焰或轻微碳化焰	硬质合金	碳化焰

2. 火焰的能率

气焊火焰能率主要是根据每小时可燃气体（乙炔）的消耗量（L/h）来确定的。其物理意义是：单位时间内可燃气体所提供的能量（热能）。气体消耗量又取决于焊嘴的大小。焊嘴号码越大，火焰能率越大。

（1）选择原则　火焰能率的选用，主要从以下三个方面来考虑：

1）焊接不同的焊件时，要选用不同的火焰能率。如焊接较厚的焊件、熔点较高的金属、导热性较好的如铜、铝及其合金时，就要选用较大的火焰能率，才能保证焊件焊透；反之，焊接薄板时，为防止焊件被烧穿或焊缝组织过热，火焰能率应适当减小。

2）不同的焊接位置，要选用不同的火焰能率。如平焊时就要比其他焊接位置选用稍大的火焰能率。

3）从生产率考虑，在保证质量的前提下，应尽量选用较大的火焰能率。

（2）调节方法　火焰能率的大小，主要取决于氧乙炔混合气体的流量。

1）流量的粗调靠更换焊炬型号及焊嘴号码，气体消耗量取决于焊嘴的大小。一般以焊炬型号及焊嘴号码大小来表示气焊火焰能率大小。焊炬型号及焊嘴大小决定了对焊件加热的能量大小和加热的范围大小。

2）流量的细调则靠调节气体调节阀。所以焊嘴号码的选择，要根据母材的厚度、熔点和导热性能等因素来决定。

（3）乙炔消耗量的计算方法

1）焊接低碳钢和低合金钢时，乙炔的消耗量可按下列经验公式计算：

$$V = (100 \sim 200)\delta$$

式中　V——火焰能率（L/h）；

　　　δ——钢板厚度（mm）。

焊接黄铜、青铜、铸铁及铝合金，也可采用上述公式选用火焰能率。

2）焊接纯铜时，由于纯铜的导热性和熔点高，乙炔的消耗量可按下列经验公式计算：

$$V = (150 \sim 200)\delta$$

计算出乙炔的消耗量后，即可选择适当的焊炬型号和焊嘴号码（如 H01-6 焊炬的1#~5#焊嘴，乙炔的消耗量为 170L/h、240L/h、280L/h、330L/h、430L/h），射吸式焊炬的主要技术数据见表3-4。

表 3-4　射吸式焊炬的主要技术数据

焊炬型号	焊嘴号码	焊嘴孔径/mm	焊接范围/mm	氧气压力/MPa	乙炔压力/MPa	氧气消耗量/(m³/h)	乙炔消耗量/(m³/h)
H01-6	1	0.9	1~2	0.2	0.001~0.1	0.15	0.17
	2	1.0	2~3	0.25		0.20	0.24
	3	1.1	3~4	0.3		0.24	0.28
	4	1.2	4~5	0.35		0.28	0.33
	5	1.3	5~6	0.4		0.37	0.43
H01-12	1	1.4	6~7	0.4	0.001~0.1	0.37	0.43
	2	1.6	7~8	0.45		0.49	0.58
	3	1.8	8~9	0.5		0.65	0.78
	4	2.0	9~10	0.6		0.86	1.05
	5	2.2	10~12	0.7		1.10	1.21
H01-20	1	2.4	10~12	0.6		1.25	1.5
	2	2.6	12~14	0.65		1.45	1.7
	3	2.8	14~16	0.7		1.65	2.0
	4	3.0	16~18	0.75		1.95	2.3
	5	3.2	18~20	0.8		2.25	2.6

注：气体消耗量为参考数据。

3.4.5 焊炬的倾斜角度

焊炬倾角是指焊炬中心线与焊件平面之间的夹角。焊炬倾角的大小主要是根据焊嘴的大小、焊件厚度、母材的熔点和导热性及焊缝空间位置等因素综合决定。焊炬倾角大，热量散失少，焊件得到的热量多，升温快；反之，热量散失多，焊件得到的热量少，升温慢。因此，在焊接厚度大、熔点较高或导热性较好的焊件时，应采用较大的焊炬倾角；反之，焊炬倾角选择得小一些。焊接低碳钢时，焊炬倾角与焊件厚度的关系如图 3-5 所示。

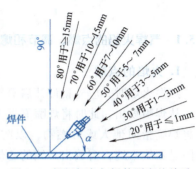

图 3-5 焊炬倾角与焊件厚度的关系

在气焊过程中，焊丝与焊件表面的倾角一般为 35°~45°，与焊炬中心线的角度为 95°~105°，如图 3-6 所示。随着焊缝的不断焊接，焊丝与焊炬、焊件的角度也随之进行变化，如图 3-7 所示。

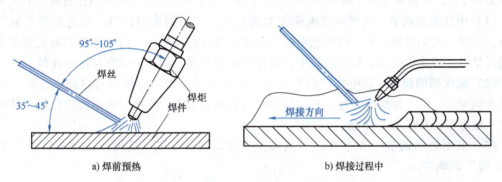

a) 焊前预热   b) 焊接过程中

图 3-6 焊丝与焊件、焊炬的角度及位置

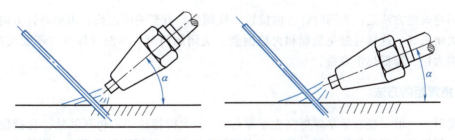

图 3-7 焊丝与焊炬、焊件角度的变化

3.4.6 焊接速度

焊接速度对生产率和产品质量都有影响。对于厚度大、熔点高的焊件，焊接速度要慢些，以免产生未熔合的缺陷；而对于厚度小、熔点低的焊件，焊接速度要快些，以免烧穿和使焊件过热，降低焊缝质量。焊接速度的快慢应根据焊工操作的熟练程度和焊缝位置等具体情况而定。在保证焊接质量的前提下，应尽量加快焊接速度，以提高生产率。

3.5 气焊的基本操作技术

3.5.1 气焊火焰的点燃、调节和熄灭

1. 火焰的点燃

点燃火焰时，应先稍许开启氧气调节阀，然后再开乙炔调节阀，两种气体在焊炬内混合后，从焊嘴喷出，此时将焊嘴靠近火源即可点燃。点火时，拿火源的手不要正对焊嘴，也不要将焊嘴指向他人或可燃物，以防发生事故。刚开始点火时，可能出现连续"放炮"声，原因是乙炔不纯，需放出不纯的乙炔重新点火。有时出现不易点火的现象，多数情况是氧气开得过大所致，这时应将氧气调节阀关小。

2. 火焰的调节

不同性质的火焰是通过改变氧气与乙炔气的混合比值而获取的，焊接火焰的选用和调节正确与否，将直接影响焊接质量的好坏。刚点燃的火焰一般为碳化焰。这时应根据所焊材料的种类和厚度，分别调节氧气调节阀和乙炔调节阀，直至获得所需要的火焰性质和火焰能率。

(1) 中性焰的调节　点燃后的火焰多为碳化焰，如要调成中性焰，应逐渐开大氧气调节阀，此时，火焰变短，火焰的颜色由橘红色变为蓝白色，焰心、内焰及外焰的轮廓都变得特别清楚时，即为中性焰。焊接过程中，要注意随时观察、调节，始终保持中性焰。

(2) 碳化焰的调节　在中性焰的基础上，减少氧气或增加乙炔均可得到碳化焰。可以看到火焰变长，焰心轮廓不清楚。乙炔过多时可看到冒黑烟。焊接时所用的碳化焰，其内焰长度一般为焰心长度的 2~3 倍。

(3) 氧化焰的调节　在中性焰的基础上，逐渐增加氧气，这时火焰缩短，并听到有"嗖、嗖"的响声。

3.5.2 火焰的熄灭

火焰熄灭的方法是：先顺时针方向旋转乙炔阀门，直至关闭乙炔，再顺时针方向旋转氧气阀门关闭氧气，这样可避免黑烟和火焰倒袭。关闭阀门时，不漏气即可，不要关得太紧，以免磨损太快，降低焊炬寿命。

3.5.3 持焊炬的方法

焊接时，一般习惯右手拿焊炬（左手拿焊丝），大拇指位于乙炔开关处，食指位于氧气开关处，便于随时调节气体流量。其他三指握住焊炬柄，以便使焊嘴摆动，调节输入到熔池中的热量和变更焊接的位置，改变焊嘴与工件的夹角。

3.5.4 起焊点的熔化

在起焊点处，由于刚开始加热，工件温度低，焊炬倾角应大些，这样有利于对工件进行预热。同时，在起点处应使火焰往复移动，保证焊接处加热均匀。如果两焊件厚度不同，火焰应稍微偏向厚板，使焊缝两侧温度保持平衡，熔化一致，避免熔池离开焊缝的正中间，偏向温度高的一边。当起点处形成白亮而清晰的熔池时，即可加入焊丝并向前移动焊炬进行焊

接。在施焊时应正确掌握火焰的喷射方向，使得焊缝两侧的温度始终保持一致，以免熔池不在焊缝正中而偏向温度较高的一侧，凝固后使焊缝成形歪斜。焊接火焰内层焰心的尖端要距离熔池表面3~5mm，自始至终保持熔池的大小、形状不变。

起焊点的选择，一般在平焊对接接头的焊缝时，从对缝一端30mm处施焊，目的是使焊缝处于板内，传热面积大，当母材金属熔化时，周围温度已升高，从而在冷凝时不易出现裂纹。管子焊接时起焊点应在两定位焊点中间。

3.5.5 熔池的形状及填充焊丝

为获得整齐美观的焊缝，在整个焊接过程中，应使熔池的形状和大小保持一致。焊接过程中，焊工在观察熔池形成的同时要将焊丝末端置于外层火焰下进行预热。当焊接处出现清晰的熔池后，将焊丝熔滴送入熔池，并立即将焊丝抬起，让火焰向前移动，形成新的熔池，然后再继续向熔池送入焊丝熔滴，如此循环，即可形成焊缝。

如果焊炬功率大，火焰能率大，焊件温度高，焊丝熔化速度快时，焊丝应经常保持在焰心前端，使熔化的焊丝熔滴连续进入熔池。若焊炬功率小，火焰能率小，熔化速度慢，焊丝送进的速度应相应减小。有色金属焊接过程中使用熔剂时，焊工还应用焊丝不断地搅拌熔池，以便将熔池的氧化物和非金属夹杂物排出。

当焊接薄板或大间隙焊缝时，应将火焰焰心直接指在焊丝上，使焊丝承受部分热量；同时焊炬上下跳动，以防止熔池前面或焊缝边缘过早地熔化。

3.5.6 焊炬和焊丝的摆动

在焊接过程中，为了获得优质而美观的焊缝，焊炬与焊丝应做均匀协调的摆动。通过摆动，既能使焊缝金属熔透、熔匀，又避免了焊缝金属的过热和过烧。在焊接某些有色金属时，还要不断地用焊丝搅动熔池，以促使熔池中各种氧化物及有害气体排出。

焊炬（嘴）摆动有四种基本动作：

1）沿焊缝的纵向移动，以不断地熔化焊件和焊丝形成焊缝。

2）焊丝在垂直焊缝的方向送进，并做上下移动，调节熔池的热量和焊丝的填充量。同样，在焊接时，焊嘴在沿焊缝纵向移动、横向摆动的同时，还要做上下跳动，以调节熔池的温度；焊丝除做前进运动、上下移动外，当使用熔剂时也应做横向摆动，以搅拌熔池。在正常气焊时，焊丝与焊件表面的倾斜角度一般为30°~40°，焊丝与焊嘴中心线夹角为90°~100°。焊嘴和焊丝的协调运动，使焊缝金属熔透、均匀，又能够避免焊缝出现烧穿或过热等缺陷，从而获得优质、美观的焊缝。

3）焊嘴沿焊缝做横向摆动，充分加热焊件，使液体金属搅拌均匀，得到致密性好的焊缝。在一般情况下，板厚增加，横向摆动幅度应增大。

4）焊炬画圆圈前移。在焊接过程中，焊丝随焊炬也做前进运动，但主要是做上下跳动。在使用熔剂时还要做横向摆动，搅拌熔池。即焊丝末端在高温区和低温区之间做往复跳动，但必须均匀协调，不然就会造成焊缝高低不平、宽窄不一等现象。

焊炬与焊丝的摆动方法与摆动幅度，同焊件的厚度、性质、空间位置及焊缝尺寸有关。平焊时，焊炬与焊丝常见的几种摆动方法如图3-8所示。其中图3-8a、b、c适用于各种材料的较厚大工件的焊接及堆焊，各种薄件的焊接如图3-8d所示。

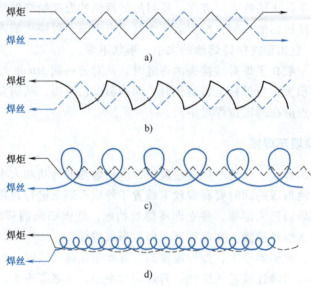

图 3-8　焊炬和焊丝的摆动方法

3.5.7　左焊法和右焊法

气焊操作时，按照焊炬移动方向和焊炬与焊丝前后位置的不同，可分为左焊法和右焊法两种，如图 3-9 所示。

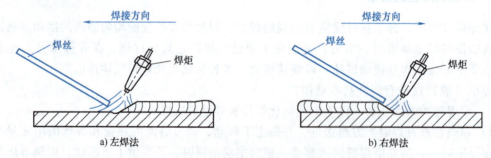

图 3-9　左焊法和右焊法示意图

（1）左焊法　焊接过程中，焊丝与焊嘴由焊缝的右端向左端移动，焊接火焰指向未焊部分，焊丝位于火焰的前方，称为左焊法。左向焊法时，焊炬火焰背着焊缝而指向未焊部分，并且焊炬火焰是跟着焊丝走。焊工能够很清楚地看到熔池的上部凝固边缘，并可以获得高度和宽度较均匀的焊缝。

由于焊接火焰指向未焊部分，故对金属起着预热的作用，因此焊接薄板时生产效率较高。这种焊接方法操作方便，容易掌握，应用也最普遍，但焊缝易氧化，冷却较快，热量利用率低。左焊法适用于焊接 3mm 以下的薄板和熔点低的金属。

（2）右焊法　焊接过程中，焊丝与焊嘴由焊缝的左端向右端施焊，焊接火焰指向已焊部分，填充焊丝位于火焰的后方，称为右焊法。右向焊法时，焊接火焰指向焊缝，始终笼罩着焊缝金属，使周围空气与熔池隔离及熔池缓慢冷却，有利于防止焊缝金属的氧化，减少气孔、夹渣的可能性，同时有效地改善了焊缝的组织。由于焰心距熔池较近以及火焰受坡口和焊缝的阻挡，使火焰的热量较为集中，火焰能率的利用率也较高，熔深大，生产率高。但该方法对焊件没有预热作用，不易掌握，一般较少采用。适合于焊接厚度较大，熔点较高的焊件。

3.5.8 接头与收尾

（1）**接头** 焊接过程中途停顿再续焊时，应用火焰把原熔池和接近熔池的焊缝重新熔化，形成新的熔池后，即可加入焊丝。要特别注意新加入的焊丝熔滴与被熔化的原焊缝金属之间必须充分熔合。焊接重要焊件时，接头处必须与原焊缝重叠 8~10mm，以保证接头的强度和致密性。

（2）**收尾** 当一条焊缝焊至终点时，结束焊接的过程称为收尾。收尾时焊件温度较高，散热条件差，应减小焊炬与工件之间的夹角，加快焊接速度，并多加入一些焊丝，以防止熔池面积扩大，形成烧穿。收尾时，为了避免空气中的氧气和氮气侵入熔池，可用温度较低的外焰保护熔池，直至将熔池填满，火焰才可缓慢地离开熔池。气焊收尾时的要领是：倾角小、焊速增、加丝快、熔池满。

3.6 气焊接头缺陷及控制措施

气焊接头的缺陷有外观缺陷和内部缺陷，外观缺陷的检查主要以肉眼观察为主，是一种常用的、简单的、最容易的检验方法。外观质量不仅取决于焊接参数选择是否正确，而且还与焊工的操作技能水平有关。

常见的气焊缺陷有焊缝尺寸不符合要求、咬边、烧穿、焊瘤、夹渣、未焊透、气孔、裂纹和错边等。气焊的缺陷与控制措施见表 3-5。

表 3-5 气焊的缺陷与控制措施

气焊缺陷	产生原因	控制措施
焊缝尺寸不符合要求	工件坡口角度不当或装配间隙不均匀，火焰能率过大或过小，焊丝和焊炬的角度选择不合适和焊接速度不均匀	熟练地掌握气焊的基本操作技术，焊丝和焊炬的角度要配合好，焊接速度要力求均匀，选择适当的焊接火焰能率
咬边	火焰能率过大，焊嘴倾斜角度不当，焊嘴与焊丝摆动不当等	火焰能率选择要适当，焊嘴与焊丝摆动要适宜
烧穿	火焰能率过大，焊接速度过慢，焊件的装配间隙太大等	选择合适的火焰能率和焊接速度，焊件的装配间隙不应过大，且在整条焊缝上保持一致
焊瘤	火焰能率过大，焊接速度过慢，焊件的装配间隙太大，焊丝与焊炬角度不当等	在进行立焊和横焊时，火焰能率应比平焊时小一些，焊件装配间隙不能过大
夹渣	工件边缘未清理干净，火焰能率太小，熔化金属和熔渣所得到热量不足，流动性低，而且熔化金属凝固速度快，熔渣来不及浮出，焊丝和焊炬角度不当等	焊前认真清除焊件边缘的铁锈和油污，选择合适的火焰能率，注意熔渣的流动方向，随时调整焊丝和焊炬角度，使熔渣能顺利浮出熔池
未焊透	接头的坡口角度过小，焊件的装配间隙过小或钝边过厚，火焰能率小或焊接速度过快	正确选用坡口形式和适当的焊接装配间隙，焊前认真清除坡口两侧污物，正确选择火焰能率，调整合适的焊接速度

（续）

气焊缺陷	产生原因	控制措施
气孔	焊接接头周围的空气,气焊火焰燃烧分解的气体,工件上铁锈、油污、油漆等杂质受热后产生的气体,以及使用受潮的气焊熔剂受热分解产生的气体,这些气体不断与熔池发生作用,通过化学反应或溶解等方式进入熔池,使熔池的液体金属吸收了较多的气体。在熔池结晶过程中,气体来不及排出,则留在焊缝中的气体就形成为气孔	焊接前应认真清除焊缝两侧 20～30mm 范围内的铁锈、油污、油漆等杂质。气焊熔剂使用前应保持干燥,防止受潮。根据实际情况适当放慢焊接速度,使气体能从熔池中充分逸出。焊丝和焊炬的角度要适当,摆动要正确。提高焊工操作技能水平
热裂纹	当熔池冷却结晶时,由于收缩受到母材的阻焊,使熔池受到了一个拉应力的作用。熔池金属中的碳、硫等元素和铁形成低熔点的化合物。这些低熔点化合物在熔池金属大部分凝固的状态下,它们还以液态存在,形成液态薄膜。在拉应力的作用下,液态薄膜被破坏,从而形成热裂纹	严格控制母材和焊接材料的化学成分,严格控制碳、硫、磷的含量。控制焊缝断面形状,焊缝宽深比要适当。对于刚性较大结构件,应选择合适的焊接参数和合理的焊接顺序和方向
冷裂纹	焊缝金属在高温时溶解氢量较多,低温时溶解氢量较少,残留在固态金属中形成氢分子,从而形成很大的内压力。被焊工件的淬透性较大,则在冷却过程中会形成淬硬组织,从而形成冷裂纹	严格去除焊缝坡口、附件和焊丝表面的油污、铁锈等污物,减少焊缝中氢的来源。选择合适的焊接参数,防止冷却速度过快形成淬硬组织。焊前预热和焊后缓冷,改善焊接接头的金相组织,降低热影响区的硬度和脆性,加速焊缝中的氢向外扩散,起到减少焊接应力的作用
错边	由于对接的两个焊件没有对正,而使板或管的中心线存在平行偏差的缺陷	板或管进行定位焊时,一定要将板或管的中心线对正

3.7 气焊的安全技术

3.7.1 爆炸事故的原因及防护

1. 气瓶温度过高、开气速度太快引起爆炸

气瓶内的压力随着温度的上升而上升,开气速度太快会产生静电火花而引起瓶内压力上升,当压力超过气瓶耐压极限时就会发生爆炸。因此,严禁暴晒气瓶,气瓶因应放置在远离热源的地方,以避免气瓶因温度升高引起爆炸。

2. 气瓶受到剧烈振动引起爆炸

搬运装卸气瓶时,严禁氧气和乙炔同车运输,并要防止碰撞和剧烈颠簸。

3. 可燃气体与空气或氧气混合比例不当或瓶阀漏气而引起爆炸

应按照规定严格控制气体的混合比例,工作中要经常检查瓶阀是否漏气,若漏气应更换气瓶,并送检修,工作场地要注意通风。

4. 可燃气体遇到明火发生燃烧爆炸

在气焊气割过程中,要保证工作场地周围 10m 以内无可燃易爆物,氧气瓶和乙炔瓶的放置应距工作点 10m 以上,以避免气焊、气割飞溅物遇氧气或乙炔而引起爆炸。

5. 氧气与油脂类物质接触引起爆炸

严禁油脂类物质与氧气接触。

3.7.2 火灾的原因及防护措施

使物质失去电子的化学反应属于氧化反应，强烈的氧化反应并有热和光发出的化学现象称为燃烧。燃烧必须同时具备三个条件：要有可燃物、助燃物、着火源。

火灾是气焊和气割中的主要危险。气焊和气割应用的乙炔、电石、液化石油气和氧气等，都是属于容易发生着火危险的物质，其设备乙炔发生器、氧气瓶、乙炔瓶和液化石油气瓶等，是具有爆炸和着火危险的压力容器或可燃料容器，而且操作过程中的回火、四处飞溅的火星是危险的着火源，上述不安全因素的同时存在，容易构成火灾事故。

1）气瓶瓶阀无瓶帽保护，受振动或使用方法不当等，造成密封不严、泄漏甚至瓶阀损坏、高压气流冲出。

对气瓶瓶阀采用瓶帽进行保护，在瓶体上增加防震圈进行防振等措施对瓶体及瓶帽进行保护，防止泄漏引起火灾。

2）开气速度太快，气体迅速流经瓶阀时产生静电火花。

开气时，采用慢速打开气阀，打开速度不宜过快，否则会造成气体迅速流经瓶阀时产生静电火花进而引起火灾事故发生。

3）氧气瓶瓶阀、阀门杆或减压阀等上粘有油脂，或氧气瓶内混入其他可燃气体。

打开氧气瓶瓶阀、阀门杆或减压阀等，严禁使用粘有油脂的工具或手套，防止因发生化学反应而造成火灾。

4）可燃气瓶（乙炔、石油气瓶）发生漏气。气体使用前，对可燃气瓶（乙炔、石油气瓶）漏气情况进行全面检查，防止漏气引起火灾事故。

5）乙炔瓶处于卧放状态或大量使用乙炔时，丙酮随同流出。

乙炔瓶使用时严禁处于卧放状态或同时大量使用乙炔时，要防止丙酮随同流出而引起火灾事故。

6）气瓶未作定期技术检验。定期对气瓶进行技术检验，确保气瓶完好正常。

3.7.3 烧、烫伤的原因及防护措施

气焊气割操作时，飞溅的高温金属氧化物，红热的焊丝头和仰、横焊位置的高温金属熔滴，都有可能造成操作者的烧伤和烫伤。

气焊气割操作时的防护措施：

1）操作者应严格执行"气焊、气割安全操作规程"。

2）操作者应穿戴好工作防护用品，保护好焊工以免烧伤、烫伤。

3）为了避免飞溅金属飞入裤内烫伤，上衣不能放在裤腰内。

4）裤脚要散开放置，不应扎在袜子或工作鞋内。

5）工作服口袋要盖好，手套完好无损坏。

3.7.4 有害气体中毒的原因及防护措施

1）在气焊、气割过程中，由于氧气与可燃气体比例调节不当，易产生一氧化碳或二氧化碳而中毒。

2）气焊各种金属材料时，会产生各种有害气体和烟尘，如铅、锌、铜、铝等的蒸气，

某些熔剂也会产生氯盐和氟盐的燃烧产物，将引起焊工急性中毒。另外，乙炔和液化石油气中均含有一定量的硫化氢、磷化氢气体，也会引起中毒。

为防止有害气体中毒气焊操作时主要的防护措施有以下几个方面：

1）应加强工作场地的通风措施。

2）积极采用新技术、材料，减少有毒有害气体的释放。

3）提高焊接、气割的机械及自动化水平，减小工人的劳动强度。

4）在封闭的容器内进行焊、割作业时，应先打开容器的开口，使内部空气流通，并设专人进行监护。

5）操作者也应注意个人防护措施，并严格执行"气焊、气割安全操作规程"。

3.7.5 氧气瓶使用的安全技术

1）氧气瓶应符合国家颁布的《气瓶安全监察规程》的规定，对氧气瓶应做定期检查、试压等，合格后才能继续使用。

2）在使用时，氧气瓶应直立放置，并设有支架固定，防止倾倒。

3）在存放、运输和使用过程中，氧气瓶应防止太阳暴晒或其他高温热源的加热，以免引起其膨胀而爆炸。

4）冬季应防止氧气瓶阀、减压器冻结，如果已经冻结，可用热水和水蒸气加热解冻，严禁使用火焰加热，更不能猛拧减压表的调节螺钉，以防氧气大量冲出，造成事故。

5）氧气瓶阀、减压器不允许沾染油脂，严禁用戴有油脂的手套搬运氧气瓶，检查氧气瓶瓶口是否泄漏时，可用肥皂水涂在瓶口上试验。

6）卸下瓶帽时，只能用手或扳手旋取，禁止用铁锤等铁器敲击。

7）氧气瓶上应装有防震橡胶圈，搬运氧气瓶时，避免碰撞和剧烈振动，装车后应妥善地加以固定，并将氧气瓶上的安全帽拧紧。厂内运输应用专用小车，并固定牢。不允许把氧气瓶放在地上滚动，以免发生事故。

8）严禁将氧气瓶、乙炔瓶及其他可燃气体的瓶子放在一起；易燃品、油脂和带油污的物品，不得与氧气瓶同车运输。

9）开启氧气瓶阀时，不要面对出气口和减压器，以免受伤，且应慢慢地打开氧气阀门。

10）氧气瓶中的氧气不允许全部用完，氧气瓶至少应留的压力为 0.1MPa～0.3MPa，以便再次充氧时吹除瓶阀口的灰尘和鉴别原装气体的性质，防止误装混入其他气体。

3.7.6 溶解乙炔瓶使用的安全技术

使用溶解乙炔瓶时除必须遵守氧气瓶的使用要求外，还应严格遵守下列各点：

1）溶解乙炔瓶在搬运、装卸、使用时都应直立放置，并牢固固定，禁止卧放并直接使用，因卧置时会使丙酮随乙炔流出，甚至会通过减压器而流入乙炔橡皮管和焊、割炬内，引起燃烧和爆炸。一旦要用卧放的溶解乙炔气瓶，必须将瓶直立静置 20min 后才能使用。

2）溶解乙炔瓶体表面的温度不应超过 30～40℃，因为温度高，会降低丙酮对乙炔的溶解度，而使瓶内的乙炔压力急剧增高。

3）乙炔减压器与溶解乙炔瓶的瓶阀连接必须可靠，严禁在漏气的情况下使用。否则会形成乙炔与空气的混合气体，一触明火就会发生爆炸事故。

4）开启溶解乙炔瓶时要缓慢，不要超过一转半，一般情况下只开 3/4 转。

5）溶解乙炔瓶内的乙炔不能全部用完，应留余一定的压力，然后将瓶阀关紧，防止漏气。

6）溶解乙炔瓶不应遭受剧烈的振动和撞击，以免瓶内的多孔性填料下沉而形成空洞，影响乙炔的储存，引起溶解乙炔瓶的爆炸。

7）使用压力不得超过 0.15MPa，输出流速不应超过 $1.5 \sim 2.5 m^3/h$，以免导致供气不足，甚至带走太多丙酮。

3.7.7 液化石油气瓶使用的安全技术

1）液化石油气瓶在充装、使用、运输过程中，应严格按有关规定执行。

2）液化石油气瓶充装时，必须按规定留出气化空间。

3）液化石油气对普通橡胶软管有腐蚀作用，应用耐油性强的橡胶软管。

4）冬季使用液化石油气瓶时，可用 40℃ 以下的热水加温。严禁用火烤或沸水加热。

5）液化石油气比空气重，易于向低处流动，所以在储存和使用液化石油气的室内，下水道应设安全水封，电缆沟进出口应填装砂土，暖气沟进出口应抹灰，防止火灾。

6）液化石油气瓶内剩余的残液应送回充气站处理，不得自行倒出液化石油气的残液，以防火灾。

7）液化石油气在使用时，必须加装减压器，严禁用橡胶管直接同气瓶阀连接。

3.7.8 减压器使用的安全技术

1）减压器的作用是用来表示瓶内气体及减压后气体的压力，并将气体从高压降低到工作需要压力。同时，不论高压气体的压力如何变化，减压器都能使工作压力基本保持稳定。

2）减压器的安全使用应注意以下几点：

① 减压器上不得沾染油脂。如有油脂必须擦净后才能使用。

② 安装减压器之前，要略打开氧气瓶阀门，吹除污物，预防灰尘和水分带入减压器内。

③ 装卸减压器时必须注意防止管接头螺纹损坏滑牙，以免旋装不牢固射出。

④ 减压器出口与氧气胶管接头处必须用铁丝或管卡夹紧。

⑤ 打开减压器时，动作必须缓慢，瓶阀嘴不应朝向人体方向。

⑥ 在工作过程中必须注意观察工作压力表的压力数值，工作结束后应从气瓶上取下减压器，加以妥善保存。

⑦ 减压器冻结时，要用热水和蒸汽解冻，严禁用火烘烤。在减压器加热后，应吹除其中的残留水分。

⑧ 各种气体的减压器不能换用。

⑨ 减压器必须定期检修，压力表必须定期校验。

3.7.9 焊、割炬使用的安全技术

1）使用焊炬（或割炬）时，必须检查其射吸能力是否良好。

2）点火时，先将乙炔气稍微打开，点火后再按需要调节氧气和乙炔量来调整火焰。

3）焊炬、割炬不得过分受热，若温度太高，可置于水中冷却。

4）焊炬、割炬各气体通路不允许沾染油脂，以防止燃烧爆炸。

5）正在燃烧的焊炬、割炬，严禁随意卧放在工件或地面上。

6）停止使用时，应先关闭乙炔调节阀，后关闭氧气调节阀。当发生回火时，应迅速关闭乙炔调节阀，再关闭氧气调节阀。

7）工作完毕后，应将橡胶软管拆下，焊炬或割炬放在适当的地方。

3.7.10　橡胶软管使用的安全技术

1）应按照 GB/T 2550—2016《气体焊接设备　焊接、切割和类似作业用橡胶软管》规定保证制造质量。胶管应具有足够的抗压强度和阻燃特性。

2）在储存、运输和使用胶管时必须维护、保持胶管的清洁和不受损坏。

3）新胶管在使用前，必须先把胶管内壁的滑石粉吹除干净，防止焊割炬的通道堵塞。

4）氧气胶管与乙炔胶管不准互相代用和混用，不准用氧气吹除乙炔胶管内的堵塞物。

5）气焊与气割工作前，应检查胶管有无磨损、划伤、穿孔、裂纹、老化等现象，并及时修理和更换。

6）氧气胶管、乙炔胶管与回火防止器等的导管连接时，管径应相互吻合，并用管卡或细铁丝夹紧。

7）严禁使用被回火烧损的胶管。

8）乙炔管在使用中脱落、破裂或着火时，应首先关闭焊炬或割炬的所有调节手轮，将火焰熄灭，然后停止供气。

3.8　气焊的安全操作规程

气焊气割的操作属于特种作业，即焊接和切割对操作者本人以及他人和周围设施的安全有重大危害。为了加强特种作业人员的安全技术培训，实现安全生产，国家制定了《特种作业人员安全技术培训考核管理规则》，提出对从事焊接和切割作业的人员必须进行安全教育和安全技术培训，取得操作证后，才能上岗独立作业。

根据以往各种事故的原因可知，多数事故是违章造成的。因此，认真遵守焊接与切割作业安全操作规程，对避免和减少事故，起着关键性的作用。

1）所有独立从事气焊、气割作业的人员必须经劳动安全部门或指定部门培训，经考试合格后持证上岗。

2）气焊、气割作业人员在作业中应严格按照各种设备及工具的安全使用规程操作设备和使用工具，并应备有开启各种气瓶的专用扳手。

3）所有气路、容器和接头的检漏应使用肥皂水，严禁用明火检漏。

4）操作者应按规定穿戴好个人防护用品，整理好工作场地，注意作业点距离氧气瓶、乙炔发生器和易燃易爆物品 10m 以上，高空作业下方不得有易燃易爆物品。

5）使用氧气瓶、乙炔瓶时应轻装轻卸，严禁抛、滑、滚、碰。夏天露天作业时，氧气瓶、乙炔瓶应避免直接受烈日暴晒。冬季如遇瓶阀或减压阀冻结时应用热水加热，不准用火烤。使用中氧气瓶、乙炔瓶必须单独存放，两者之间距离在 5m 以上；都必须竖立放置不可倾倒卧放，并根据现场不同情况进行固定，确保氧气瓶、乙炔瓶不能歪倒。

6）施焊现场周围应清除易燃、易爆物品或进行覆盖、隔离。

7）对被焊物进行安全性确认，设备带压时不得进行焊接与切割。盛装过可燃气体和有毒物质的容器，未经清洗不得进行焊接与切割。对不明物质必须经专业人员检测，确认安全后再进行焊接与切割。焊割有易燃易爆物料的各种容器，应采取安全措施，并获得本企业和消防部门的动火证后才能进行作业。

8）高处作业时必须办理"高处作业证"，高空切割时，地面应有专人看管，或采取其他安全措施。对切割下来的物件应放在指定地点，以防掉落伤人。

9）乙炔瓶必须装设专用减压阀、回火防止器，开启时，操作者应站在瓶口的侧后方，动作要轻缓。乙炔气的使用压力不得超过 1.5MPa/cm^2。检查乙炔设备气管是否漏气时，必须用肥皂水涂于可疑或接头处试漏，严禁用明火试漏。

10）回火防止器要经常换清水，保持水位正常。冬季若无可靠的防冻措施，工作后要及时放水。一旦冻结时，应用热水化冻，禁止用明火烘烤。

11）点火时严禁焊嘴（或割嘴）对人，操作过程中如发生回火，应立即先关乙炔阀门，后关氧气阀门。

12）安装减压器前，应先开启氧气瓶阀，将接口吹净。安装时，压力表和氧气接头螺母必须旋紧，开启时动作要缓慢，同时人员要避开压力表正面。

13）氧气瓶嘴处严禁沾上油污。气瓶禁止靠近火源，禁止露天暴晒，禁止将瓶内气体用尽，氧气瓶剩余压力至少要大于 0.1MPa。气瓶应轻搬轻放。

14）在大型容器内或狭窄和通风不良的地沟、坑道、检查井、管段等半封闭场所进行气焊、气割作业时，焊炬（或割炬）与操作者应同时进同时出，严禁将焊炬（或割炬）放在容器内，以防调节阀和橡胶软管接头漏气，使容器内集聚大量的混合气体，一旦接触火种引起燃烧爆炸。

15）严禁在带有压力或带电的容器、罐、管道、设备上进行焊接和切割作业。

16）为防止水泥地面爆炸，不要直接在水泥地面上进行气割。

17）露天作业时，遇有 6 级以上大风或下雨时应停止焊割作业。

18）焊接切割现场禁止将气体胶管与焊接电缆、钢绳绞在一起；当有生产、设备检修等平行交叉作业时，必须切断电源后设明确安全标志，并派专人看管；高空作业时，禁止将焊割胶管缠在身上作业。

19）工作完毕，应将氧气瓶、乙炔瓶的气阀关好；将减压阀的螺钉拧松；氧气胶管、乙炔胶管收回盘好；检查操作场地，确认无着火危险，方可离开。

3.9 气焊技能训练实例

技能训练1 铝及铝合金板对接平焊

1. 焊前准备

（1）试件材质 6082 铝合金，试件尺寸：300mm×100mm×3mm，2 件，如图 3-10 所示。

（2）坡口形式 I 形。

（3）**焊接材料** 焊丝：HS331，直径为$\phi2.5$mm。焊剂：CJ401。

（4）**焊接设备及工具** 氧气瓶、减压器、乙炔瓶、焊炬（H01-6型）、橡胶软管等。

（5）**辅助工具** 护目镜、点火枪、通针、不锈钢丝轮、不锈钢丝刷。

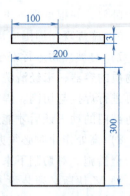

图 3-10 对接平焊试件图

2. 试件打磨及清理

将焊件表面用异丙醇清洗干净油污，再用不锈钢丝轮将焊缝周边 20mm 内的氧化膜清理干净至亮白色。

3. 试件组对及定位焊

将准备好的两块试板水平整齐地放置在工作台上，预留根部间隙约 0.5mm。定位焊缝的长度和间距视焊件的厚度和焊缝总长度而定。焊件越薄，定位焊缝的长度和间距越小；反之则应加大。如果焊接薄件时，定位焊可由焊件中间开始向两头进行，定位焊缝长度为 5~7mm，间距 50~100mm，如图 3-11a 所示。焊接厚件时，定位焊则由焊件两端开始向中间进行，定位焊缝长度为 20~30mm，间距 200~300mm，如图 3-11b 所示。定位焊点不宜过长、过高或过宽，但要保证焊透。

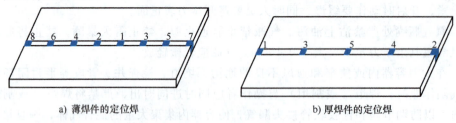

a) 薄焊件的定位焊   b) 厚焊件的定位焊

图 3-11 定位焊示意图

4. 预置反变形

将焊件沿接缝处向下折成 150°~160°，如图 3-12 所示，然后用胶木锤将接缝处矫正齐平。

5. 焊接操作及注意事项

平焊时多采用左焊法，焊丝、焊炬与工件的相对位置如图 3-13 所示，火焰焰心的末端与焊件表面保持 3~4mm。焊接时如果焊丝在熔池边缘被粘住，不要用力拔，可自然脱离。

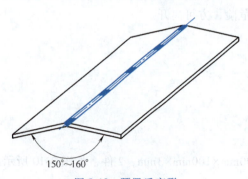

图 3-12 预置反变形

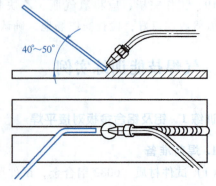

图 3-13 平焊操作示意图

（1）**起焊** 采用中性焰、左焊法。焊前在焊丝和焊缝上涂抹一定量的焊剂，首先将焊炬的倾斜角度放大些，然后对准焊件始端做往复运动，进行预热。在第一个熔池未形成前，仔细观察熔池的形成，并将焊丝端部置于火焰中进行预热。当焊件由白色熔化成白亮色而清晰的熔池时，便可熔化焊丝，将焊丝熔滴滴入熔池，随后立即将焊丝抬起，焊炬向前移动，形成新的熔池，如图3-14所示。

（2）**焊接中** 在焊接过程中，必须保证火焰为中性焰，否则易出现熔池不清晰、有气泡、火花飞溅或熔池沸腾现象。同时控制熔池的大小非常关键，一般可通过改变焊炬的倾斜角、高度和焊接速度来实现。若发现熔池过小，焊丝与焊件不能充分熔合，应增加焊炬倾斜角，减慢焊接速度，以增加热量；若发现熔池过大，且没有流动金属时，表明焊件被烧穿。此时应迅速提起焊炬或加快焊接速度，减小焊炬倾斜角，并多加焊丝，再继续施焊。

焊接方向

图3-14 左焊法时焊炬与焊丝端头的位置

（3）**接头** 在焊接中途停顿后又继续施焊时，应用火焰将熔池重新加热熔化，形成新的熔池后再加焊丝。重新开始焊接时，每次续焊应与前一焊道重叠5~10mm，重叠焊缝可不加焊丝或少加焊丝，以保证焊缝高度合适且均匀光滑过渡。

（4）**收尾** 当焊到焊件的终点时，要减小焊炬的倾斜角，增加焊接速度，并多加一些焊丝，避免熔池扩大，防止烧穿。同时，应用温度较低的外焰保护熔池，直至熔池填满，火焰才能缓慢离开熔池。

技能训练2 低碳钢板对接仰焊

1. 焊前准备

（1）**试件材质** Q235A钢，试件尺寸：300mm×50mm×1.5mm，2件，如图3-15所示。

（2）**坡口形式** I形。

（3）**焊接材料** 焊丝：H08A，直径为ϕ2.5mm。

（4）**焊接设备及工具** 氧气瓶、减压器、乙炔瓶、焊炬（H01-6型）、橡胶软管等。

（5）**辅助工具** 护目镜、点火枪、通针、钢丝刷等。

2. 试件打磨及清理

将焊件表面的氧化皮、铁锈、油污、脏物等用钢丝刷、砂布或抛光的方法进行清理，直至露出金属光泽。

3. 试件组对及定位焊

将准备好的两块试板水平整齐地放置在工作台上，预留根部间隙约0.5mm。定位焊缝的长度和间距视焊件的厚度和焊缝长度而定，如

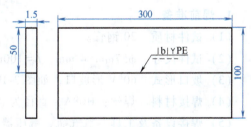

图3-15 低碳钢板对接仰焊试件图

图3-16所示。焊件越薄，定位焊缝的长度和间距越小；反之则应加大。定位焊由焊件中间开始向两头进行，定位焊缝长度为5~7mm，间距50~100mm，定位焊点不宜过长、过高或

过宽，但要保证焊透。

4. 预设反变形

将焊件沿接缝处向下折成 150°～160°，如图 3-17 所示，然后用胶木锤将接缝处校正齐平。

图 3-16　薄焊件定位焊的顺序

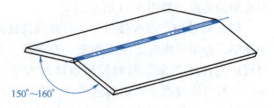

图 3-17　预设反变形

5. 焊接操作及注意事项

1）采用较小的火焰能率进行焊接。

2）严格掌握熔池的大小和温度，使液体金属始终处于较稠的状态，以防止下淌。

3）焊接时采用较细的焊丝，以薄层堆敷上去，有利于控制熔池温度。

4）焊炬和焊丝具有一定角度。焊炬可做不间断运动，焊丝可做月牙形运动，并始终浸在熔池内，如图 3-18 所示。

5）焊接开坡口或厚板焊件时，可采用多层焊。第一层要保证焊透，第二层要控制焊缝两侧熔合良好，过渡均匀，成形美观。

6）仰焊时要注意操作姿势，同时应选择较轻便的焊炬和细软的胶管，以减轻焊工的劳动强度。特别要注意采取适当防护措施，防止飞溅金属或跌落的液体金属烫伤面部和身体。

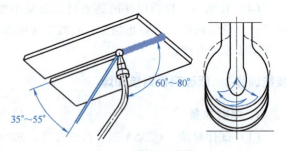

图 3-18　仰焊示意图

技能训练3　低碳钢管对接水平转动焊

1. 焊前准备

（1）试件材质　20 钢管。

（2）试件尺寸　$\phi57mm×4\ mm$，$L=100mm$，2 件。

（3）坡口形式　60°V 形坡口，如图 3-19 所示。

（4）焊接材料　焊丝：H08A，直径为 $\phi2.5mm$。

（5）焊接设备及工具　氧气瓶、减压器、乙炔瓶、焊炬（H01-6 型）、橡胶软管等。

（6）辅助工具　护目镜、点火枪、通针、钢丝刷等。

2. 试件打磨及清理

将焊件坡口面及坡口两侧内外表面的氧化皮、铁锈、油污、脏物等用钢丝刷、砂布或抛光的方法进行清理，直至露出金属光泽。

3. 试件组对及定位焊

试件组对前准备一根槽钢放置在工作台上，将准备好的两根试管水平整齐地放在槽钢内进行组对定位焊，修磨钝边0.5mm，无毛刺；根部间隙1.5～2.0mm，错边量≤0.5mm。

对直径不超过φ70mm的管子，一般只需定位焊2处；对直径φ70～φ300mm的管子可定位焊4～6处；对直径超过φ300mm

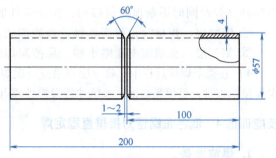

图3-19　钢管对接水平转动焊试件示意图

的管子可定位焊6～8处或以上。不论管子直径大小，定位焊的位置要均匀对称布置，焊接时的起焊点在两个定位焊点中间，如图3-20所示。

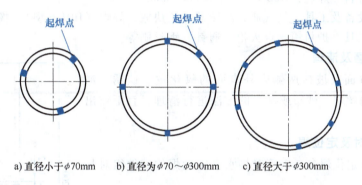

a) 直径小于φ70mm　　b) 直径为φ70～φ300mm　　c) 直径大于φ300mm

图3-20　不同管径定位焊及起焊点

4. 焊接操作及注意事项

由于管子可以转动，故焊接熔池始终可以控制在平焊位置施焊，对管壁较厚和开坡口的管子，通常采用爬坡位置施焊。即可采用左向爬坡焊法，也可采用右向爬坡焊法，如图3-21所示。

1）采用左向爬坡焊时，焊炬与水平中心线成50°～70°夹角，此角度可有效加大熔深，保证焊接接头全部焊透，并能控制熔池形状和大小，同时被填充的熔滴金属自然流向熔池下部，焊缝堆高快，有利于控制焊缝的高低，保证焊缝的质量，如图3-21a所示。

2）采用右向爬坡焊时，焊炬与垂直中心线成10°～30°夹角，如图3-21b所示。

3）对于开坡口的管子，可以进行多层焊接。

① 第一层。焊炬和管子表面的倾角为45°左右，火焰焰心末端距熔池3～5mm。当看到坡口钝边熔化并形成熔池后，立即将焊丝送入熔池前沿，使其熔化填充熔池。焊炬做圆圈

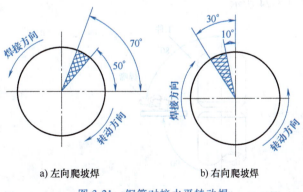

a) 左向爬坡焊　　b) 右向爬坡焊

图3-21　钢管对接水平转动焊

形移动，焊丝同时不断地向前移动，保证焊件的根部焊透。

② 第二层。焊接时，焊炬要做适当的摆动，使填充金属与母材充分熔合良好。

③ 第三层。火焰能率要略小些，易控制焊缝的成形，使焊缝表面成形美观。

4）在整个焊接过程中，每一层焊道应一次焊完，并且各层的起焊点互相错开 20～30mm。每次焊接结束时，要填满熔池，火焰才能慢慢地离开熔池，防止产生气孔和夹渣等缺陷。

技能训练 4　低合金钢管对接垂直固定焊

1. 焊前准备

（1）试件材质　20 钢管。

（2）试件尺寸　$\phi57mm\times4mm$，$L=100mm$，2 件。

（3）坡口形式　60°V 形坡口，如图 3-22 所示。

（4）焊接材料　焊丝：H08A，直径为 $\phi2.5mm$。

（5）焊接设备及工具　氧气瓶、减压器、乙炔瓶、焊炬（H01-6 型）、橡胶软管等。

（6）辅助工具　护目镜、点火枪、通针、钢丝刷等。

2. 试件打磨及清理

将焊件坡口面及坡口两侧内外表面的氧化皮、铁锈、油污、脏物等用钢丝刷、砂布或抛光的方法进行清理，直至露出金属光泽。

3. 试件组对及定位焊

试件组对及定位焊参考钢管对接水平转动焊的试件组对与定位焊。

4. 焊接操作及注意事项

1）操作手法。对开有坡口的管子若采用左向焊法，须进行多层焊。若采用右向焊法，对于壁厚在 7mm 以下的垂直管子横缝，可以采用单面焊双面成形，可大大提高工作效率。

2）火焰性质一般采用中性焰或轻微碳化焰。

3）焊炬倾角与管子轴线夹角为 80°～85°，焊丝角度与管子轴线的夹角约为 90°，如图 3-23 所示；焊炬倾角与管子切线方向的夹角为 60°～65°；焊丝与焊炬之间的夹角为 25°～30°，如图 3-24 所示。

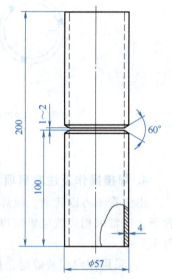

图 3-22　钢管对接垂直固定焊试件示意图

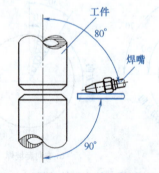

图 3-23　焊嘴、焊丝与管子轴线的夹角

图 3-24　焊嘴、焊丝与管子切线方向的夹角

4）起焊时，先将被焊处适当加热，然后将熔池烧穿，形成一个熔孔，将熔孔始终一直保持到焊接结束，如图 3-25 所示。

形成熔孔的目的有两个：一是使管壁熔透，以得到双面成形；二是通过熔孔的大小可以控制熔池的温度。熔孔的大小等于或稍大于焊丝直径为宜。

5）熔孔形成后，开始填充焊丝。焊接过程中焊炬一般不做横向摆动，而只在熔池和熔孔做轻微的前后摆动，以控制熔池温度。若熔池温度过高时，为使熔池冷却，此时火焰不必离开熔池，可将火焰的高温区（焰心）朝向熔孔，此时外焰仍保持笼罩着熔池和近缝区，保护液态金属不被氧化。

6）在焊接过程中，焊丝始终保持浸在熔池金属中，不断以画斜圆圈形挑动金属熔池，如图 3-26 所示。运条范围不要超过管子接口下部坡口的 1/2 处，要控制在长度 a 范围内上下运条，否则容易造成熔滴下垂现象（图 3-25）。

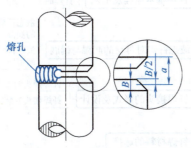

图 3-25　熔孔形状和运条范围

图 3-26　斜环形运条法

项目4

钎焊

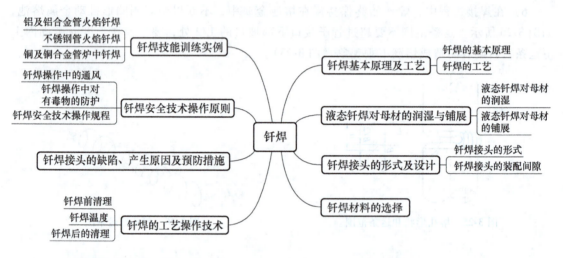

铝及铝合金管火焰钎焊
不锈钢管火焰钎焊
铜及铜合金管炉中钎焊 —— 钎焊技能训练实例

钎焊操作中的通风
钎焊操作中对
有毒物的防护 —— 钎焊安全技术操作原则
钎焊安全技术操作规程

钎焊接头的缺陷、产生原因及预防措施

钎焊前清理
钎焊温度 —— 钎焊的工艺操作技术
钎焊后的清理

钎焊

钎焊基本原理及工艺 —— 钎焊的基本原理 / 钎焊的工艺

液态钎焊对母材的润湿与铺展 —— 液态钎焊对母材的润湿 / 液态钎焊对母材的铺展

钎焊接头的形式及设计 —— 钎焊接头的形式 / 钎焊接头的装配间隙

钎焊材料的选择

4.1 钎焊基本原理及工艺

4.1.1 钎焊的基本原理

钎焊是采用比母材熔点低的金属材料做钎料，将焊件和钎料加热到高于钎料熔点、低于母材熔化温度，利用液态钎料润湿母材，填充接头间隙并与母材相互扩散，实现连接焊件的一种焊接方法，如图 4-1 所示。

钎焊的关键是如何获得一个优质接头。显然，这样的接头首先要保证熔化的钎料能很好地流入并填满接头的间隙，其次是钎焊与母材相互扩散而形成金属结合。

1. 液态钎焊的填隙原理

钎焊时，并非任何液态金属均能填充接头间隙（简称填隙），也就是说，钎料必须具备一定的条件，此条件就是润湿作用和毛细作用。

（1）钎料的润湿作用　润湿就是液态物体与固态物体接触后相互黏附的现象。钎焊时，液态钎料如果不能黏附在固态母材的表面（即不润湿母材），就不可能填充接头间隙，只有液态钎料能润湿母材，填充作业才可以实现。

要使熔态钎料能顺利地填缝，首先必须使熔态钎料能黏附

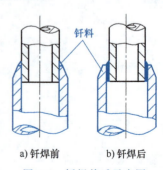

a) 钎焊前　　b) 钎焊后

图 4-1　钎焊前后示意图

在固态焊件的表面。衡量钎料对母材润湿能力的大小，可用钎料（液相）与母材（固相）相接触时接触夹角的大小来表示，如图 4-2 所示（接触角）。液固两相的切线夹角 θ 即为润湿角。液滴（钎料）在固体（母材）上处于稳定状态时：

$$\cos\theta = (\sigma_{gs} - \sigma_{ls})/\sigma_{lg}$$

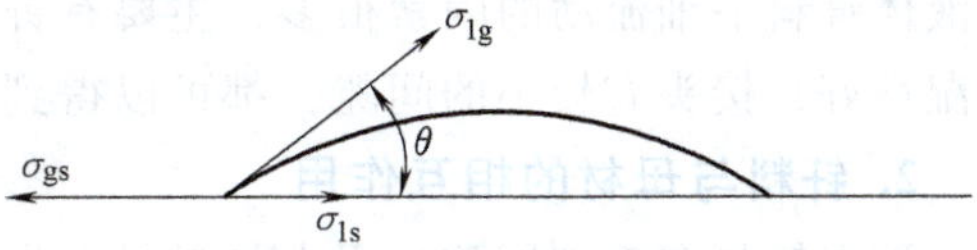

图 4-2　钎料在母材上稳定时的接触角

式中　σ_{gs}——固相与气相间的界面张力（也称表面张力）；

　　　σ_{ls}——固相与液相间的界面张力；

　　　σ_{lg}——液相与气相间的界面张力（也称表面张力）。

当 $\sigma_{gs} > \sigma_{ls}$ 时，$\cos\theta$ 为正值，即 $0° < \theta < 90°$，这时钎料能润湿母材。当 $\sigma_{gs} < \sigma_{ls}$ 时，$\cos\theta$ 为负值，即 $90° < \theta < 180°$，这时可认为钎料不能润湿母材。$\theta = 0°$ 时表示钎料完全润湿母材。$\theta = 180°$ 时表示钎料完全不能润湿母材。钎焊时钎料的润湿角应小于 $20°$。所以 θ 角就成为反映钎焊润湿性的量化指标。要有润湿性，则要求熔态钎料有较小的表面张力，同时固态焊件原子对熔态钎料原子的作用力（即附着力）要大，这不仅要求熔态钎料有良好的流动性，同时也要求能很好地黏附在焊件表面，即有良好的润湿性。

钎料对母材的润湿能力大小可以很直观地通过接触角的大小来衡量，那么，影响钎料润湿母材的主要因素主要有：

1) **钎料和母材的成分**。若钎料与母材在固态和液态下均不发生物理化学作用，则它们之间的润湿作用就很差，如铅与铁。若钎料与母材能相互溶解或形成化合物，则认为钎料能较好地润湿母材。为了改善它们之间的润湿作用，可在钎料中加入能与母材形成固溶体或化合物的第三物质来改善其润湿作用。例如，铅与铜及钢都互不发生作用，所以铅在铜和钢上的润湿作用很差；但若在铅中加入能与铜及钢形成固溶体和化合物的锡后，钎料的润湿作用就大为改善。随着含锡量的增多，润湿作用越来越好。

2) **钎焊温度**。随着加热温度的升高，由于钎料表面张力下降等原因会提升钎料对母材的润湿能力，但钎焊温度不宜过高，钎料的润湿作用太好，往往会发生钎焊流散现象，还可能造成钎料对母材的熔蚀加重和母材晶粒粗大等现象，所以必须合理地选择钎焊的温度。

3) **母材表面氧化物**。如果母材金属表面存在氧化物，液态钎料往往会凝聚成球状，不与母材发生润湿，所以，钎焊前必须充分清除氧化物，才能保证良好的润湿作用。

4) **母材表面粗糙度**。母材表面的粗糙度对钎料的润湿能力有不同程度的影响。钎料与母材作用较弱时，它在粗糙表面上的铺展比在光滑表面上的铺展要好。因为粗糙表面上纵横交错的细槽对液态钎料起到了特殊的毛细作用，促进了液态钎料沿母材表面的铺展。但对于与母材作用比较强烈的钎料，由于这些细槽被液态钎料迅速熔解而失去作用，这种现象就不明显。

5) **钎剂**。钎焊时使用钎剂可以清除钎料和母材表面的氧化物，改善润湿作用。钎剂往往又可以减小液态钎料的表面张力。因此，选用合适的钎剂对提高钎料对母材的润湿作用是非常重要的。

6) **焊件间隙**。钎焊时，毛细填缝的长度（或高度）与间隙大小成反比。随着间隙减小，焊缝长度增加；反之亦减小，所以间隙是直接影响毛细填缝的重要因素。因此，毛细填缝时，应取较小的间隙。

（2）**钎料的毛细流动**　钎焊时，液体钎料要沿着间隙去填满钎缝，由于间隙很小，如同毛细管，所以称之为毛细流动。毛细流动能力的大小，决定着钎料能否填满钎缝间隙。影响液体钎料毛细流动的因素很多，主要有钎料的润湿能力和接头间隙大小等，如钎料对母材润湿性好，接头有较小的间隙，都可以得到良好的钎料流动与填充性能。

2. 钎料与母材的相互作用

液态钎料在毛细填隙过程中与母材发生相互物理化学作用，钎料与母材的相互作用可以分为两种：一种是固态母材向液态钎料的熔解；另一种是液态钎料向固态母材的扩散。这些相互作用对钎焊接头的性能影响很大。

（1）**母材向钎料的溶解**　钎焊时一般都会发生母材向液体钎料的熔解过程，可使钎料成分合金化，有利于提高接头强度。但母材的过度熔解会使液体钎料的熔点和黏度升高，流动性变差，往往导致不能填满钎缝间隙，同时可能使母材表面因过分熔解而出现凹陷等缺陷。

（2）**钎料组分向母材扩散**　钎焊时，也出现钎料组分向母材的扩散。扩散以两种方式进行：一种是钎料组元向整个母材晶粒内部扩散，在母材毗邻钎缝处的一边形成固溶体层，对接头不会产生不良影响。另一种是钎料组元扩散到母材的晶粒边界，常常使晶界发脆。

（3）**钎焊接头的显微组织**　由于母材与钎料间的熔解和扩散，改变了钎缝和界面母材的成分，使钎焊接头的成分、组织和性能同钎料及母材本身往往有很大的差别。钎料与母材相互作用可以形成下列组织：

1）**固溶体**。当用铝基钎料钎焊铝及铝合金时，钎料与母材具有相同基体，则母材溶于钎料并在钎缝凝固结晶后，会形成固溶体。尽管钎料本身不是固溶体组织，但在紧邻钎缝界面区以及钎缝中可出现固溶体组织。用铝硅钎料钎焊铝时，由于钎料组元向母材的界面扩散，母材界面区会形成固溶体层，固溶体组织具有良好的强度和韧性，钎缝和界面区出现这种组织对于钎焊接头性能是有利的。

2）**化合物**。如果钎料与母材具有形成化合物的状态，则钎料与母材的相互作用将可能使接头中形成金属间化合物。当接头中出现金属间化合物，特别是在界面区形成连续化合物层时，钎焊接头的性能将显著降低。

3）**共晶体**。当采用铝硅钎料钎焊铝时，由于铝硅钎料中含有大量共晶体组织，所以钎缝中含有共晶体组织；钎焊时，母材与钎料也会形成共晶体组织。

4.1.2　钎焊的工艺

1. 焊件表面准备

钎焊前必须仔细地清除焊件表面的油脂、氧化物等。因为液态钎料不能润湿未经清理的焊件表面，也无法填充接头间隙；有时，为了改善母材的钎焊性以及提高接头的耐蚀性，钎焊前还必须将焊件表面预先镀覆某种金属；为限制液态钎料随意流动，可在焊件非焊表面涂覆阻流剂。

（1）**清除油脂**　清除焊件表面油脂的方法包括有机溶剂脱脂、碱液脱脂、电解液脱脂和超声波脱脂等。焊件经过脱脂后，应再用清水洗净，然后予以干燥。

常用的有机溶剂有乙醇、丙酮、汽油、四氯化碳、三氯乙烯、二氯乙烷和三氟乙烷等。小批量生产时可用有机溶剂脱脂，大批量生产时应用最广的是在有机溶剂的蒸汽中脱脂。此外，在热的碱溶液中清洗也可得到满意的效果。例如，钢制零件可在氢氧化钠溶液中脱脂，铜零件可在磷酸三钠或碳酸氢钠的溶液中清洗。对于形状复杂且数量很大的小零件，也可在专门的槽中用超声波脱脂。超声波脱脂效率高。

（2）**清除氧化物**　清除氧化物可采用机械方法、化学方法、电化学方法和超声波方法。

机械方法清理时可采用锉刀、钢刷、砂纸、砂轮、喷砂等。其中锉刀和砂纸清理用于单件生产，清理时形成的沟槽有利于钎料的润湿和铺展。批量生产时可用砂轮、钢刷、喷砂等方法。铝及铝合金、钛合金不宜用机械清理法。

化学清理是以酸和碱能够溶解某些氧化物为基础的。常用的有硫酸、硝酸、盐酸、氢氟酸及它们混合物的水溶液和氢氧化钠水溶液等。化学清理法生产效率高、去除效果较好，适用于批量生产，但要防止表面的过浸蚀。

对于大批量生产及必须快速去除氧化膜的场合，可采用电化学法。

（3）**母材表面镀覆金属**　在母材表面镀覆金属，其目的主要是：

1）改善一些材料的钎焊性，增加钎料对母材的润湿能力。

2）防止母材与钎料相互作用从而对接头产生不良影响，如防止产生裂纹，减少界面产生脆性金属间化合物。

3）作为钎料层，以简化装配过程和提高生产率。

4）涂覆阻流剂。在零件的非焊表面上涂覆阻流剂的目的是限制液态钎料的随意流动，防止钎料的流失和形成无益的连接。阻流剂广泛用于真空或气体保护的钎焊。

2. 装配和定位

钎焊前零件应装配定位，以确保它们之间的相互位置和间隙。此外，在装配时可用各种方法固定焊件，如紧配合、定位焊、铆接及夹具定位等。典型钎焊接头的固定方法如图 4-3 所示。

3. 钎料的放置

钎料的放置方式主要取决于钎焊方法、焊件结构、生产类型及钎料的形态等。

钎料既可在钎焊过程中送给，也可在钎焊前预先放置。预先放置的方式有明置和暗置两种。明置方式是将钎料放置在钎缝间隙的外缘，因而简便易行，但钎料易向间隙外的零件表面流失，填缝路径较长，易受外界干扰而错位，不利于保证稳定的钎焊质量。暗置方式是将钎料安放在间隙内特制的钎料槽中，

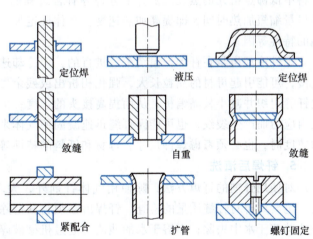

图 4-3　典型钎焊接头的固定方法

因而需要对零件预先加工出钎料槽，这不仅增加了工作量，而且降低了零件的承载能力。一般来说，对于薄件或简单的钎焊面积不大的接头，宜采用明置方式；对于钎焊面积大或结构复杂的接头，宜采用暗置方式，并将钎料槽开在较厚的零件上。

4. 钎焊焊接参数的确定

钎焊操作过程是指从加热开始，到某一温度并停留，最后冷却形成接头的整个过程。在这个过程中，所涉及的最主要的焊接参数就是钎焊温度和保温时间，它们直接影响钎料填缝和钎料与母材的相互作用，从而决定了接头质量的好坏。此外，加热速度和冷却速度也是较重要的焊接参数，对接头质量也有不可忽视的影响。

（1）钎焊温度 钎焊温度是钎焊过程最主要的焊接参数之一，在钎焊温度下，除了钎料熔化、填缝和与母材相互作用形成接头外，对某些钎焊方法（如炉中钎焊等），还可完成钎焊后的热处理工序（如固溶处理等），以提高钎焊接头的质量。

确定钎焊温度的主要依据是所选用钎料的熔点，一般应高于钎料液相线温度 25～60℃，以保证钎料能填满间隙。但也有例外，如对于某些结晶温度间隔宽的钎料，由于在液相线温度以下已有相当量的液相存在，具有一定的流动性，这时钎焊温度可等于或稍低于钎料液相线的温度。对于某些钎料，如镍基钎料，希望钎料与母材发生充分的反应，钎焊温度可高于钎料液相线温度 100℃ 以上。

此外，对于某些钎焊方法（如炉中钎焊等），确定钎焊温度时还应考虑材料热处理工艺的要求，以使钎焊和热处理工艺能在同一加热冷却循环中完成，这不但节约工时，还可避免焊后热处理可能引起的不良后果。

（2）保温时间 保温时间视焊件大小、钎料与母材相互作用的强弱程度而定。大件保温时间应长些，以保证均匀加热。钎料与母材作用强的，保温时间要短。一般来说，一定的保温时间是使钎料与母材相互扩散，形成牢固接头所必需的。但过长的保温时间将导致熔蚀等缺陷的发生。

（3）加热速度和冷却速度 加热速度对钎焊接头质量也有一定的影响。加热速度过快会使焊件温度分布不均匀而产生应力和变形，加热速度过慢又会促进诸如母材晶粒的长大、钎料中低沸点组元的蒸发以及钎剂分解等有害过程的发生。因此，在确保均匀加热前提下，应尽量缩短加热时间，即提高加热速度。具体确定加热速度时，应考虑焊件尺寸、母材和钎料的特性等因素。

焊件冷却虽是在钎焊保温结束后进行的，但冷却速度对接头的质量也有影响。冷却速度过慢，可能引起母材的晶粒长大，强化相析出或残余奥氏体出现；加快冷却速度，有利于细化钎缝组织并减小枝晶编析，从而提高接头的强度；但冷却速度过快，可能使焊件因形成过大内应力而产生裂纹，也可能因钎缝迅速凝固使气体来不及逸出而形成气孔。因此，确定冷却速度时，也必须考虑焊件尺寸、母材和钎料的特性等因素。

5. 钎焊后清洗

对使用钎剂的钎焊方法，除使用气体钎剂外，大多数钎剂残渣对钎焊接头都有腐蚀作用，也会妨碍对钎缝质量的检查，钎焊后必须将其清除干净。清除的原理是将易溶于水的残渣使其溶于水中去除；不溶于水的残渣应通过机械破碎或化学溶解的方法加以去除。

6. 钎焊的检验方法

钎焊接头缺陷的检验方法可分为无损检验和破坏性检验。

（1）外观检查 外观检查是用肉眼或低倍放大镜检查钎焊接头的表面质量，如钎料是否填满间隙，钎缝外露的一端是否形成圆角，圆角是否均匀，表面是否光滑，是否有裂纹、气孔及其他外部缺陷。

（2）**表面缺陷检验** 表面缺陷检验法包括荧光检验、着色检验和磁粉检验。它们用于检查外观及检查目视发现不了的钎缝表面缺陷，如裂纹、气孔等。荧光检验一般用于小型工件的检查，大型工件则用着色检验（工件的局部检查），磁粉检验只用于带有磁性的金属。

（3）**内部缺陷检验** 主要采用射线检验、超声波检验和致密性检验。

射线检验（按射线源的种类分为 X 射线检验和 γ 射线检验）是检验重要工件内部缺陷的常用方法，它可显示钎缝中的气孔、夹渣、未钎透以及钎缝和母材的开裂。超声波检验所能发现的缺陷范围与射线检验相同。而钎焊结构的致密性检验常用方法有一般的水压试验、气密试验、气渗透试验、煤油渗漏试验和质谱试验等方法。其中水压试验用于高压容器，气密试验及气渗透试验用于低压容器，煤油渗透试验用于不受压容器；质谱试验用于真空密封接头。

4.2 液态钎焊对母材的润湿与铺展

4.2.1 液态钎焊对母材的润湿

此部分内容见钎焊原理内容中液态钎焊的填隙原理部分。

4.2.2 液态钎焊对母材的铺展

熔融钎料沿母材表面的铺展是由多种因素决定的，熔融钎料沿母材表面的铺展润湿过程如图 4-4 所示。其中金属间相互作用的性质和钎料性能（黏度）是两个最主要的影响因素。当钎料晶体结构具有较大的晶格间隙，而钎焊又是在液相线以下的温度进行时，钎料的流动性就具有特别的意义。

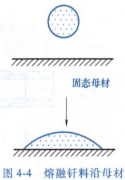

液态钎料

固态母材

钎料铺展的过程不但与熔融的钎料性质有关，还与母材和钎料的相互作用、钎料进入母材表面的扩散作用及最终的毛细流动有关。钎料铺展过程取决于钎料与母材间物理化学性质关系，甚至取决于钎焊条件。固体表面上熔融钎料的铺展，是由液态钎料对母材表面的附着力和钎料原子或分子间结合力产生的内聚力的相互对比关系而决定的。附着力所做功可由液体润湿固体时释放的表面自由能确定。

$$A_{附着} = \sigma_{gs} + \sigma_{lg} - \sigma_{ls}$$

图 4-4 熔融钎料沿母材表面的铺展润湿过程

钎料粒子的内聚力由形成两种新的液体表面所必需的功来估算：

$$A_{内聚} = 2\sigma_{lg}$$

若接近表面的附着功等于或者大于钎料的内聚功，那么沿母材表面的钎料熔滴的铺展就会发生。它们之间的差值 K 称为铺展系数。

$$K = A_{附着} - A_{内聚} = \sigma_{lg}(1 + \cos\theta) - 2\sigma_{lg} = \sigma_{lg}\left[(\cos\theta) - 1\right]$$

因此，母材表面的熔融钎料的铺展性由它的表面张力和润湿角决定。

4.3 钎焊接头的形式及设计

4.3.1 钎焊接头的形式

钎焊接头必须具有足够的强度，也就是在工作状态下接头能承受一定的外力。钎焊接头的承载能力与接头形式有密切的关系，钎焊接头有对接、搭接、T形接头等各种形式。用钎焊连接时，由于钎料强度及钎缝强度一般比母材低，若采用对接的钎焊接头，则接头强度比母材低，故对接接头只有在承载能力不高的场合才可使用。采用搭接可通过改变搭接长度达到接头与母材等强度，搭接接头的装配也比对接简单。各类钎焊接头示意图如图4-5所示。

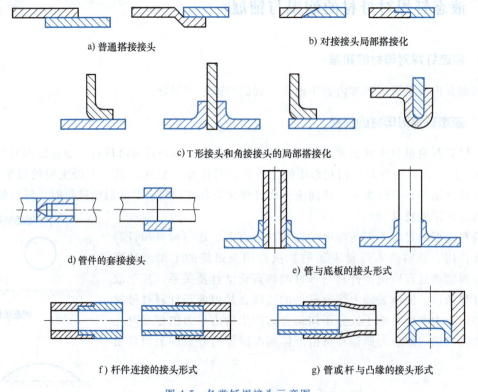

a) 普通搭接接头   b) 对接接头局部搭接化

c) T形接头和角接接头的局部搭接化

d) 管件的套接接头   e) 管与底板的接头形式

f) 杆件连接的接头形式   g) 管或杆与凸缘的接头形式

图4-5　各类钎焊接头示意图

1. 对接接头

由于钎料强度大多比母材低，要使接头与母材等强度，只有靠增大连接面积，而对接接头连接面积无从增加，所以接头的承载能力总是低于母材。因此，对接接头在钎焊中不推荐使用。

2. 搭接接头

搭接接头是依靠增大搭接面积，可以在接头强度低于母材金属强度的条件下达到接头与焊件具有相等的承载能力的要求，因此使用较广。

3. 局部搭接化的接头

在具体结构中，需要钎焊连接的零件的相互位置是各式各样的，不可能全部符合典型的搭接形式，为了提高接头的承载能力，设计的基本原则之一是尽可能使接头局部地具有搭接形式。

4. 钎焊接头的搭接长度

由于一般钎焊接头强度较低，而且对装配间隙要求较高，所以钎焊接头多采用搭接接头。通过增加搭接长度达到增强接头抗剪的能力。根据生产中的经验，搭接长度一般取组成此接头薄件厚度的2~5倍。对采用银基、铜基、镍基等较高强度钎料的接头，搭接长度通常取薄件厚度的2~3倍。对用锡铅等低强度钎料钎焊的搭接接头，搭接长度可取薄件厚度的4~5倍，但搭接长度 $L \leqslant 15\mathrm{mm}$。常用的钎焊接头形式如图4-6所示。

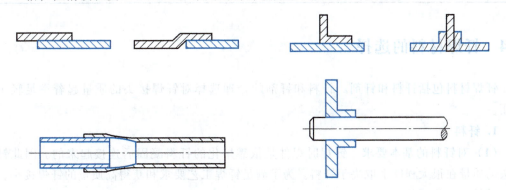

图 4-6　常用的钎焊接头形式示意图

为了使搭接接头与母材具有相等的承载能力，搭接长度可按下式计算：

$$L = \alpha \frac{\sigma_\mathrm{b}}{\sigma_\tau} \delta$$

式中　α——安全系数；

　　　σ_b——母材抗拉强度（MPa）；

　　　σ_τ——钎焊接头抗剪强度（MPa）；

　　　δ——母材板厚（mm）；

　　　L——搭接长度（mm）。

4.3.2　钎焊接头的装配间隙

装配间隙的大小与钎料和母材有无合金化、钎焊温度、钎焊时间、钎料的放置等有直接关系。一般说来，钎料与母材相互作用较弱，则间隙小；作用强，间隙大。应该指出，这里所要求的间隙是指在钎焊温度下的间隙，与室温不一定相同。质量相同的同种金属的接头，在钎焊温度下的间隙与室温差别不大；但质量相差悬殊的同种金属，以及异种金属的接头，由于加热膨胀量不同，在钎焊温度下的间隙就与室温不同。在这种情况下，设计时必须考虑保证在钎焊温度下的接头间隙。

间隙大小可通过试验确定。表4-1列出了部分金属钎焊接头间隙的推荐值。

表 4-1　部分金属钎焊接头推荐的间隙

母材种类	钎料种类	钎焊接头间隙/mm	母材种类	钎料种类	钎焊接头间隙/mm
碳钢	铜钎料	0.01~0.05	铜及铜合金	黄铜钎料	0.07~0.25
	黄铜钎料	0.05~0.20		银基钎料	0.05~0.25
	银基钎料	0.02~0.15		锡铅钎料	0.05~0.20
	锡铅钎料	0.05~0.20		铜磷钎料	0.05~0.25
不锈钢	铜钎料	0.02~0.07	铝及铝合金	铝基钎料	0.10~0.30
	镍基钎料	0.05~0.10		锡铅钎料	0.10~0.30
	银基钎料	0.07~0.25		—	—
	锡铅钎料	0.05~0.20		—	—

4.4　钎焊材料的选择

钎焊材料包括钎料和钎剂。钎料和钎剂的合理选择对钎焊接头的质量起着举足轻重的作用。

1. 钎料

（1）对钎料的基本要求　钎焊时焊件是依靠熔化的钎料凝固后连接起来的。因此钎焊接头的质量在很大程度上取决于钎料。为了满足钎焊工艺要求和获得高质量的钎焊接头，钎料应满足以下几项基本要求：

1）钎料应具有合适的熔点。一般情况下它的熔点至少应比钎焊金属的熔点低 40~60℃，两者熔点过于接近，会使钎焊过程不易控制，甚至导致钎焊金属晶粒长大、过烧以及局部熔化。

2）钎料对于被钎焊金属应具有良好的润湿性，并能透过小的间隙沿钎焊金属表面很好地流动，能充分填满钎缝间隙。

3）钎焊时，钎料与基本金属之间应能发生一定的扩散和熔解，依靠这些扩散和熔解使钎焊接头处形成牢固的结合。但是它们之间的作用程度不宜过大，以免发生熔蚀和脆性破坏。

4）钎料与基本金属的物理性能，尤其是线胀系数应尽可能相接近，否则易引起较大的内应力和钎缝裂纹，甚至脱裂开来。

钎焊接头还应具有足够的强度、塑性、耐热性、抗腐蚀性和导电性、导热性等，以满足产品的工作要求。

5）钎料内不应含有易蒸发、有毒或其他能伤害人体的元素，并尽量少用贵重金属和稀有元素，以利于降低成本和推广使用。

6）钎料金属应不容易氧化，或形成氧化物后易于清除。

7）钎料本身应熔炼制造方便，最好具有良好的塑性，以便加工成板、箔、丝、条、粒、棒、片、粉等各种需要的形状，也可根据需要以特殊形状，如环等成形钎料或膏状供应，以便于生产使用。

（2）钎料的分类　钎料通常按其熔点的高低分为两大类。

1）软钎料。液相线温度低于450℃的称为软钎料（易熔钎料）。它们是镓基、铋基、铟基、锡基、铅基、镉基、锌基等合金。软钎料的强度较低，一般为20~100MPa。

软钎料对大多数金属具有良好的润湿性，能用于钎焊大多数金属，如铁、铜、铝及其合金。软钎料的塑性好，有较高的抗疲劳破坏性能，但由于它的强度较低，所以只适用于钎焊强度要求不高的零件。为了提高接合处的强度，可采用闭锁钎缝，以增大钎缝的搭接面积。

软钎料可使用烙铁作为钎焊热源，因而使钎焊工艺大为简化。低熔点的钎焊接头工作温度一般限制在150℃以下。

2）硬钎料。液相线温度高于450℃的称为硬钎料（难熔钎料）。它们是铝基、镁基、铜基、锰基、金基、镍基、钯基、钛基等合金。硬钎料的强度一般较高，大部分在200MPa以上，有的可达500MPa。硬钎料由于强度高，可用于钎焊受力构件，应用越来越广泛。如钎焊铝用的铝基钎料等在各工业部门得到极广泛的应用。

（3）钎料的型号

钎料型号一般由两部分组成，这两部分用线"-"分开。型号的第一部分用一个大写英文字母表示钎料的类型，"S"表示软钎料，"B"表示硬钎料。型号的第二部分由主要合金组分的化学元素符号组成。这部分中第一个化学元素符号表示钎料的基本组分，其他化学元素符号按其质量分数（%）顺序排列。当几种元素具有相同质量分数时，按其原子序数顺序排列；软钎料每个化学元素符号后都要标出其公称质量分数，硬钎料仅第一个化学元素后标出公称质量分数。公称质量分数取整数误差±1%。公称质量分数小于1%的元素在型号中不必标出。如果是关键元素一定要标出，软钎料型号中可仅标出其化学元素符号，在硬钎料型号中将其化学元素符号用括号括起来；每个型号中最多只能标出六个化学元素符号；电子行业用的软钎料将符号"E"标在第二部分之后。

如：S-Sn63Pb37E表示含锡63%、铅37%电子行业用的软钎料。B-Ag72Cu（Li）表示含银72%、铜约28%的硬钎料，其中含有一种关键元素锂，其质量分数小于1%。在特殊情况下，因钎料系列化需要，某元素虽然在钎料中含量很少，但仍以该元素表示为钎料的基体组元。目前国家只制定出银基、铜基和镍基钎料标准。

《焊接材料产品样本》中钎料牌号编制方法为：牌号前用字母"HL"；在"HL"后接的第一位数字表示钎料化学组成类型，其系列按表4-2规定编排，牌号第二、第三位数字表示同一类型钎料的不同编号。例如：成分为Ag45%—Cu30%—Zn25%的银钎料表示为"HL303"。

表4-2 原机械电子工业部钎料牌号系列

牌号	化学组成类型	牌号	化学组成类型
HL1××（料1）	铜锌合金	HL5××（料5）	锌镉合金
HL2××（料2）	铜磷合金	HL6××（料6）	锡铅合金
HL3××（料3）	银合金	HL7××（料7）	镍基合金
HL4××（料4）	铝合金		

原冶金工业部颁布的钎料产品牌号编制方法：用"焊料"两字的第一个拼音字母"HL"加上两个基元素符号及除第一个基元素外的成分数字组成。例如：组成为Ag45%—Cu30%—Zn25%的银基钎料，其牌号表示为HLAgCu30-25。

（4）钎料的种类

1）锡铅钎料。锡铅钎料由于熔点低，润湿性好，耐蚀性优良，所以是应用最广泛的软钎料。加入铅可以降低钎料的熔点，改善钎料的流动性，提高钎料的强度和抗腐蚀性。常用锡铅钎料的成分、性能和用途见表4-3。

表4-3 常用锡铅钎料的成分、性能和用途

牌号		化学成分（%）	熔化温度/℃	抗拉强度/MPa	特性和用途
原机械电子工业部	原冶金工业部				
HL600	HJSnPb39	$\omega(Sn) = 59 \sim 61$ $\omega(Sb) \leq 0.8$ Pb 余量	$183 \sim 185$	46	熔点最低，流动性好，用于无线电零件、电器开关零件、计算机零件、易熔金属制品，适于钎焊低温工作的工件
HL603	HLSnPb58-2	$\omega(Sn) = 39 \sim 41$ $\omega(Sb) = 1.5 \sim 2.0$ Pb 余量	$183 \sim 235$	37	润湿性和流动性好，有相当的抗腐蚀能力，熔点也较低，应用最广，用于钎焊铜及铜合金、钢、锌、钛及钛合金，可得光洁表面，常用来钎焊散热器、无线电设备、电器元件及各种仪表等
HL604	HLSnPb10	$\omega(Sn) = 89 \sim 91$ $\omega(Sb) \leq 0.15$ Pb 余量	$183 \sim 222$	42	含锡量最高，抗腐蚀性能好，可用于钎焊大多数钢材、铜材及其他许多金属。因铅含量低，特别适于食品器皿及医疗器械内部的钎缝
HL608	—	$\omega(Sn) = 5.2 \sim 5.8$ $\omega(Ag) = 2.2 \sim 2.8$ Pb 余量	$295 \sim 305$	34	具有较高的高温强度，用于铜及铜合金、钢的烙铁钎焊及火焰钎焊
HL613	HLSnPb50	$\omega(Sn) = 49 \sim 51$ $\omega(Sb) \leq 0.8$ Pb 余量	$483 \sim 210$	37	结晶温度区间小，流动性很好，常用于钎焊飞机散热器、计算机零件、铜、黄铜、镀锌或镀锡薄钢板、钛及钛合金制品等

2）铝用软钎料。用于铝及铝合金钎焊的软钎料为锌基钎料。锌的熔点为419℃，在锌中加入锡和镉能明显降低其熔点，加入银、铜、铝等元素可提高其抗腐蚀性。大部分锌基钎料的强度低，延性差，对钢的润湿作用差，对铜和铜合金的润湿作用也较差，它主要用于钎焊铝及铝合金。按其熔化温度可分为三类：铝用低温软钎料，是在锡或锡铅合金中加入锌，以提高钎料与铝的作用能力；铝用中温软钎料，主要是锌锡合金及锌镉合金；铝用高温软钎料，主要是锌基合金。部分锌基钎料的牌号、成分、性能和用途见表4-4。

表4-4 部分锌基钎料的牌号、成分、性能和用途

牌号	名称	化学成分（%）	熔化温度范围/℃		特性和用途
			固相线	液相线	
HL501	锌锡钎料	$\omega(Zn) = 58$ $\omega(Sn) = 40$ $\omega(Cu) = 2$	200	350	润湿性和耐蚀性良好，主要用于铝芯电缆加热后的火焰钎焊，可不用钎剂，也可用于软钎焊铝及铝合金、铝与铜接头
HL502	锌镉钎料	$\omega(Zn) = 60$ $\omega(Cd) = 40$	265	335	有良好的润湿性和流动性，接头的力学性能和抗腐蚀性能均比锡铅钎料好，适用于钎焊铝和铝合金，铝与铜等，配合 QJ203 使用

（续）

牌号	名称	化学成分（%）	熔化温度范围/℃		特性和用途
			固相线	液相线	
HL505	锌铝钎料	$\omega(Zn)=75$ $\omega(Al)=25$	430	500	有良好的润湿性、流动性和较好的抗腐蚀性,常用于钎焊纯铝、3A21防锈铝、2A11、2A12硬铝和2A50锻铝等铝合金
HL607	铝软钎料	$\omega(Zn)=9$ $\omega(Sn)=31$ $\omega(Cd)=9$ $\omega(Pb)=51$	150	210	润湿性和耐蚀性较好,熔点低,操作方便,广泛用于铝电缆接头的软钎焊,需配合QJ203、QJ204使用

3）铝基钎料。铝基钎料主要是铝与其他金属的共晶型合金。由于铝基钎料表面形成的氧化物难以除去,同时铝与铜、铁等很多金属都能形成脆性的金属化合物,所以以铝基钎料目前主要用来钎焊铝及铝合金,其成分、性能和用途见表4-5。

表4-5　铝基钎料的成分、性能和用途

名称	牌号	化学成分（%）	熔化温度范围/℃		特性和用途
铝硅钎料	HL400	$\omega(Si)=11.7$ Al余量	577	582	有良好的润湿性和流动性,抗腐蚀性很好,钎料具有一定的塑性,可加工成薄片,是应用很广的一种钎料,广泛用于钎焊铝及铝合金
铝铜硅钎料	HL401	$\omega(Si)=5$ $\omega(Cu)=28$ Al余量	525	535	具有较高的力学性能,在大气或水中抗腐蚀性很好,熔点较低,操作容易,在火焰钎焊时应用甚广,用于铝及铝合金钎焊、修补铝铸件缺陷、3A21铝合金散热器
	HL402	$\omega(Si)=10$ $\omega(Cu)=4$ Al余量	521	585	填充能力强,钎缝强度高,在大气中有良好的抗腐蚀性,可以加工成片和丝,广泛用于钎焊纯铝、3A21防锈铝、6A02锻铝等铝及铝合金
铝硅锌钎料	HL403	$\omega(Si)=10$ $\omega(Cu)=4$ $\omega(Zn)=10$ Al余量	516	560	熔点较低,强度较高,流动性好,但耐腐蚀性较差,常用于钎焊纯铝、3A21、5A02和6A02等铝及铝合金

4）银钎料。银钎料是应用最广的一种硬钎料。由于熔点不是很高,能润湿很多金属,并且有良好的强度、塑性、导热性、导电性和耐各种介质腐蚀的性能,因此广泛用于钎焊低碳钢、低合金钢、不锈钢、铜及铜合金、耐热合金、硬质合金等材料,其成分、性能和用途见表4-6。

表4-6　银钎料成分、性能和用途

名称	牌号	化学成分（%）	熔化温度/℃	特性和用途
10%银钎料	HL301 HlAgCu53-37	$\omega(Ag)=10$ $\omega(Cu)=53$ $\omega(Zn)=37$	815~850	熔点高、价格便宜,塑性较差,主要用于铜及铜合金的钎焊,也可用于钢制品、高钛硬质合金刀头的钎焊

（续）

名称	牌号	化学成分(%)	熔化温度/℃	特性和用途
25%银钎料	HL302 HlAgCu40-35	$\omega(Ag)=25$ $\omega(Cu)=40$ $\omega(Zn)=35$	745~775	具有良好的润湿性和填满间隙的能力，钎焊需要表面光洁的薄工件，钎焊接头能承受冲击载荷
45%银钎料	HL303 HlAgCu30-25	$\omega(Ag)=45$ $\omega(Cu)=30$ $\omega(Zn)=25$	660~725	除具有 HL302 的特点外，还具有较高的强度和很好的抗腐蚀性能，应用很广，常用于钎焊钎缝要求光洁、振动时具有较高强度的工件及电工零件等
65%银钎料	HL306 HlAgCu20-15	$\omega(Ag)=65$ $\omega(Cu)=20$ $\omega(Zn)=15$	685~720	具有较高的强度，工艺性好，钎缝光洁，用于钎焊必须保持高强度钎缝的黄铜、青铜和铜制航空零件，也用于钎焊锯条和食品器具
70%银钎料	HL307 HlAgCu26-4	$\omega(Ag)=70$ $\omega(Cu)=26$ $\omega(Zn)=4$	730~755	导电性好，适于钎焊铜、黄铜和银，常用来钎焊导线及其他导电性能较高的零件
2 号银镉钎料	HL312 HlAgCu26-16-18-0.2	$\omega(Ag)=40$ $\omega(Cd)=26$ $\omega(Cu)=16$ $\omega(Zn)=17.8$ $\omega(Ni)=0.2$	595~605	工艺性好，是银钎料中熔点最低的，具有良好的润湿性和填缝能力，因钎焊温度低于一些合金钢的回火温度，故适于钎焊淬火合金钢及阶梯钎焊中最后一级

5）铜及黄铜钎料。由于铜及铜合金钎料一般不含银，是极经济的硬钎料，因此在钢铁的钎焊中被广泛应用。纯铜钎料的最大缺点是熔点高，因而钎焊温度高，造成被钎焊金属的晶粒长大，力学性能变坏。为了降低钎料熔点，常在铜中加入锌、锡、锰和磷等元素，其中加锌的黄铜钎料最为普遍、最常用。常用铜锌钎料的成分、性能和用途见表 4-7。

表 4-7 常用铜锌钎料的成分、性能和用途

牌号	化学成分(%)	熔化温度/℃	抗拉强度/MPa	特性和用途
HL102 HlCuZn52	$\omega(Cu)=48$ $\omega(Zn)=$余量	860~870	205.9	钎焊接头塑性较差，适于钎焊不受冲击和弯曲的含铜量大于68%(质量分数)的铜合金
HL103 HlCuZn46	$\omega(Cu)=54$ $\omega(Zn)=$余量	885~888	254.9	熔点较高，强度和塑性比 HL302 好，主要用于钎焊纯铜、青铜和钢等不受冲击和弯曲的工件
H62	黄铜 62	900~905	313.8	具有良好的强度和塑性，是应用最广的铜锌钎料，用于钎焊受力大，需要接头塑性好的铜、镍、钢制件

2. 钎剂

为了保证钎焊过程的顺利进行和获得高质量的钎焊接头，大多数情况下都必须使用钎剂，钎剂又称为钎焊溶剂或溶剂。

（1）钎剂的作用

1）清除钎焊金属和液态钎料表面的氧化膜以及油污等脏物。

2）在钎焊过程中，抑制母材和液态钎料的再氧化，覆盖在钎焊金属和熔化钎料的表面，隔绝空气对它们的氧化。

3）改善钎料对钎焊金属表面的润湿性。这种作用一方面是钎剂清除了钎焊金属表面的氧化膜，另一方面是钎剂能大大降低液态钎料的表面张力，即降低了润湿角，从而改善了钎料对基本金属的润湿性。

（2）对钎剂的要求　为了达到上述作用，钎剂必须：

1）应能很好地溶解或破坏钎焊件和钎料表面的氧化膜。

2）钎剂的熔点和最低活性温度应稍低于（低10~30℃）钎料的熔化温度。而其沸点温度应比钎料的熔点高，以免钎剂大量蒸发。

3）钎剂的作用温度应比钎料的熔点稍低，所谓作用温度是最易溶解氧化物和其他化合物的温度范围。要求钎剂在钎料熔化之前就发挥作用，将钎缝处的金属表面和钎料表面的氧化膜全部除去，为液态钎料的填缝准备好条件。

4）钎剂在钎焊温度下应具有足够的流动性，以便能均匀地沿钎焊金属表面流动并薄薄地覆盖在钎焊金属和钎料表面上，从而可以有效地防止它们氧化。但流动性不应太大，以免钎剂流失。

5）钎剂及其生成物不应对钎焊金属和钎缝起腐蚀作用，其挥发物的毒性要小。

6）钎剂及其清除氧化物后的生成物的密度应尽可能小，有利于浮在表面呈薄层覆盖住钎料和钎焊金属，有效地隔绝空气，同时也易于排除，不致在焊缝中成为夹渣。

7）钎焊后钎剂的残渣应容易清除。

完全能满足上述要求的钎剂是很难得到的，因此，在选用钎剂时，应当注意它们的特点，并结合具体情况来考虑。

（3）钎剂的分类与牌号　钎剂的分类通常与钎料的分类相对应，可分为软钎剂和硬钎剂两大类。不同的钎料、母材和钎焊方法要用不同的钎剂。

软钎剂就是配合软钎料进行软钎焊时使用的钎剂。可分为一般用途软钎剂和用于铝及铝合金软钎剂两种。

硬钎剂就是配合硬钎料进行硬钎焊时使用的钎剂。可分为铜基和银基钎料用的钎剂与铝基钎料用的钎剂两种。

钎剂牌号的编制方法：牌号前用"QJ"表示钎剂；"QJ"后第一位数字表示钎剂的用途类型，如"1"为铜基和银基钎料用的钎剂，"2"为铝及铝合金钎料用的钎剂；牌号后第二、第三位数字表示同一类钎剂的不同牌号。

（4）钎剂的种类

1）一般用途软钎剂。主要是指铜及铜合金、钢、镀锌薄钢板等材料软钎焊时所用的钎剂。这类钎剂可以只采用氯化锌，或加少量氯化铵以增加活性。钎焊不锈钢时必须加一些盐酸，以增加钎剂去氧化膜的作用。钎焊易腐蚀的铜零件时，可以用松香、松香酒精溶液等非腐蚀性钎剂，还可以适当加些氯化锌以增加活性，典型钎剂的组成及用途见表4-8。

表4-8　典型钎剂的组成及用途

牌号	化学组成（%）	钎焊温度/℃	用途
—	ω（氧化锌）$= 25, \omega$（水）$= 75$	290~350	钎焊钢、铜及铜合金
—	ω（氯化锌）$= 20, \omega$（氯化铵）$= 5, \omega$（水）$= 75$	180~320	钎焊钢、铜及铜合金
—	ω（松香）$= 100$ 或 ω（松香）$= 15, \omega$（酒精）$= 85$	150~300	钎焊铜

（续）

牌号	化学组成（%）	钎焊温度/℃	用途
焊锡膏	ω（氯化锌）= 20，ω（氯化铵）= 5，ω（凡士林）= 75	180~320	钎焊钢、铜及铜合金
QJ205	ω（氯化锌）= 50，ω（氯化铵）= 15，ω（氯化镉）= 30，ω（氟化钠）= 5	250~400	钎焊钢、铝青铜、铝黄铜

2）铝及铝合金用软钎剂。**钎焊铝及铝合金用软钎剂，按其组成可分为有机钎剂和反应钎剂两类。**有机钎剂主要组成为有机物三乙醇胺，为了提高活性可加入氟硼酸或氟硼酸盐。钎焊时应避免温度超过 275℃，因为高于此温度钎剂极易碳化，而使钎剂丧失活性。反应钎剂通常含有锌、锡等重金属氯化物，为了改善润湿性，还含有氯化铵或溴化铵等，其组成及用途见表 4-9。

表 4-9 铝及铝合金用软钎剂的组成及用途

类别	牌号	化学组成（%）	钎焊温度/℃	特性
有机钎剂	QJ204	ω（氟硼酸镉）= 10，ω（氟硼酸锌）= 2.5，ω（氟硼酸铵）= 5，ω（三乙醇胺）= 82.5	180~275	小
	—	ω（氟硼酸锌）= 10，ω（氟硼酸铵）= 8，ω（三乙醇胺）= 82		
	—	ω（氟硼酸镉）= 7，ω（氟化硼）= 10，ω（三乙醇胺）= 83		
反应钎剂	QJ203	ω（氯化锌）= 55，ω（氯化锡）= 28，ω（溴化铵）= 15，ω（氟化钠）= 2	300~350	活性强
	—	ω（氯化锌）= 88，ω（氯化铵）= 10，ω（氟化钠）= 2	330~380	
	—	ω（氯化锌）= 65，ω（氯化铵）= 25，ω（氯化钾）= 10	330~450	
	—	ω（氯化锡）= 88，ω（氯化铵）= 10，ω（氟化钠）= 2	300~350	

3）铜基和银基钎料用钎剂。铜基和银基钎料用钎剂主要由硼化物组成。对熔点高的钎料及表面氧化膜容易去除的金属，可以用纯硼砂；熔点较低的钎料及表面氧化膜不易去除的金属，则由几种盐配成。由硼砂和硼酸等组成的钎剂可与黄铜钎料、银钎料配合，用来钎焊钢、铸铁、铜及铜合金。但对表面有难于去除的铬、钛等氧化物的不锈钢和耐热钢，钎剂中必须加入具有去膜能力更强的氟化物或氟硼化物，以提高钎剂的活性，其组成及用途见表 4-10。

表 4-10 铜基和银基钎料用钎剂的组成及用途

牌号	化学组成（%）	钎焊温度/℃	用途
—	ω（硼砂）= 100	800~1150	钎焊铜及铜合金、碳钢等
—	ω（硼砂）= 30，ω（硼酸）= 70	850~1150	
200	ω（硼砂）= 20，ω（硼酐）= 70，ω（氟化钙）= 10	850~1150	
QJ101	ω（硼酸）= 30，ω（氟硼酸钾）= 70	550~850	钎焊铜和铜合金、碳钢、不锈钢及耐热钢等
QJ102	ω（硼酐）= 35，ω（氟化钾）= 42，ω（氟硼酸钾）= 23	600~850	
QJ103	ω（氟硼酸钾）= 100	550~750	
QJ104	ω（硼砂）= 50，ω（硼酸）= 35，ω（氟化钾）= 15	650~850	

4）铝基钎料用钎剂。铝基钎料主要用来钎焊铝及铝合金，配合它使用的钎剂主要由金属的卤化物组成，碱金属及碱土金属氯化物的低熔共晶是这类钎剂的基本组分。为了提高钎剂的去氧化膜作用，必须加入氟化物，这类钎剂的组成及用途见表 4-11。

表 4-11　铝基钎料用钎剂的组成及用途

牌号	化学组成（%）	钎焊温度/℃	用途
QJ201	ω（氯化锂）= 32，ω（氯化钾）= 50，ω（氯化锌）= 28，ω（氟化钠）= 10	460~620	火焰钎焊、炉中钎焊
QJ202	ω（氯化锂）= 42，ω（氯化钾）= 28，ω（氯化锌）= 24，ω（氟化钠）= 6	450~620	火焰钎焊、炉中钎焊

3. 钎料及钎剂的选择

钎料的选用应从使用要求、钎料与母材的相互匹配以及经济角度等方面进行全面考虑。

1）应考虑钎料与母材的相互作用，钎料能润湿母材并形成良好的焊接接头。

2）从使用要求出发，对钎焊接头强度要求不高和工作温度不高的接头，可用软钎料。对在低温下工作的接头，应使用含锡量低的钎料，要求高温强度和抗氧化性好的接头，宜用镍基钎料。但含硼的钎料，不适用于核反应堆。

3）对要求抗腐蚀性好的铝钎焊接头，应采用铝硅材料钎焊；铝的软钎焊接头应采用保护措施。

钎焊加热方法对钎料选择也有一定的影响。炉中钎焊时，不宜选用含易挥发元素，如锌、镉的钎料。真空钎焊要求钎料不含高蒸发气压元素。

此外从经济观点出发，应选用价格便宜的钎料。在具体选择时需注意：

① 尽量选择钎料的主成分与母材主成分相同的钎料，这样两者必定具有良好的润湿性。

② 钎料的液相线要低于母材固相线至少 40~50℃。

③ 钎料的熔化区间，即该钎料组成的固相线与液相线之间的温度差要尽量小，否则将引起工艺困难，温度差过大还易引起熔析。

④ 钎料的主要成分和母材的主成分在元素周期表中的位置应尽量靠近，这样引起电化学反应较小，接头抗腐蚀性好。

⑤ 在钎焊温度下，钎料具有较高的化学稳定性，即具有较低的蒸气压和氧化性，以免钎焊过程中钎料成分发生变化。

4）钎料本身最好具有良好的成形加工性能，可以根据工艺需要做成丝、棒、片、箔、粉等型材。

钎焊各种材料时常用的钎料和钎剂见表 4-12，可供选用时参考。

表 4-12　钎焊各种材料时常用的钎料和钎剂

母材	钎料	钎剂
碳钢	黄铜钎料（如 HL101 等） 银钎料（如 HL303 等） 锡嵌钎料（如 HL603 等）	硼砂、硼砂和硼酸 氟硼酸钾和硼酐（如 QJ102 等） 氯化锌、氯化铵溶液
不锈钢	黄铜钎料（如 HL101 等） 银钎料（如 HL312 等） 锡嵌钎料（如 HL603 等）	硼砂和氟化钙（如 200#等） 氟硼酸钾和硼酐（如 QJ102 等） 氯化锌和盐酸溶液
铸铁	黄铜钎料（如 HS221 等） 银钎料 锡嵌钎料	硼砂、硼砂和硼酸 氟硼酸钾和硼酐（如 QJ102 等） 氯化锌、氯化铵溶液

（续）

母材	钎料	钎剂
硬质合金	黄铜钎料（如 105# 等） 银钎料（如 HL315 等）	硼砂、硼酐 氟硼酸钾和硼酐（如 QJ102 等）
铝及铝合金	铝基钎料（如 HL401 等） 锌锡钎料（如 HL501 等）	氯化物和氟化物（如 QJ201 等） 氯化锌、氯化亚锡（如 QJ203 等）
铜及铜合金	铜磷钎料（如 HL201 等） 黄铜钎料（如 HL103 等） 银钎料（如 HL303 等） 锡铅钎料	钎焊铜不用钎剂，钎焊铜合金用 QJ102 等 硼砂、硼酸 氟硼酸钾和硼酐 松香酒精、氯化锌溶液

4.5 钎焊的工艺操作技术

4.5.1 钎焊前清理

焊前要清除焊件表面及接合处的油污、氧化物、毛刺及其杂物，保证焊件端部及接合面的清洁与干燥，另外还需要保证钎料的清洁与干燥。焊件表面的油污可用丙酮、酒精、汽油或三氯乙烯等有机溶液清洗，此外热的碱溶液除油污也可以得到很好的效果，对于小型复杂或大批零件可用超声波清洗。

表面氧化物及毛刺可用化学浸湿方法，然后在水中冲洗干净并加以干燥。

对于铜管，必须用去毛刺机去除两端面毛刺，然后用压缩空气（压力 $P = 0.6$ MPa）对铜管进行吹扫，吹干净铜屑。

化学清理是以酸和碱能够溶解某些氧化物为基础。常用的有硫酸、硝酸、盐酸、氢氟酸及它们混合物的水溶液和氢氧化钠水溶液等。化学清理生产效率高、去除效果好，适用于批量生产，但要防止表面的过浸蚀。材料不同使用的清洗溶液也不同，常用材料表面氧化膜的化学浸蚀方法见表 4-13。

表 4-13 常用材料表面氧化膜的化学浸蚀方法

焊件材料	浸蚀溶液组分成分（质量分数）	化学清理方法
碳钢、低合金钢	①H_2SO_4 10% 或 HCl 10% 的水溶液 ②H_2SO_4 6.5% 或 HCl 8% 的水溶液，再加 0.2% 的缓冲剂（碘化亚钠等）	①在 40~60℃ 温度下浸蚀 10~20min ②室温下酸洗 2~10min
用途	配方②比配方①的酸洗时间短，效果更好。混合液中硫酸与盐酸的比例以 3.5：1 为最佳。酸洗槽通常用木头或水泥制成，里面铺设耐酸板，也可用耐酸的塑料制成酸洗槽	
不锈钢	①H_2SO_4 16%、HCl 15%、HNO_3 5%、水 64% 的溶液 ②HNO_3 10%、H_2SO_4 6%、HF 50g/L 的水溶液 ③HNO_3 15%、NaF 50g/L 的水溶液	①酸洗温度为 100℃，酸洗时间为 30s。酸洗后在 HNO_3 5% 的水溶液中进行光泽处理，温度 100℃，时间 10s ②酸洗温度 20℃，酸洗时间 10min。洗后在 60~70℃ 热水中洗涤 10min，并在热空气（60~70℃）中进行干燥 ③酸洗温度 20℃，酸洗时间 5~10min，酸洗后用热水洗涤，然后在 100~200℃ 温度下烘干

（续）

焊件材料	浸蚀溶液组分成分（质量分数）	化学清理方法
用途	①适用于不锈钢管件、厚件等表面厚氧化膜的去除 ②适用于薄氧化膜的不锈钢蜂窝壁板等薄件 ③使用范围同②	
铜及铜合金	①H_2SO_4 10%的水溶液 ②H_2SO_4 12.5%、Na_2SO_4 1%~3% ③H_2SO_4 10%、$FeSO_4$ 10%	①酸洗温度 0℃ ②酸洗温度 20~77℃ ③酸洗温度 50~60℃
用途	①它能容易地促使铜的氧化物脱落而不与基本金属铜起作用，应用广泛 ②适用于含铜量高的合金 ③适用于含铜量低的合金	
铝及铝合金	①NaOH 10%的水溶液 ②HNO_3 1%和 HF 1%的水溶液 ③NaOH 20~35g/L、Na_2CO_3 20~30g/L，其余为水	①温度 20~40℃，时间 2~4min ②室温下酸洗 ③温度 40~55℃，时间 2min
用途	浸蚀后，零件要在热水中洗净，并在 HNO_3 15%的水溶液中光泽处理 2~5min，然后在流动的冷水中洗净并在热空气中干燥	

4.5.2 钎焊温度

钎焊操作过程是指从加热开始，到某一温度并停留，最后冷却形成接头的整个过程。在这个过程中，所涉及的最主要的焊接参数就是钎焊温度和保温时间，它们直接影响钎料填缝和钎料与母材的相互作用，从而决定了接头质量的好坏。

确定钎焊温度的根本依据是所选用钎料的熔点，通常将钎焊温度选为高于钎料熔点 25~60℃，以促使钎料的结晶点阵彻底解体，易于流动。适当地提高钎焊温度，可以减小钎料的表面张力，改善润湿和填缝，使钎料与钎焊金属之间的相互作用充分，从而有益于提高接头强度。但过高的温度是有害的，可能会导致钎料中低沸点组分的蒸发，使钎料与钎焊金属的作用过分，导致熔蚀，以及钎焊金属晶粒长大等问题，从而使接头质量变坏。

在钎焊温度下的保温时间，对于接头强度同样有重大的影响。一定的保温时间是钎料和钎焊金属相互扩散和形成强固的结合所必需的，但过长的保温时间又会导致某些过程的过分发展而走向反面。

确定钎焊保温时间，首先要考虑钎料与钎焊金属相互作用的特点，当钎焊金属有向钎料中强烈溶解的倾向时，有时可借助增长保温时间，使钎料中脆性的组分扩散入钎焊金属而提高接头的力学性能。如用磷铜钎料钎焊铜以及用镍基钎料钎焊不锈钢和高温合金都是如此。保温时间也与焊件的大小有关，大型焊件保温时间应比小型焊件长，以确保加热均匀。若钎料与母材作用强烈，则保温时间应短些。

另外，过快的加热速度会使焊件内的温度不均而产生内应力，对于局部加热的钎焊方法来说尤其如此；过慢的加热会产生某些有害的变化，如钎焊金属晶粒长大、钎料低沸点组分的蒸发、金属的氧化等得以加剧。因此，应在保证加热均匀的前提下尽量缩短加热时间。具体确定时必须结合钎焊金属和钎料的特性以及焊件的大小来考虑；钎焊金属活泼，钎料含有易蒸发组分以及钎焊金属与钎料、钎剂之间存在有害作用等情况时，加热速度应尽可能快些，对于大件、厚件以及导热慢的材料则加热速度不能太快。

此外，对于某种钎焊方法（如炉中钎焊等），确定钎焊温度还应考虑材料热处理工艺的要求，以使钎焊和热处理工序能在同一加热冷却循环中完成。这不但节约工时，还可避免焊后热处理可能引起的不良后果。

4.5.3 钎焊后的清理

为了消除钎剂残留物中某些成分对接头可能引起的腐蚀破坏，在钎焊后必须清理它们。残留钎剂的清理通常是在钎焊全部过程完成之后，将零件放在热水中清洗。清洗后零件应予以烘干。

当残留的钎剂形成牢固的玻璃状覆盖层时，可用机械方法清除，如用锤子敲打，钢（铜）丝刷子刷或喷砂等。机械清除时需注意不应损伤基本金属，同时又必须去除残留物，尤其对软金属（如铜、铝等）更应留心。

应用超声波振动在液体中产生的空化作用可以加速残留物的清理；难以清除的残留钎剂可用化学方法进行清理；含有硼砂和硼酸酐的钎剂可以在 2%~3% 的重铬酸钠（或重铬酸钾）水溶液中于 70~90℃ 温度下清洗，然后用水冲洗干净并使零件干燥；氯化锌可用 10% 的 NaOH 水溶液清除，然后用水冲洗；含有氯化物和氟化物的钎剂残留物可在 2% 的铬酸酐溶液中于 60~80℃ 温度下浸泡 5~10min，然后在水中清洗 5~10min。许多有机酸的溶剂不溶于水，可用甲醇、乙醇或三氯乙烯清除它们。但由于残留的松香不会起腐蚀作用，大多数情况下可以不清除。

4.6 钎焊接头的缺陷、产生原因及预防措施

钎焊接头的缺陷、产生原因及预防措施见表 4-14。

表 4-14 钎焊接头的缺陷、产生原因及预防措施

缺陷	特征	产生原因	预防措施
钎焊未填满	接头间隙部分未填满	①间隙过大或过小 ②装配时铜管歪斜 ③焊件表面不清洁 ④焊件加热不够 ⑤钎料加入不够	①装配间隙要合适 ②装配时铜管不能歪斜 ③焊前清理焊件 ④均匀加热到足够温度 ⑤加入足够钎料
钎缝成形不良	钎料只在一面填缝，未完成圆角，钎缝表面粗糙	①焊件加热不均匀 ②保温时间过长 ③焊件表面不清洁	①均匀加热焊件接头区域 ②钎焊保温时间适当 ③焊前焊件清理干净
气孔	钎缝表面或内部有气孔	①焊件清理不干净 ②钎缝金属过热 ③焊件潮湿	①焊前清理焊件 ②降低钎焊温度 ③缩短保温时间 ④焊前烘干焊件
夹渣	钎缝中有杂质	①焊件清理不干净 ②加热不均匀 ③间隙不合适 ④钎料杂质量过高	①焊前清理焊件 ②均匀加热 ③合适的间隙 ④合适的钎料

（续）

缺陷	特征	产生原因	预防措施
表面侵蚀	钎缝表面有凹坑或烧缺	①钎料过多 ②钎缝保温时间过长	①适当钎焊温度 ②适当保温时间
焊堵	钢管或毛细管全部或部分堵塞	①钎料加入太多 ②保温时间过长 ③套接长度太短 ④间隙过大	①加入适当钎料 ②适当保温时间 ③适当的套接长度 ④合适的间隙
氧化	焊件表面或内部被氧化成黑色	①使用氧化焰加热 ②未用雾化助焊剂 ③内部未充氮保护或充氮不够	①使用中性焰加热 ②使用雾化助焊剂 ③内部充氮保护
钎料	钎料流到不需钎料的焊件表面或滴落	①钎料加入太多 ②直接加热钎料 ③加热方法不正确	①加入适量钎料 ②不可直接加热钎料 ③正确加热
泄露	工件中出现泄露现象	①加热不均匀 ②焊缝过热而使磷被蒸发 ③焊接火焰不正确,造成结碳或被氧化 ④气孔或夹渣	①均匀加热,加入钎料 ②选择正确火焰加热 ③焊前清理焊件 ④焊前烘干焊件
过烧	内、外表面氧化皮过多,并有脱落现象(不靠外力,自然脱落),所焊接头形状粗糙,不光滑发黑,严重的外套管有裂管现象	①钎焊温度过高(过度使用了氧化焰) ②钎焊时间过长 ③已焊好的钎缝又不断加热、填料	①控制好加热时间 ②控制好加热的温度

4.7 钎焊安全技术操作原则

4.7.1 钎焊操作中的通风

1）钎焊操作中通常采用的有效防护措施是室内通风。它可将钎焊过程中所产生的有毒烟尘和毒性物质挥发气体排出室外,有效地保证操作者的健康和安全。

2）通常生产车间通风换气的方式有两种:自然通风和机械通风。在工业生产厂房中,要求采用机械通风排除有害物质。机械通风又可分为全面排风和局部排风两种。

3）当钎焊过程中产生大量有害物质,难于用局部排风排出室外时,可采用全面排风的办法加以补充排除。一般情况下,是在车间两侧安装较长的均匀排风管道,用风机做动力,全面排除室内的含有毒物的空气,或者在屋顶上分散安装带有风帽的轴流式风机进行全面排风。但是全面排风效率较低,不经济,实用中应尽量采用局部排风。局部排风是排风系统中经济有效的排风方法。通常在有害物的发生源处设置排风罩,将钎焊时产生的有害物加以控制和排除,不使其任意扩散,因而排风效率最高。因此,凡是在生产中产生有害物的设备或工艺过程均应尽量就地设计安装局部排风罩，并应连成系统加以排除。排风罩应根据工艺生产设备的具体情况、结构及其使用条件，并考虑所产生有害物的特性进行设计。几个相同类型的排风罩可连成一个系统，以通风机为动力进行排除。当遇到各种排风罩所排除的有害气体不同时，则要考虑各有害气体混合后不致发生爆炸或燃烧，或生成毒性更大的物质时方可合并排除，否则应分别设置排风系统。此外，对具有腐蚀性气体和剧毒气体的排除，应单独设置排风系统，排入大气之前要进行预处理，达到国家规定有害物排放标准后方可排放。

4.7.2 钎焊操作中对有毒物的防护

1）当钎焊金属和钎料中含有毒性金属成分时，要严格采取防护措施，以免操作者发生中毒，这些金属包括铍、镉、铅、锌、氟化物、清洗剂等。

2）铍在原子能、宇航和电子工业中应用价值很高，但它毒性大，钎焊时要特别重视安全防护措施。铍主要通过呼吸道和有损伤的皮肤吸入人体，从体内排出速度缓慢，短期大量吸入会引起急性中毒，吸入氧化铍等难溶性化合物可引起慢性中毒即铍病，数年后发病，主要表现为呼吸道病变。铍和氧化铍钎焊时，最好在密闭通风设备中进行，并应有净化装置，达到规定标准才可排出室外。

3）镉通常是为了改善钎焊工艺性在钎料中加入的元素，加热时易挥发，可从呼吸道和消化道吸入人体，积蓄在肾、肝内，多经胆汁随粪便排出，短期吸入大量镉烟尘或蒸气会引起急性中毒，长期低浓度接触镉烟尘蒸气，会引起肺气肿、肾损伤、嗅觉障碍症和骨质软化症等。

4）铅是软钎料中的主要成分，加热至 $400 \sim 500 ℃$ 时即可产生大量铅蒸气，在空气中迅速生成氧化铅，铅及其化合物有相似的毒性，钎焊时主要是以烟尘蒸气形式经呼吸道进入人体，也可通过皮肤伤口吸收。铅蒸气中毒通常为慢性中毒，主要表现为神经衰弱综合征，消化系统疾病、贫血、周围神经炎，肾肝等脏器损伤等。我国现行规定车间空气中最高容许浓度，铅烟为 $0.03 mg/m^3$，铅尘为 $0.05 mg/m^3$。

5）锌及其化合物氯化锌在钎焊时，锌和氯化锌会挥发生成锌烟，人体吸入可引起金属烟雾热，症状为战栗、发烧、全身出汗、恶心头痛、四肢虚弱等。接触氯化锌烟雾会引起肺损伤，接触氯化锌溶液会引起皮肤溃疡。因此，防止烟雾接触人体，必须应用个人防护设备和具备良好的通风环境，当皮肤触到氯化锌溶液时要用大量清水冲洗接触部位。

6）在使用含有氟化物的钎剂时，必须在有通风的条件下进行钎焊，或者使用个人防护装备。当用含氟化物钎剂进行浸沾钎焊时，排风系统必须保证氟化物环境浓度在规定范围内，现行国家规定最大允许浓度为 $1 mg/m^3$。氟化物对人体的危害主要表现为骨骼疼痛、骨质疏松或变形，严重者会发生自发性骨折。对皮肤的损伤是发痒、疼痛和湿疹等。

7）在钎焊前清洗金属零件时，所采用的清洗剂，其中包括有机溶剂、酸类和碱类等化学物质，在清洗过程中会挥发出有毒的蒸气，要求作业场所通风良好，达到国家规定要求，以保证操作者的安全。

4.7.3 钎焊安全技术操作规程

1）目视检查钎焊工具：焊枪、减压器、气管、焊剂瓶、点火器等，保证其完好。

2）用发泡剂检查钎焊工具各连接部位是否有泄漏，要保证无泄漏。

3）按规定穿戴劳动保护用品，不要穿戴油污的工作服、手套。

4）点火时必须十分注意，切勿将火焰朝向人。

5）作业完成后，必须关闭液化石油气和氧气的阀门。

6）液体焊剂瓶的安全装置必须齐全，并进行定期清洗，保持洁净。

7）液体焊剂量应处于焊剂瓶视镜的中部。

8）液化石油气和氧气管道上使用的压力表，必须经检定合格且在有效期内。

9）工装、夹具、工具等必须定置摆放。

10）停止使用时，应先关闭乙炔调节阀，后关闭氧气调节阀。当发生回火时，应迅速关闭乙炔调节阀，再关闭氧气调节阀。

11）工作完毕后，应将橡胶软管拆下，焊炬或割炬放在适当的地方。

4.8 钎焊技能训练实例

技能训练1 铝及铝合金管火焰钎焊

1. 钎焊前准备

（1）钎焊设备 氧气、乙炔各1瓶。

（2）焊枪 H01-12型焊枪，4号嘴。

（3）钎料牌号 B-Al67CuSi、直径为 $\phi2mm$，丝状。

（4）钎剂牌号 H701。

（5）试件材质 1060铝合金管件。

（6）试件规格 $\phi52mm\times4mm+\phi47.5mm\times1.75mm$，如图4-7所示。

（7）焊接辅件 氧气表、乙炔表、氧气胶管、乙炔胶管。

（8）辅助工具 活扳手、钢丝刷和锤子。

2. 试件装配

（1）焊前清理

1）将铝管件放置在 $60\sim70℃$ 温度的 Na_2CO_3 水溶液中清洗 $8\sim10min$，然后用清水洗净。

2）将待焊表面的氧化皮、油污、脏物等用钢丝轮（刷）、砂布或抛光的方法进行清理，直至露出金属光泽。

3）将焊件表面去除氧化膜及光泽处理并风干后，立即进行钎焊，最迟应控制在 $4\sim6h$ 内进行钎焊。

（2）试件装配 清理好的管件按图样规定进行装配，采用搭接接头，以增强接头抗剪切的能力。同时应注意钎焊间隙不能过大或过小，要均匀一致，如图4-8所示。

3. 操作要点及注意事项

1）将待钎焊件垂直放在平台上，并在钎焊件加热前，就将用水已调成糊状的钎剂刷涂在钎焊件的装配间隙位置。

2）采用中性火焰加热待钎焊件，焊嘴与焊件加热区的距离应控制在 $65\sim80mm$ 为好，火焰要均匀围绕焊件转动。

3）当焊件温度接近焊剂H701的熔化温度（约500℃）时，将蘸有H701钎剂的钎料B-

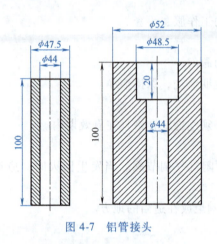

图 4-7　铝管接头

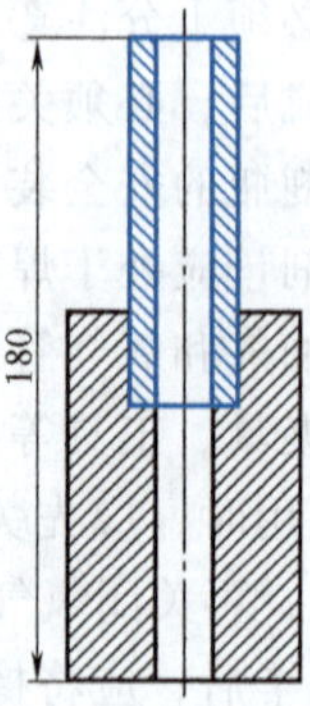

图 4-8　铝管装配示意图

Al67CuSi 呈圆环放在焊件上。

4）继续加热焊件，此时注意火焰不能直接加热钎料至熔化，以防熔化了的钎料流到尚未达到钎焊温度的焊件表面时被迅速凝固，使钎焊难以顺利进行，因此，在钎焊过程中，熔化钎料的热量应该从加热的焊件上得到为好。

5）钎焊过程中，要注意钎剂、钎料、焊件的温度变化，因为钎剂、钎料的熔点相差不多，铝及铝合金焊件在加热过程中也没有颜色的变化，使操作者难以判断焊件的温度，要求有较丰富经验的操作者进行钎焊。

4. 钎焊后的清洗

1）将钎焊后的焊件，先放在 60~80℃ 的热水中浸泡 10~15min，然后用硬质毛刷仔细清洗钎焊接头上的钎剂残渣，并用冷水进行清洗。

2）将热水浸泡过的钎焊件，再放入质量分数为 15% 的 HNO_3 水溶液中浸泡 30~40min，然后取出用冷水清洗干净即可。

技能训练 2　不锈钢管火焰钎焊

1. 钎焊前准备

（1）钎焊设备　氧气、乙炔各 1 瓶。

（2）焊枪　H01-12 型焊枪，4 号嘴。

（3）钎料牌号　BMn70NiCr，直径为 $\phi2mm$，丝状。

（4）钎剂牌号　FB102。

（5）试件材质　20Cr13Mn9Ni4 不锈钢管接头，如图 4-9 所示。

（6）焊接辅件　氧气表、乙炔表、氧气胶管、乙炔胶管。

（7）辅助工具　活扳手、钢丝刷和锤子。

2. 试件装配

（1）焊前清理　去除工件表面氧化膜时，对于小批量工件可采用手工砂纸打磨的方法；对于大批量工件可采用喷砂或以下的酸洗方法，其中第一种溶液适合去除厚氧化膜，后两种溶液适合去除薄氧化膜。

1）10%（质量分数）H_2SO_4，15%（质量分数）HCl，5%（质量

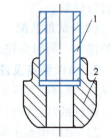

图 4-9　不锈钢管接头

1—导管　2—套接接头

分数）HNO_3，余量水。酸洗温度 100℃，酸洗时间 30s，然后用 15% HNO_3 水溶液做光泽处理，溶液温度 100℃，时间约 10s。

2）6%（质量分数）H_2SO_4，10%（质量分数）HNO_3，50g/L HF 的水溶液。酸洗温度 20℃，酸洗时间 10min，酸洗后用 60～70℃ 热水仔细洗涤 10min，然后在 60～70℃ 的热空气中干燥。

3）15% HNO_3，50g/L NaF 的水溶液。室温下浸蚀 5～10min，然后用热水洗涤，在 100～120℃ 温度下烘干。

有时因某种原因而必须使用某种钎料或钎焊工艺时，会造成钎料不易润湿母材，此时可在钎焊前在母材表面镀一薄层易被钎料润湿的金属，铜和镍常用做镀层材料。

（2）**试件装配** 清理好的管件按图样规定进行装配，采用搭接接头，以增强接头抗剪切的能力。同时应注意钎焊间隙不能过大或过小，要均匀一致。不锈钢管的钎焊间隙为 0.05～0.15mm。

（3）**定位焊** 将装配好的不锈钢管件置于专用工作台上，用轻微的碳化焰进行定位钎焊。根据管径不同，定位钎焊 1～3 点。

3. 操作要点及注意事项

（1）**钎焊** 用中性焰或轻微碳化焰，火焰焰心距离钎焊件表面为 15～20mm，用火焰的外焰加热焊件。钎焊时，通常是用手进给钎料，使用钎剂去膜。一方面操作转动机构使工作台上方的焊件匀速转动；另一方面焊炬沿接头的搭接部位做上下移动，使整个接头均匀加热。当接头表面变成橘红色时（钎焊温度），用钎料蘸上钎剂，沿着接头处涂抹，钎剂便开始流动填满间隙。然后加入钎料，用焊炬的外焰沿着管件四周的搭接部分均匀加热（见图 4-10），使钎料均匀地深入钎焊间隙，整个钎缝形成饱满的圆根。当液态钎料流入间隙后，火焰焰心与焊件的距离应加大到 20～30mm，以防钎料过热。最后，用火焰沿钎缝再加热两遍，然后慢慢地将火焰移开。钎焊结束后，不允许立即搬动焊件或将焊件的夹具卸下。

若钎焊较粗的管件，钎料可以分几次沿钎缝加入（见图 4-11）。某一段钎料渗完后，再钎焊下一段。

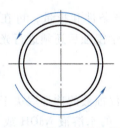

图 4-10 钎焊火焰加热

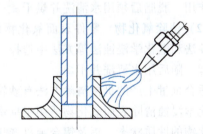

图 4-11 粗直径管件的分段钎焊

（2）**钎焊后清洗** 大多数钎剂残渣对钎焊接头有腐蚀作用，也妨碍对钎缝的检查，需清除干净。碳钢钎焊用的硼砂和硼酸钎剂残渣基本上不溶于水，很难去除，一般用喷砂去除。比较好的方法是将已钎焊的工件在热态下放入水中，使钎剂残渣开裂而易于去除。

4. 焊缝质量检验

钎焊接头缺陷的检验方法可分为无损检验和破坏性检验，具体检验方法见 4.1.2 节中第 6 部分：钎焊的检验方法。

技能训练 3　铜及铜合金管炉中钎焊

1. 钎焊前准备

（1）钎焊设备　炉中钎焊设备 1 台，设备示意图如图 4-12 所示。

（2）钎料　S-Pb60SnSb，直径为 $\phi2mm$，丝状。

（3）钎剂牌号　FS205。

（4）试件材质　铜管接头。

（5）辅助工具　活扳手、钢丝刷和木锤。

2. 试件装配

最好的装配方法是部件能自定位和自支撑，此外可以用夹具进行定位与夹紧。针对母材表面镀覆金属的扁管与翅片，这时的接头不考虑间隙大小，但接头钎焊时必须通过夹具预加一定的压力，使钎焊过程接头间隙减小。

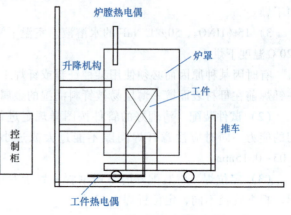

图 4-12　炉中钎焊设备示意图

将集流管端盖与集流管按相应的位置安装好并用木锤敲紧，然后再在点焊机上连同进口接头和集流管处一起用点焊的方法使之连在一起，以便进行钎焊。如果有需要预先安置钎料的部位，在装配的同时将钎料放到预定的位置。

3. 操作要点及注意事项

为了确保形成均匀优质钎焊接头，焊前必须清除工件表面的油污、氧化物；为了改善某些材料的钎焊性或增加钎料对母材的润湿能力等常需在母材表面镀覆金属。

（1）清除油污　常用有机溶剂去除油污，如酒精、汽油、三氯乙烯、四氯化碳等。大批量生产时常在有机溶剂蒸汽中脱脂。在浴槽中清洗时可采用机械搅拌或超声波振动以提高清洗作用。脱脂后须用水清洗并烘干。

（2）清除氧化物　零件表面氧化物的清除按材料、生产条件和批量，可在机械法、化学浸蚀法和电化学浸蚀法等方法中选择。经化学浸蚀或电化学浸蚀后还须进行光亮处理或中和处理，随后用水清洗并干燥。

适合批量生产的机械清除方法有砂轮、金属刷、喷砂等。

化学浸蚀清除表面氧化物适用于批量生产，生产率高。浸蚀液的选择取决于母材及其表面氧化物的性质状态。铝及铝合金可选用 10%（质量分数）的水溶液 NaOH 或 10%（质量分数）的水溶液 H_2SO_4 的浸蚀。

电化学浸蚀同样适用于大批量生产及须快速清除氧化物的情况，大多用于不锈钢和碳钢的清除氧化物工艺。

（3）母材表面镀覆金属　在母材表面镀覆金属主要是为了改善钎料的钎焊性；增加钎料对母材的润湿能力；作为预置钎料层以简化装配工艺提高生产率。

（4）预置钎剂和阻流剂　有些焊接方法需要预先放置钎剂和阻流剂。预置的钎剂多为软膏式液体，以确保均匀涂覆在工件的待钎接两表面上。黏度小的钎剂可以采用浸沾、手工喷涂或自动喷洒。黏度大的钎剂将其加热到50~60℃，不用稀释便能降低其黏度，热的钎剂其表面张力降低，易粘于金属。

使用气体钎剂的炉中钎焊和火焰钎焊，以及使用自钎剂钎料的钎焊，无须预置钎料。真空钎焊也不需钎剂。

阻流剂是钎焊时用来阻止钎料泛流的一种辅助材料。在气体保护炉中钎焊和真空炉中钎焊时用得最广。阻流剂主要是由稳定的氧化物（如氧化铝、氧化钛、氧化镁等）与适当的黏结剂组成。焊前把糊状阻流剂涂覆在不需要钎焊的母材表面上，由于钎剂不润湿这些物质，故能阻止其流动，钎焊后再将阻流剂清除。

（5）钎焊　针对氮气炉中铝钎焊：一台钎剂喷淋装置把钎剂喷涂到工件上，通过烘干炉将工件加热到150~250℃进行干燥，在通入保护气氛的钎焊炉内温度达到610℃左右时对工件进行钎焊，再经水冷和风冷冷却后，工件由卸料台卸下。流程如下：被焊工件→钎剂喷涂→传送装置→干燥炉→传送装置→加热炉→钎焊炉→水冷室→气冷室→传送装置。

1）钎剂喷涂　一条传送链携带工件通过一个封闭的钎剂室，在该钎剂室内含水钎剂喷涂到工件上，喷涂完成后，工件上多余的钎剂通过一个空气风刀去除，之后工件传送到烘干炉。

2）干燥过程　喷撒钎剂后，部件需进入干燥炉干燥，温度通常在200℃左右，应小心防止热交换器过热，因过热（250℃）可能会导致铝表面形成高温氧化物。

3）连续钎焊炉　钎焊炉必须保证每分钟提高工件的温度在20℃以上，使工件表面镀层钎料达到熔点（591℃）。工件温度误差为±5℃，同时炉内维持氮气保护气氛。对工件温度的控制和每个工件温度的一致性要求非常高，故加热室分成几个控制区。区域越多，对工件的温度分配控制就越好。任何大的波动都将导致工件钎焊不足或过度。

在炉内的钎焊区域，氧气的浓度控制在0.005%（体积分数）以下以防止氧化。通入氮气是防止氧气从炉子的两端进入炉内。氮气进入炉内不应引起炉温的变化，否则，将扰乱热交换器的均匀加热和冷却。在引入炉内之前，氮气应先预热，氮气的进入必须采用多入口。保温时间和网带速度：由于保温时间不能直接测量，常在试焊产品时通过调整钎焊温度或者网带速度来确定。保证温度达到602℃以上，保温时间范围为3~5min最佳。钎焊后，工件进入一个水冷水套室内，在工件冷却至200℃左右时，工件进入一个风冷冷却室，用循环空气对其进行冷却，确保工件冷却至能用手接触的温度，然后手工卸件。

4. 钎焊后的清理

钎焊后处理主要包括清除对接头有腐蚀作用的残余钎剂、阻流剂或影响铅缝外形的堆积物等。有些钎焊件需要热处理，有些钎缝连同整个工件还要进行焊后镀覆，如镀覆其他惰性金属保护层、氧化或钝化处理、喷漆等。

（1）钎剂的清除　钎剂残渣多数对前焊接头有腐蚀作用，且妨碍对钎缝质量的检查，焊后应清除干净。针对钎剂不同的物理化学性质采取不同的清除方法。

（2）阻流剂的清除　对于"分离剂"型的阻流剂，很容易用钢丝刷、压缩空气或冲水等机械方法清除。对"表面反应"型阻流剂，用热硝酸-氢氟酸酸洗，最容易清除，但对含铜和银的合金不适用。用氢氧化钠或二氟化氨溶液清除，可适用于任何场合。对于少数阻流剂，可用5%~10%硝酸或盐酸溶液浸洗，而硝酸也不能用于含铜或银的合金。清洗阻流剂后，还需用清水洗涤干净。

项目5

自动化熔化极气体保护焊

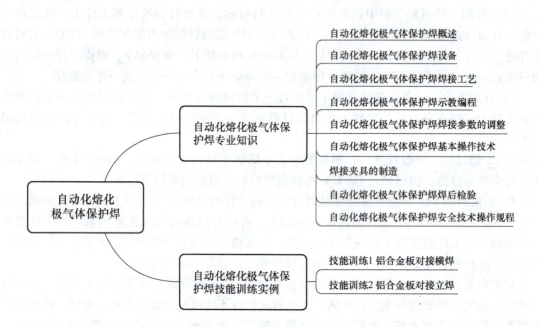

5.1 自动化熔化极气体保护焊专业知识

5.1.1 自动化熔化极气体保护焊概述

1. 自动化熔化极气体保护焊的原理

自动化熔化极气体保护焊是焊接时以可熔化的焊丝与焊件之间产生的电弧为热源,通过喷嘴向焊缝区输送保护气体,并连续送进焊丝的自动电弧焊方法。该方法最常用的保护气体为二氧化碳气、氩气、氦气及混合气体。

2. 自动化熔化极气体保护焊的特点

自动化熔化极气体保护焊与渣保护焊方法(如焊条电弧焊和埋弧焊)相比较,在工艺上、生产率与经济效益等方面有着下列优点:

1)自动熔化极气体保护焊是一种明弧焊。焊接过程中电弧及熔池的加热熔化情况清晰可见,便于发现问题并及时调整,故焊接过程与焊缝质量易于控制。

2)自动熔化极气体保护焊在通常情况下不需要采用管状焊丝,所以焊接过程没有熔渣,焊后不需要清渣,省掉了清渣的辅助工时,降低了焊接成本。

3）适用范围广，生产效率高，易进行全位置焊及实现机械化和自动化。

自动化熔化极气体保护焊不足之处：焊接时采用明弧和使用的电流密度大，电弧光辐射较强；其次，不适于在有风的地方或露天施焊；设备较复杂。

3. 自动化熔化极气体保护焊分类

自动化熔化极气体保护焊根据保护气体的种类不同可分为：自动化熔化极惰性气体保护焊（英文简称 MIG）、自动化熔化极氧化性混合气体保护焊（英文简称 MAG）和自动化熔化极 CO_2 气体保护焊三种。

（1）自动化熔化极惰性气体保护焊（MIG）　保护气体采用氩气、氦气或氩气与氦气的混合气体，它们不与液态金属发生冶金反应，只起保护焊接区使之与空气隔离的作用。因此电弧燃烧稳定，熔滴过渡平稳、安定，无激烈飞溅。这种方法特别适用于铝、铜、钛等有色金属的焊接。

（2）自动化熔化极氧化性混合气体保护焊（MAG）　保护气体由惰性气体和少量氧化性气体混合而成。由于保护气体具有氧化性，常用于黑色金属的焊接。在惰性气体中混入少量氧化性气体的目的是在基本不改变惰性气体电弧特性的条件下，进一步提高电弧的稳定性，改善焊缝成形，降低电弧辐射强度。

（3）自动化熔化极 CO_2 气体保护焊　保护气体是 CO_2，有时采用 CO_2+O_2 的混合气体。由于保护气体的价格低廉，采用短路过渡时焊缝成形良好，加上使用含脱氧剂的焊丝可获得无内部焊接缺陷的高质量焊接接头，因此这种方法已成为黑色金属材料的最重要的焊接方法之一。

5.1.2　自动化熔化极气体保护焊设备

自动化熔化极气体保护焊设备一般采用的是焊接机器人，焊接机器人主要包括机器人和焊接设备两部分，如图 5-1 所示。焊接机器人由操作机（机器人本体）和控制柜（硬件及软件）组成。而焊接设备，以弧焊设备及点焊设备为例，则由焊接电源（包括其控制系统）、送丝机（弧焊）、焊枪（钳）等部分组成。对于智能机器人还应有传感系统，如激光或摄像传感器及其控制装置等。

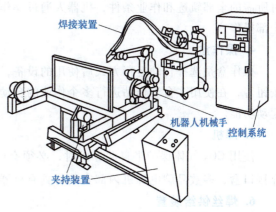

图 5-1　焊接机器人组成图

（图中标注：焊接装置、机器人机械手、控制系统、夹持装置）

1. 操作机（机器人本体）

机器人本体指的是安装有焊枪进行实际作业的部分，其动作受安装在内部的伺服电动机（S 轴或 6 轴）的控制，机器人能拿得起的重量（可搬重量）为 3~40kg，视机器人的型号而定，此外，在机器人本体上还附加有焊枪、焊丝供给装置、气体电磁阀等，机器人在自动运行时，焊枪在同一位置的重复精度为±0.1mm。不同型号机器人的规格见表 5-1。

2. 控制器（硬件及软件）

控制器是机器人的头脑和记忆装置，所记忆的示教数据控制输入输出信号和各种接口，动力输入为 3 相 200V（3~7kW），一个控制器最多能控制 15 个轴，记忆容量约 8000 点，主要控制器与操作机见表 5-2。

表 5-1　不同型号机器人的规格

型号	可搬重量/kg	手臂的动作范围	本体重量/kg
V6S	6	$2.25m^2 \times 340°$	160
V10S	10	$3.25m^2 \times 340°$	260
V20S	20	$2.96m^2 \times 340°$	290
V40S	40	$3.41m^2 \times 300°$	500
G01S	3	$0.64m^2 \times 260°$	130
W01S	3	$1.01m^2 \times 280°$	155
机器人 S	3	$0.84m^2 \times 270°$	19
机器人 H	3	$1.00m^2 \times 230°$	45

表 5-2　控制器与操作机

控制器	操作机
OSACOM 6800	Almega Vol, Gol
OSACOM CUPER8700	Almega Vols, Gols, V10S, V20S, V40S, WOlS
OSACOM a	Almcga EV, EG
OSACOM 机器人	机器人 S, 机器人 H

3. 示教盒

示教盒与控制器相连接，进行示教作业时，通过示教盒手动操作操作机以输入自动运行时所需的全部轨迹和作业条件，机器人通过操作这个示教盒能进行包括焊接条件检验在内的全部操作。

4. 操作盒

操作盒是选择自动运行方式后使用的设备，有紧急停机按钮、暂停按钮，以及伺服通电按钮等，在使用多台工作站进行多个作业的自动运行时增加起动盒，可以预约或取消下一个起动功能。

5. 焊机

使用 CO_2 气体保护半自动焊机时，必须有电焊机与机器人控制器间进行信号交换的中介接口盒，多数品牌电焊机内部安装有具有机器人焊接特性的专用接口。

6. 焊丝供给装置

将半自动焊机的一部分加以改进用于机器人上，在进行 CO_2 焊接和 MAG 焊接时，气体电磁阀安装在其内，焊丝供给装置中的滚轮容易产生从焊丝掉下来的粉末，妨碍焊丝的传动，因此必须加以定期维护。

7. 焊枪

对于不同的机器人型号分别使用直型焊枪和弯曲焊枪。机器人所用焊枪的特点是：

1）机器人焊枪内部安装有防碰传感器，当焊枪与工件或夹具发生冲突时，机器人停止工作，避免损坏机器人本体。

2）为了便于进行示教作业，应把气体喷嘴设计得短一点，可使喷嘴长度略短于导电嘴，从外部看，安装好的导电嘴略长于喷嘴。

3）为了能够向焊丝稳定供电，焊丝导电嘴的孔径应比半自动焊接的导电嘴的孔径小一点。

4）根据使用目的不同，有时使用水冷式焊枪和风冷焊枪。

以上所述是机器人的构成，有时为了以任意可达的姿态焊接工件，增加外设的变位机，为了能焊接大型工件，增加导轨机构等组合件，这样能大幅度地提高机器人的作业效率。当变位机或导轨机构与焊接机器人同时工作时，必须对机器人与外部轴进行协调控制，机器人使用同步运动控制软件能进行这种协调控制。

5.1.3　自动化熔化极气体保护焊焊接工艺

1. 焊前准备

焊前准备主要有设备检查、焊件坡口的准备、焊件和焊丝表面的清理以及焊件组装等，自动化熔化极气体保护焊对焊件和焊丝表面的污染物非常敏感，故焊前表面清理工作是焊前准备中的重点，所使用的焊丝与其他焊接方法相比通常要细一些，因此焊丝金属张力相对也较大，容易带入杂质，并且一旦杂质进入焊缝后，因焊接速度较快，熔池冷却也较快，则熔解在熔池中的杂质和气体较难逸出而易产生缺陷。另外，当焊丝和焊件接口表面存在较厚氧化膜或污物时，会改变正常的焊接电流和电弧电压值，影响焊缝成形和质量。因此，焊前必须仔细清理焊丝和焊件。常用的焊前清理方法有化学清理和机械清理两种。

（1）化学清理　化学清理方法因材质不同而异。例如铝及铝合金表面不仅有油污，而且存在一层熔点高、电阻大、有保护作用的致密氧化膜。焊前须先进行脱脂去油清理，然后用 NaOH 溶液进行碱洗，再用 HCl 溶液进行酸洗，以清除氧化膜，并使表面光化，其清理工序见表5-3。

表 5-3　化学清理工序

工序	碱洗			冲洗	酸洗（光化）			冲洗	干燥
材质	NaOH 浓度（质量分数，%）	温度/℃	时间/min		HCl 浓度（质量分数，%）	温度 /℃	时间/min		
纯铝	15	室温	10~15	蒸馏水	30	室温	2	蒸馏水	100~110℃烘干，再低温干燥
	4~5	60~70	1~2						
铝合金	8	50~60	5~10		30	室温	<2		

（2）机械清理　机械清理有打磨、刮削和喷砂等，用以清理焊件表面的氧化膜。对于不锈钢或高温合金焊件，常用砂纸磨或抛光法将焊件接头两侧 30~50mm 宽度内的氧化膜清除掉，对于铝合金，由于材质较软，可用细钢丝轮、钢丝刷或刮刀将焊件接头两侧一定范围的氧化物除掉。机械清理方法生产效率较低，所以在批量生产时常用化学清理法。

2. 焊接参数的选择

自动化熔化极气体保护焊的焊接参数主要有：焊接电流、电弧电压、焊接速度、焊丝伸出长度、焊丝倾角、焊丝直径、焊接位置、极性、保护气体的种类和流量大小等。

（1）焊接电流和电弧电压　通常是先根据工件的厚度选择焊丝直径，然后再确定焊接电流熔滴过渡类型。即在任何给定的焊丝直径下，增大焊接电流，焊丝熔化速度增加。因此就需要相应地增加送丝速度。同样的送丝速度，较粗的焊丝，则需要较大的焊接电流，焊丝直径一定时，焊接电流（送丝速度）的选择与熔滴过渡类型有关。电流较小时，熔滴为滴状过渡（若电弧电压较低，则为短路过渡）。滴状过渡时，飞溅较大，焊接过程不稳定，因此在生产上不常采用。而短路过渡时电弧功率较小，通常仅用于薄板焊接。当电流超过临界电流值时，熔滴为喷射过渡，喷射过渡是生产中应用最广泛的过渡形式。但要获得稳定的喷射过渡，焊接电流还必须小于使焊缝起皱的临界电流（大电流铝合金焊接时）或产生旋转射流过渡的临界电流（大电流焊接钢材时），以保证稳定的焊接过程和焊接质量。焊接电流一定时，电弧电压应与焊接电流相匹配，以避免产生气孔、飞溅和咬边等缺陷。

（2）**焊接速度** 单道焊的焊接速度是焊枪沿接头中心线方向的相对移动速度。在其他条件不变时，熔深随焊速减小而增加，并有一个最大值。焊速减小时，单位长度上填充金属的熔敷量增加，熔池体积增大。由于这时电弧直接接触的只是液态熔池金属，固态母材金属的熔化是靠液态金属的导热作用实现的，故熔深减小，熔宽增加。焊接速度过高，单位长度上电弧传给母材的热量显著降低，母材的熔化速度减慢，随着焊速的提高，熔深和熔宽均减小，焊接速度过高有可能产生咬边。

（3）**焊丝伸出长度** 焊丝的伸出长度越长，焊丝的电阻热越大，则焊丝的熔化速度越快。焊丝伸出长度过长，会造成以低的电弧热熔敷过多的焊缝金属，使焊缝成形不良，熔深减小，电弧不稳定；焊丝伸出长度过短，电弧易烧导电嘴，且金属飞溅易堵塞喷嘴。对于短路过渡来说，合适的焊丝伸出长度为 6.4~13mm，而对于其他型式的熔滴过渡，焊丝的伸出长度一般为 13~25mm。

（4）**焊丝位置** 焊丝轴线相对于焊缝中心线（称基准线）的角度和位置会影响焊道的形状和熔深，在包含焊丝轴线和基准线的平面内，焊丝轴线与基准线垂线的夹角称为行走角（见图 5-2）。上述平面与包含基准线的垂直面之间的夹角称为工作角（见图 5-3），**焊丝向前倾斜焊接时，称为前倾焊法，向后倾斜时称为后倾焊法。**

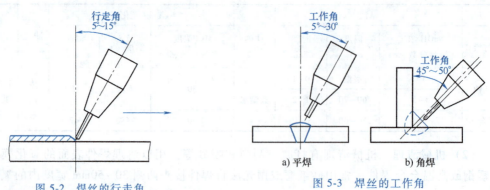

图 5-2　焊丝的行走角　　　　　图 5-3　焊丝的工作角

焊丝方位对焊缝成形的影响如图 5-4 所示。当其他条件不变，焊丝由垂直位置变为后倾焊法时，熔深增加，而焊道变窄且余高增大，电弧稳定，飞溅小。行走角为 25° 的后倾焊法常可获得最大的熔深，一般行走角在 5°~15° 范围，以便良好地控制焊接熔池。在横焊位置焊接角焊缝时，工作角一般为 45°。

（5）**焊接位置** 喷射过渡适用于平焊、立焊、仰焊位置，平焊时，焊件相对水平面的斜度对焊缝成形和焊接速度有影响。若采用下坡焊（通常工件相对于水平面夹角≤15°），焊缝余高减小、熔深减小、焊接速度可以提高，有利于焊接薄板金属；若采用上坡焊，重力使熔池金属后流，熔深和余高增加而熔宽减小。短路过渡焊接可用于薄板材料的全位置焊。

（6）**气体流量**　保护气体从喷嘴喷出可有两种情况：较厚的层流和接近于紊流的较薄层流。较厚的层流有较大的有效保护范围和较好的保护作用，因此，为了得到层流的保护气流、加强保护效果，需采用结构设计合理的焊枪和合适的气体流量。气体流量过大或过小都会造成紊流。由于熔化极惰性气体保护焊对熔池的保护要求较高，如果保护不良，焊缝表面便起皱纹，所以喷嘴孔径及气体流量均比钨极氢弧焊要相应增大。通常喷嘴孔径为 20mm 左右，气体流量为 30~60L/min。

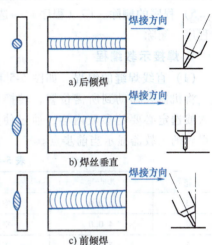

a) 后倾焊

b) 焊丝垂直

c) 前倾焊

图 5-4　焊丝方位对焊缝成形的影响

5.1.4　自动化熔化极气体保护焊示教编程

1. 编程前的准备工作

1）检查设备水循环系统、电源控制系统、焊丝、保护气体、压缩空气是否正常。

2）对机器人各轴进行校零。

3）对 TCP（Torch Centre Point，焊枪中心点）进行调整校正。

4）如果需要 ELS 传感器或激光摄像头，确定是否有模板，并且传感器正常工作，包括软硬件。

5）机器各部分准备就绪。

2. 操作注意事项

1）只有经过培训的人员方可操作机器人。

2）手动操作时，应始终注视机器人，永远不要背对机器人。

3）不要高速运行不熟悉的程序。

4）进入机器人工作区，应保持高度警惕，要能随时按下急停开关。

5）执行程序前，应确保机器人工作区内不得有无关的人员、工具、物品，工件夹紧，工件与程序对应。

6）机器人高速运行时，不要进入机器人工作区域。

7）电弧焊接时，应注意防护弧光辐射。

8）机器人静止并不表示机器人不动作了，有可能是编制了延时。

9）在不熟悉机器人的运动之前，应保持自动慢速运行。

3. 程序的新建、调用、激活、存储、删除

1）**程序的新建**。F3（新建）→输入文件名（123）→确认。

2）**程序的调用**。F7（程序）→选择介质（F2 硬盘、F3 软盘）→选择程序→装入内存。

3）**程序的激活**（只有内存中的程序才能被激活）。F7（程序）→F1（内存）→选择程序→激活。

4）程序的存储。①F2（存盘），则当前激活的程序及其库程序被存入到硬盘；②F7（程序）→选择介质［F1（内存）、F2（硬盘）、F3（软盘）］→选择程序→存入到硬盘或存入到软盘。

5）程序的删除。F7（程序）→选择介质［F1（内存）、F2（硬盘）、F3（软盘）］→选择程序→删除。

4. 焊接示教编程

（1）直线焊缝的编程　如图 5-5 和表 5-4 所示，将机器人移动到所需位置，转换步点类型，输入或选定必要的参数内容，通过使用 ADD 键所得到的示教器显示当前步点。

图 5-5　直线焊缝的编程

表 5-4　直线焊缝的编程示例

顺序号	步点号	类型	扩展	备注
3	3.0.0	空步+非线性	无	
4	4.0.0	空步+非线性	无	焊缝起始点
5	5.0.0	工作步+线性	无	焊缝目标点
6	6.0.0	空步+非线性	无	离开焊缝

（2）直线摆动的编程　如图 5-6 和表 5-5 所示。

1）直线摆动通过机器人程序进行设定，按照设定的运动方式进行焊接。

2）将机器人移动到所需位置，转换步点类型，输入或选定必要的参数内容，在主界面扩展中设置摆动点，通过 ADD 键得到示教器当前显示的步点。

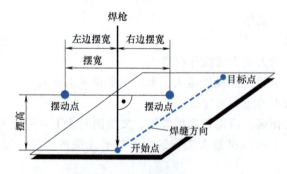

图 5-6　直线摆动编程

表 5-5　直线摆动编程示例

顺序号	步点号	类型	扩展	备注
3	3.0.0	空步+非线性		
4	4.0.0	空步+非线性		
5	5.0.0	工作步	摆动点	摆动激活
6	6.0.0	工作步	摆动点	摆动激活
7	7.0.0	工作步	摆动点	摆动激活
8	8.0.0	空步+非线性		

（3）**圆焊缝的编程**　如图 5-7、图 5-8 和表 5-6 所示，一段圆弧至少由三个点组成，一个整圆至少由四个点进行确定。圆编程时，确定圆弧三个点中的两个是由运动类型为圆弧工作步组成，第一个工作的步点作为圆弧的起点。

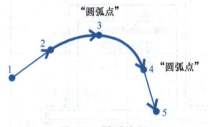

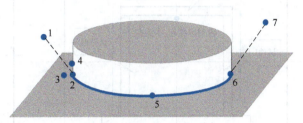

图 5-7　圆弧编程　　　　　　　　　　　　　图 5-8　圆焊缝编程

表 5-6　圆焊缝编程示例

顺序号	步点号	类型	扩展	备注
3	3.0.0	空步+非线性		
4	4.0.0	空步+非线性		焊缝起始点
5	5.0.0	工作步+圆弧		焊缝
6	6.0.0	工作步+圆弧		焊缝目标点
7	7.0.0	空步+非线性		离开焊缝

注意事项：

1）包括起始点，圆弧焊缝至少需要三个点，整圆至少需要四个点。

2）焊枪角度的变化尽可能使用第六轴。

3）每两点之间的角度不得超过 180°。

5. 焊接顺序的应用及编程

（1）**复杂试件焊接顺序示例**　如图 5-9 所示，为提高编程效率及程序运行的可靠性，先对工件外侧四周焊缝进行编程，以试件Ⅳ外侧中心点为起弧点，采用顺时针方向进行编程焊接；内侧焊缝则以试件Ⅱ中心点为起弧点，采用逆时针的方向进行编程焊接。如图 5-9 所示，外侧四周焊缝编程方向为顺时针方向，内侧焊缝编程方向为逆时针方向。

（2）**复杂试件示教编程示例**　如图 5-10 所示。

1）**新建程序**。输入程序名（如：FZGJ-T12FWPB）并确认，自动生成程序。

2）**正确选择坐标系**。基本移动采用直角坐标系，接近或角度移动采用绝对坐标系。

3）**外侧焊缝编程**。调整机器人各轴：①调整为合适的焊枪姿势及焊枪角度，生成空步点 2.0.0，按 ADD 键新增步点 3.0.0；②生成焊接步点 3.0.0 之后，将焊枪设置成接近试件起弧点（试件Ⅲ外侧中间位置），为防止和夹具发生碰撞，采用低挡慢速，掌握微动调整，精确地靠近工件；调整焊丝干伸长度 10~12mm；调整焊枪角度使焊枪与平板呈 45°夹角，与焊接方向呈 70°~75°夹角，按 ADD 键新增步点 4.0.0；③调整好焊枪角度及焊丝干伸长度。按 JOG/WORK 键将 4.0.0 空步转换成工作步，设定合理焊接参数，将焊接参数中的运动模式改为线性，按 ADD 键新增工作步步点 5.0.0；④将焊枪调整至步点 5.0.0 位置，调整好焊枪角度及焊丝干伸长度，按 ADD 键新增工作步步点 6.0.0；⑤将焊枪调整至步点 6.0.0 位置，调整好焊枪角度及焊丝干伸长度，按 ADD 键新增工作步步点 7.0.0；⑥将焊枪调整

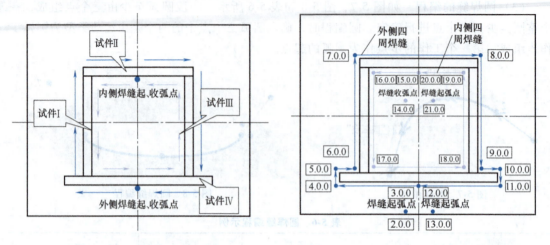

图 5-9　工件焊接顺序示意图　　　　　　　图 5-10　示教编程示意图

至步点 7.0.0 位置，调整好焊枪角度及焊丝干伸长度，按 ADD 键保存工作步步点，自动生成工作步步点 8.0.0；⑦将焊枪调整至步点 8.0.0 位置，调整好焊枪角度及焊丝干伸长度，按 ADD 键新增工作步步点 9.0.0；⑧将焊枪调整至步点 9.0.0 位置，调整好焊枪角度及焊丝干伸长度，按 ADD 键新增工作步步点 10.0.0；⑨将焊枪调整至步点 10.0.0 位置，调整好焊枪角度及焊丝干伸长度，按 ADD 键新增工作步步点 11.0.0；⑩将焊枪调整至步点 11.0.0 位置，调整好焊枪角度及焊丝干伸长度，按 ADD 键新增工作步步点 12.0.0；⑪将焊枪调整至步点 12.0.0 位置，调整好焊枪角度及焊丝干伸长度，将焊枪移至焊缝收弧点，按 ADD 键新增工作步步点 13.0.0；⑫按 JOG/WORK 键将工作步转换成空步点，将焊枪移至安全位置。

　　4）内侧焊缝编程。调整机器人各轴：①调整为合适的焊枪姿势及焊枪角度，生成空步点 14.0.0，按 ADD 键保存步点，自动生成步点 15.0.0；②将焊枪设置成接近试件起弧点（试件Ⅱ中间位置），为防止和夹具发生碰撞，采用低挡慢速，掌握微动调整，精确地靠近工件；调整焊丝干伸长度 10~12mm；调整焊枪角度将焊枪与平板呈 45°夹角，与焊接方向呈 70°~75°夹角，按 ADD 键保存步点，自动生成步点 16.0.0；③调整好焊枪角度及焊丝干伸长度；按 JOG/WORK 键将 16.0.0 空步转换成工作步，设定合理焊接参数，将焊接参数中的运动模式改为线性，按 ADD 键新增工作步步点 17.0.0；④将焊枪调整至步点 17.0.0 位置，调整好焊枪角度及焊丝干伸长度，按 ADD 键新增工作步步点 18.0.0；⑤将焊枪调整至步点 18.0.0 位置，调整好焊枪角度及焊丝干伸长度，按 ADD 键新增工作步步点 19.0.0；⑥将焊枪调整至步点 19.0.0 位置，调整好焊枪角度及焊丝干伸长度，按 ADD 键新增工作步步点 20.0.0；⑦将焊枪调整至步点 20.0.0 位置，调整好焊枪角度及焊丝干伸长度；将焊枪移至焊缝收弧点，按 ADD 键新增工作步步点 21.0.0；⑧按 JOG/WORK 键将工作步转换成空步点，将焊枪移至安全位置，整个焊缝编程结束。

　　5）将焊枪移开试件至安全区域。

　　6）示教编程完成后，对整个程序进行试运行。试运行过程中观察各个步点的焊接参数是否合理，并仔细观察焊枪角度的变化及运行时设备周围的安全性。

5.1.5 自动化熔化极气体保护焊焊接参数的调整

1. 焊丝、材料、焊接方法的调整

当机器人连接多台焊机时用户需对每台焊机分别进行设置及调整。单击设置焊机参数对话框中的焊丝/材料/焊接方法图标,弹出焊丝/材料/焊接方法设置对话框,如图5-11所示。

1) 〔Material(材料)〕可调整所用焊丝材料。

2) 〔Wire(焊丝)〕可调整所用焊丝直径。

3) 〔Method(方法)〕设置所用焊接方法。

4) 〔Motor(电动机)〕可调整送丝机的减速比。

5) 〔Timer(定时器)〕可调整机器人在检测无电弧状态前的等待时间,可防止机器人将引弧阶段的不稳定状态当作无电弧错误处理。

2. 起弧/收弧参数的调整

单击参数调整框内起弧/收弧(Start/End)按钮,弹出起弧/收弧参数调整对话框,如图5-12所示。

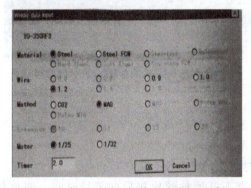

图5-11 焊丝/材料/焊接方法设置对话框   图5-12 起弧/收弧参数调整对话框

1) 〔HOTCUR〕设置热电流调整参数。设置范围:-3~+3。

2) 〔HOTVLT〕设置热电压调整参数。设置范围:-10~+10。

增大此值,电弧刚刚产生后的焊丝碰撞减少。

减小此值,电弧刚刚产生后的焊丝燃烧得到控制。

3) 〔WIRSLDN〕设置焊丝缓慢下降速度的调整数值。设置范围:-125~+125。

增大此值,电弧之间的发生时间缩短。

减小此值,电弧发生概率减少。

4) 〔FTTLVL〕设置FTT电压水平调整数值。设置范围:-50~+50。

增大此值,焊丝头形状为球形,发生粘丝概率降低。

减小此值,焊丝头形状为尖形,提高下次起弧成功率。

5) 〔BBKTIME〕设置回烧时间调整数值。设置范围:-20~+20。

增大此值,焊丝的回烧时间变长,降低了粘丝的发生率。

3. 点动速度参数调整

点动速度功能用于设置通过示教器送丝时的慢送丝速度。点动速度可设置为"高速"

和"低速"两挡。低速用于前3s的送丝速度，高速用于3s后的送丝速度。

单击参数设置对话框中的慢送丝速度图标，弹出点动速度参数调整对话框，如图5-13所示。

1）［High（高速）］设置高速时的送丝速度，数值越大送丝速度越快。

2）［Low（低速）］设置低速时的送丝速度，数值越小送丝速度越慢。

4. 粘丝接触参数调整

焊接结束后，如果发生焊丝粘连现象，通过此功能机器人可自动将粘丝切断，设置方法如下。

1）单击设置焊接参数对话框中的粘丝解除（Stick release）图标，弹出粘丝解除参数调整对话框，如图5-14所示。

2）选择所需的参数表，进行参数设置。

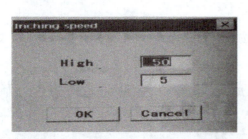

图5-13　点动速度参数调整对话框

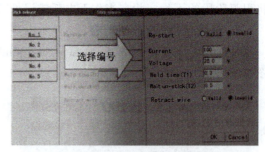

图5-14　粘丝解除参数调整对话框

［Re-start（粘丝解除）］调整是否使用此功能。

［Current（电流）］调整焊丝熔化电流，调整范围：1～350V。

［Voltage（电压）］调整焊丝熔化电压，调整范围：1～50V。

［Weld time（T1），焊接时间T1］调整熔化时间，调整范围：0.0～9.9s。

［Wait un-stick（T2），等待时间T2］调整机器人开始粘丝检测后的等待时间，调整范围：0.0～9.9s。

［Retract wire（焊丝回抽）］调整机器人开始粘丝检测前是否回抽焊丝。

5.1.6　自动化熔化极气体保护焊基本操作技术

1. 焊接参数设定操作

（1）电流值设定信号　电流值设定信号是一个从机器人送往焊机的焊接电流指令值，相当于半自动焊时的遥控盒的电流调整按钮，通过示教盒输入的电流值在控制装置（接口）内被变换，向焊机输出，焊机一般以直流电压的0～+15V作为最大输出，所以机器人输出信号是DC 0～+15V的模拟信号。由于示教盒输入的值是实际的焊接电流值，所以必须预先设定焊机的型号和焊丝直径等条件。此外，这个端子也是在焊丝点动或后退时向传送电动机输出指令电压的端子。

（2）电压值设定信号　与电流值设定方法相同，通过这个端子从机器人向焊机传送电弧电压指令，相当于半自动焊接时遥控盒的电压调整按钮。从机器人输出的这个信号也是DC 0～+15V的模拟信号。焊接机器人有自动电压设定功能，只要输出电流值就能方便地显示电压值。为了得到和输入示教盒的电压值相同的电弧电压，必须预先设定焊机的型号等条件。

（3）**焊丝点动开关**　这是利用示教盒进行焊丝地点动和后退操作时所输出的信号，通过设定用户参数值，可设定低速和高速两种点动速度。

（4）**焊接起动信号**　这是自动运行正在示教"AS"（Arc Start：电弧起动）的起动信号，该信号与半自动焊机的焊枪开关信号起相同的作用，在焊接区间作为从机器人来的信号一直被保持着，所以必须使焊机面板的自我保持开关设置在没有自我保持（no crater）的位置上。

除了上述信号以外，当使用机器人专用焊接电源时，从机器人出来的紧急停机信号向焊机输出，这是为了在机器人控制装置一侧进行紧急停机，或者让焊机也一起强制停机。

2. 自动化熔化极气体保护焊薄板焊接操作技术

薄板一般指板厚为 0.8~4.0mm 的金属板，焊接此类板材的最大特点是：容易烧穿、容易变形，焊接时对这两点必须特别加以注意。一般来说，都使用 80~150A 的短路焊接方法，在这个电流区域中产生的飞溅少（特别是在 MAG 焊接中），并能取得漂亮的外观焊缝。焊接时几乎都采用窄焊道，不采用摆动焊，如非要采用摆动焊时，频率要高，摆幅要小，由于电流较小，产生的飞溅也少，所以焊接过程中喷嘴与母材间的示教距离要短（7~12mm）。使用机器人焊接薄板时，关键是要求工件具有很高的精度，稍微有点间隙即容易烧穿，再加上是小电流和窄小的摆幅，所以很易使焊缝歪斜。

实际焊接时的注意事项及关键技术如下：

1）MAG 焊接方法比 CO_2 焊接方法在焊接薄板时要好，不易烧穿，使用 MAG 焊接方法，飞溅少，焊缝外观漂亮，而且电弧电压要比 CO_2 焊接时低。

2）使用下坡法焊接使熔化深度较浅，适合薄板的焊接，这种方法还能使焊缝外观平滑漂亮，焊接速度也快，不仅在 90°垂直方向上而且在 60°或 45°方向上也能使熔入深度浅，取得很好的效果。但要注意母材太过倾斜时虽然焊缝漂亮，但熔化深度较小，会造成焊接缺陷。如果用机器人控制的变位机进行同步运动，就能以最佳姿势对所有的焊接位进行焊接。

3）为了避免把母材烧穿，有效的办法是用衬板（铜垫等），但衬板与母材必须贴紧，有间隙的地方容易烧穿。

4）把焊丝设置为负极性。一般都是焊丝设置为正极性（+），但把焊丝设置为负极性（-）可以减少传到母材的热量，能有效地防止把工件烧穿。

此外，防止薄板的焊接变形，有如下方法：高速度焊接、使用铜垫衬板、使用接触面积大的铜板放在工件夹具上以加快焊接后的冷却速度及改变焊接顺序（跳焊法、对称法、后退法）。

5.1.7　焊接夹具的制造

1. 设计机器人夹具的基本条件

利用机器人进行焊接时，不是利用人的五官感觉来进行的，而是机器人重复同一轨迹自动运行进行焊接的，所以设计机器人夹具时要确认以下几点。

1）明确机器人焊接的相关信息，如生产节拍、自动化要求及其规模等。

2）确认工件本身的精度，应使定位误差小于焊丝直径的一半。

3）在参照工件焊接部位定位基准的基础上设置工件。

4）机器人是以示教再现方式进行工作时，不能像操作人员那样根据不同情况随机应变。

5）机器人的动作区域是有限制的，在动作区域内焊枪的角度也有限制，所以存在不能进行焊接的部位。

6）在焊接过程中会产生焊道歪斜和飞溅，所以夹具要有一定的强度，要采取遮挡飞溅或减少飞溅的对策。

7）焊接结束后，必须有"取下工件，安装下一个工件"的工序。

8）机器人的动作既高速又危险，设计时必须对安全给予足够的重视，应参照劳动安全法和劳动安全守则进行设计。

机器人是以 0.1mm 的重复再现精度自动运行，若固定工件的夹具不牢固将会影响焊接结果。

2. 设计机器人夹具前的准备工作

1）收集关于工件材质、板厚、表面处理、重量和有关图样及前一道工序的制造工艺、生产量等信息。

2）了解目前的施工方法。

3）了解类似工件机器人夹具的设计方案。

4）了解机器人夹具制造预算。

3. 制造夹具时的注意事项

1）确定工件的状态，是将其固定还是让其旋转。

2）选择最稳定的固定工件的方法，选择最佳姿势焊接工件。

3）关于夹具的设计，有的工件需要定位焊，有的则不需要，其夹紧方法各不相同。夹紧的方法有手动直接夹紧、通过切换阀的手动夹紧和电控夹紧等，可根据成本、使用目标和规模加以选择。夹具安装在靠近焊接部位。若采用手动夹紧方法，要考虑其大小和操作的灵活性，以方便操作人员使用。要考虑焊接时产生的飞溅对夹具的影响，据此来决定夹具的位置。

4）如果同一个工件需要焊接多处，应该统一定位基准。

5）要综合考虑工件的装入、取出、工具的传送。

6）夹具所用的零件最好使用常见的标准件。

7）如在一个工作台上进行多品种生产时，可考虑在工作台上人工更换夹具，因为自动切换方法精度低，动作不稳定，故障多。

8）机器人与工作台最好共用一个台基，这样易于搬运安装，又不改变机器人与夹具间的相对关系。

9）应采取足够的防止飞溅的措施。防止飞溅附着到移动部分或定位基准上，防止飞溅积累过多影响机器人或夹具的动作。

10）应考虑能方便地对夹具进行维修。在有定位基准的时候，维修时间要短；保持一定数量的零件备用品；定期清扫飞溅等残渣。

5.1.8 自动化熔化极气体保护焊焊后检验

1. 焊后无损检测

无损检测是指不损坏被检查材料或成品的性能和完整性而检测缺陷的方法。它包括外观无损检验、密封性检验、耐压试验、无损检测（渗透检测、磁粉检测、超声波检测、射线检测）等，无损检测方法符号见表 5-7。

表 5-7 无损检测方法符号

无损检测方法	外观检测	射线检测	超声检测	磁粉检测	渗透检测	涡流检测	密封检测	声发射
符号	VT	RT	UT	MT	PT	ET	LT	AE(AT)

（1）**外观无损检验** 外观无损检验是一种简便且实用的检验方法。它是用肉眼或借助标准样板、焊缝检验尺、内窥镜、量具或低倍放大镜观察焊件，以发现焊缝表面缺陷的方法。外观检验的主要目的是发现焊接接头的表面缺陷及焊缝尺寸是否符合图样设计要求，如焊缝表面气孔、表面裂纹、咬边、焊瘤、烧穿及焊缝尺寸偏差、焊缝成形差等。检验前须将焊缝附近 10～20mm 内的飞溅和污物清除干净。焊缝的外观尺寸一般采用焊缝检验尺进行检验，具体检验方法如图 5-15 所示。

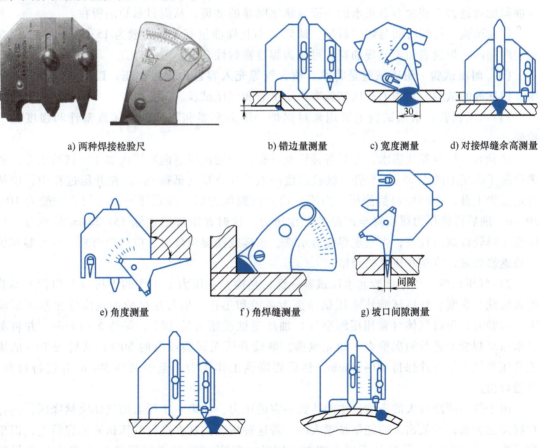

a) 两种焊接检验尺　　b) 错边量测量　　c) 宽度测量　　d) 对接焊缝余高测量

e) 角度测量　　f) 角焊缝测量　　g) 坡口间隙测量

h) 咬边深度测量

图 5-15 焊缝检验尺及使用方法

（2）**密封性检验** 密封性检验是用来检查有无漏水、漏气和渗油、漏油等现象的试验。密封性检验的方法很多，常用的方法有气密性检验、煤油试验等，主要用来检验焊接管道、盛器、密闭容器上焊缝或接头是否存在不致密缺陷等。

1）气密性检验。常用的气密性检验是将远低于容器工作压力的压缩空气压入容器，利用容器内外气体的压力差来检查有无泄漏。检验时，在焊缝外表面涂上肥皂水，当焊接接头有穿透性缺陷时，气体就会逸出，肥皂水就有气泡出现而显示缺陷，如果容器较小时可放入水中检验，这样能准确地检测到所有穿透性缺陷的位置，这种检验方法常用于受压容器接管、加强圈的焊缝。

若在被试容器中通入含1%（体积分数）的氨气混合气体来代替压缩空气效果更好。这时应在容器的外壁焊缝表面贴上一条比焊缝略宽、含5%（质量分数）硝酸汞的水溶液浸过的纸带。若焊缝或热影响区有泄漏，氨气就会透过这些地方与硝酸汞溶液发生化学反应，使该处试验纸呈现出黑色斑纹，从而显示出缺陷所在。这种方法比较准确、迅速，同时可在低温下检查焊缝的密封性。

2）煤油试验。在焊缝表面（包括热影响区部分）涂上石灰水溶液，干燥后呈白色，再在焊缝的另一面涂上煤油，由于煤油渗透能力较强，当焊缝及热影响区存在贯穿性缺陷时，煤油就能透过去，使涂有石灰水的一面显示出明显的油斑，从而显示缺陷所在。

煤油试验的持续时间与焊件板厚、缺陷大小及煤油量有关，一般为15~20min，如果在规定时间内，焊缝表面未显现油斑，可认为焊缝密封性合格。

（3）耐压试验　耐压试验是将水、油、气等充入容器内慢慢加压，以检查其泄露、耐压、损坏等的试验。常用的耐压试验有水压试验和气压试验。

1）水压试验。水压试验主要用来对锅炉、压力容器和管道的整体致密性和强度进行检验。

试验时，将容器注满水，密封各接管及开孔，并用试压泵向容器内加压。试验压力一般为产品工作压力的1.25~1.5倍，试验温度一般高于5℃（低碳钢）。在升压过程中，应按规定逐级上升，中间做短暂停压，当压力达到试验压力后，应恒压一定时间，一般为10~30min，随后再将压力缓慢降至产品的工作压力。这时在沿焊缝边缘15~20mm的地方，用圆头小锤轻轻敲击检查，当发现焊缝有水珠、水雾或潮湿现象时，应标记出来，待容器卸压后做返修处理，直至水压试验合格。

2）气压试验。气压试验和水压试验一样，是检验在压力下工作的焊接容器和管道焊缝的致密性和强度。气压试验比水压试验更为灵敏和迅速，但气压试验的危险性比水压试验大。试验时，先将气体（常用压缩空气）加压至试验压力的10%，保持5~10min，并将肥皂水涂至焊缝上进行初次检查。如无泄露，继续升压至试验压力的50%，其后按10%的级差升压至试验压力并保持10~30min，然后再降到工作压力，至少保持30min并进行检验，直至合格。

由于气体须经较大的压缩比才能达到一定的压力，如果一定压力的气体突然降压，其体积将突然膨胀，释放出来的能量是很大的。若这种情况出现在进行气压试验的容器上，即出现了非正常的爆破，后果是不堪设想的。因此，气压试验时必须严格遵守安全技术操作规程。

（4）无损检测　无损检测是检验焊缝质量的有效方法，主要包括渗透检测、磁粉检测、射线检测、超声波检测等。其中射线检测、超声波检测适合于焊缝内部缺陷的检验，渗透检测、磁粉检测适合于焊缝表面缺陷的检验。无损检测已在重要的焊接结构中得到了广泛使用。

1）**渗透检测**。渗透检测是利用带有荧光染料（荧光法）或红色染料（着色法）渗透剂的渗透作用，显示缺陷痕迹的无损检验法。它可用来检验铁磁性和非铁磁性材料的表面缺陷，但多用做非铁磁性材料焊件的检验。渗透检测有荧光检测和着色检测两种方法，渗透检测步骤见表5-8。

表5-8　渗透检测步骤

检测步骤	示意图
预处理和预清洗	
渗透过程	
中间清洗和干燥	
显像过程	
观察	
记录	检测记录
后清洗	

① **荧光检测**。检验时，先将被检验的焊件浸渍在具有很强渗透能力的有荧光粉的油液中，使油液能渗入到细微的表面缺陷中，然后将焊件表面清除干净，再撒上显像粉（MgO）。此时，若有缺陷在暗室内的紫外线照射下，残留在表面缺陷内的荧光液就会发光

（显像粉本身不发光，可增强荧光液发光），从而显示了缺陷的痕迹。

② 着色检测。着色检测的原理与荧光检测相似，不同之处是着色检测是用着色剂来取代荧光液而显现缺陷。检验时，将擦干净的焊件表面涂上一层红色的流动性和渗透性良好的着色剂，使其渗入到焊缝表面的细微缺陷中，随后将焊件表面擦净并涂以显像粉，便会显现出缺陷的痕迹，从而确定缺陷的位置和形状。着色检测的灵敏度较荧光检测高，操作也较方便。

2）磁粉检测。磁粉检测是利用在强磁场中，铁磁性材料表面缺陷产生的漏磁场会吸附磁粉的现象而进行的无损检验方法。磁粉检测仅适用于检验铁磁性材料的表面和近表面缺陷。

检验时，首先将焊缝两侧充磁，焊缝中便有磁感应线通过。若焊缝中没有缺陷，材料分布均匀，则磁感应线的分布也是均匀的。当焊缝中有气孔、夹渣、裂纹等缺陷时，磁感应线因各段磁阻不同而产生弯曲，磁感应线将绕过磁阻较大的缺陷。如果缺陷位于焊缝表面或接近表面，则磁感应线不仅在焊缝内部弯曲，而且穿过焊缝表面将形成漏磁，在缺陷两端形成新的 S 极、N 极产生漏磁场，如图 5-16 所示。当焊缝表面撒有磁粉粉末时，漏磁场就会吸引磁粉，在有缺陷的地方形成磁粉堆积，检测时就可根据磁粉堆积的图形情况来判断缺陷的形状、大小和位置。磁粉检测时，磁感应线的方向与缺陷的相对位置十分重要。如果缺陷长度方向与磁感应线平行则缺陷不易显露，如果磁感应线方向与缺陷长度方向垂直，则缺陷最易显露。因此，磁粉检测时，必须从两个以上不同的方向进行充磁检测。

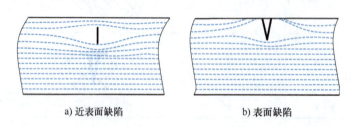

a) 近表面缺陷　　　　b) 表面缺陷

图 5-16　焊缝中有缺陷时产生漏磁的情况

磁粉检测有干法和湿法两种。干法是当焊缝充磁后，在焊缝处撒上干燥的磁粉；湿法则是在充磁的焊缝表面涂上磁粉的混浊液。

3）超声波检测。利用超声波探测材料内部缺陷的无损检测检验法称为超声波检测。它是利用超声波（即频率超过 20kHz，人耳听不见的高频率声波）在金属内部直线传播时，遇到两种介质的界面会发生反射和折射的原理来检验缺陷的。

① 超声波检测的主要设备及工作原理：超声波检测仪、探头、试块等设备，其工作原理如图 5-17 所示。

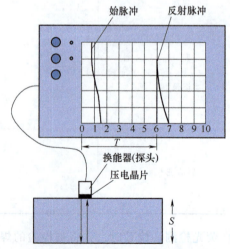

$S = KT$　S—声程(mm)　K—刻度系数 (mm/skt)

T—回波位置 (skt)

图 5-17　超声波检测工作原理

② 超声波检测时，常出现的焊接缺陷及识别：超声波检测经常出现的焊接缺陷有未熔合、未焊透、裂纹及夹渣等，超声波检测常见焊接缺陷的影像特征见表5-9。

表 5-9　常见焊接缺陷的影像特征

缺陷种类	特征			
	产生位置	反射面	形状	方向面
未熔合	坡口面与层间	光滑	平面状或曲面状	与坡口面相同或平行于探测面
未焊透	根部	光滑	槽形或平面状	垂直于探测面
裂纹	整个焊缝区	粗糙	弯曲面状	垂直于焊接线或探测面
夹渣	坡口面与层间	稍粗糙	较复杂	推测较困难

③ 超声波检测的优缺点

优点：灵敏度高，操作灵活方便，周期短，成本低、安全等。

缺点：要求焊件表面粗糙度低（光滑），对缺陷性质的辨别能力差，且没有直观性，较难测量缺陷真实尺寸，判断不够准确，对操作人员要求较高。

4）射线检测。射线检测是采用 X 射线或 γ 射线照射焊接接头，检查内部缺陷的一种无损检测法。它可以显示出缺陷在焊缝内部的种类、形状、位置和大小，并可做永久记录。目前 X 射线检测应用较多，一般只应用在重要焊接结构上。

① 射线检测原理。射线探伤是利用射线透过物体并利用照相底片感光的性能来进行焊接检验。当射线通过被检验焊缝时，在缺陷处和无缺陷处被吸收的程度不同，使得射线透过接头后，射线强度的衰减有明显差异，在底片上相应部位的感光程度也不一样。如图 5-18 所示为 X 射线检测的工作原理，当射线通过缺陷时，由于被吸收较少，穿出缺陷的射线强度大（$J_e > J_a$），对底片（软片）感光较强，冲洗后的底片，在缺陷处颜色就较

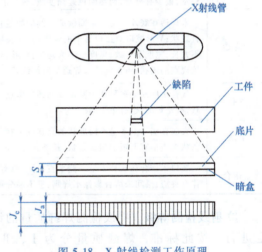

图 5-18　X 射线检测工作原理

深。无缺陷处则底片感光较弱，冲洗后颜色较淡。通过对底片上影像的观察、分析，便能发现焊缝内有无缺陷及缺陷种类、大小与分布。

焊缝在进行射线检验前，必须进行表面检查，表面的不规则程度，应不妨碍对底片上缺陷的辨认，否则事先应加以整修。

② 射线检测时缺陷的识别。用 X 射线和 γ 射线对焊缝进行检验，一般只应用在重要结构上。这种检验由专业人员进行，但作为焊工应具备一定的评定焊缝底片的知识，同时能够正确判定缺陷的种类和部位，做好返修工作。经射线照射后，在底片上一条淡色影像即是焊缝，在焊缝部位显示的深色条纹或斑点就是焊接缺陷，其尺寸、形状与焊缝内部实际存在的缺陷相当。如图 5-19 所示为几种常见缺陷在底片中显示的典型影像。常见焊接缺陷的影像特征见表 5-10。

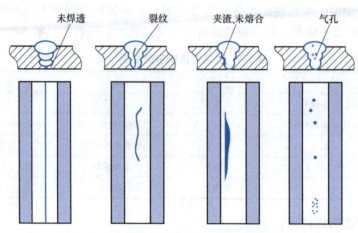

图 5-19　几种常见缺陷在底片中显示的典型影像

表 5-10　常见焊接缺陷的影像特征

焊接缺陷	缺陷影像特征
裂纹	裂纹在底片上一般呈略带曲折的黑色细条纹,有时也呈现直线细纹,轮廓较为分明,两端较为尖细,中部稍宽,很少有分支,两端颜色逐渐变浅,最后消失
未焊透	未焊透在底片上是一条断续或连续的黑色直线,在不开坡口对接焊缝中,在底片上常是宽度较均匀的黑直线状;V 形坡口对接焊缝中的未焊透,在底片上位置多是偏离焊缝中心、呈断续的线状,即使是连续的也不太长,宽度不一致,黑度也不大均匀;V 形、双 V 形坡口双面焊中的底部或中部未焊透,在底片上呈黑色较规则的线状;角焊缝的未焊透呈断续线状
气孔	气孔在底片上多呈现为圆形或椭圆形黑点,其黑度一般是中心处较大,向边缘逐渐减少;黑点分布不一致,有密集的,也有单个的
夹渣	夹渣在底片上多呈不同形状的点状或条状。点状夹渣呈单独黑点,黑度均匀,外形不太规则,带有棱角;条状夹渣呈宽而短的粗线条状;长条状夹渣的线条较宽,但宽度不一致
未熔合	坡口未熔合在底片上呈一侧平直,另一侧有弯曲,颜色浅,较均匀,线条较宽,端头不规则的黑色直线常伴有夹渣;层间未熔合影像不规则,且不易分辨

③ 射线检测等级。射线检测焊缝质量的评定,可按国家标准 GB/T 3323.1—2019 的规定进行。按此标准,焊缝质量分为 Ⅰ、Ⅱ、Ⅲ、Ⅳ 四级,常见焊接缺陷的评定标准见表 5-11。

表 5-11　常见焊接缺陷的评定标准

射线检测质量等级	评定标准
Ⅰ 级	不允许有裂纹、未熔合、未焊透、条状夹渣
Ⅱ 级	不允许有裂纹、未熔合、未焊透
Ⅲ 级	不允许有裂纹、未熔合及双面焊和加垫板的单面焊中的未焊透、不加垫板的单面焊中的未焊透允许长度与条状夹渣Ⅲ级评定长度相同
Ⅳ 级	焊缝缺陷超过Ⅲ级者为Ⅳ级

在标准中,将长宽比小于或等于 3 的缺陷定义为圆形缺陷,包括气孔、夹渣和夹钨。圆形缺陷用评定区进行评定,将缺陷换算成计算点数,再按点数确定缺陷分级。评定区应选在缺陷最严重的部位。将焊缝缺陷长宽比大于 3 的气孔、夹渣和夹钨定义为条形缺陷,圆形缺

陷分级和条形缺陷分级评定见国标 GB/T 3323.1—2019。

2. 焊后力学性能检验

力学性能检验是用来检查焊接材料、焊接接头及焊缝金属的力学性能的。常用的有拉伸试验、弯曲试验与压扁试验、冲击试验、硬度试验等。一般是按标准要求，在焊接试件（板、管）上相应位置截取试样毛坯，再加工成标准试样后进行试验。

（1）**拉伸试验**　拉伸试验是为了测定焊接接头或焊缝金属的抗拉强度、屈服强度、伸长率和断面收缩率等力学性能指标。在拉伸试验时，还可以发现试样断口中的某些焊接缺陷。

1）试样形状与尺寸。

①　**板及管接头板状试样**。试件厚度沿着平行长度 L_c 应均衡一致，其形状如图 5-20 所示，具体尺寸要求见标准 GB/T 2651—2008。

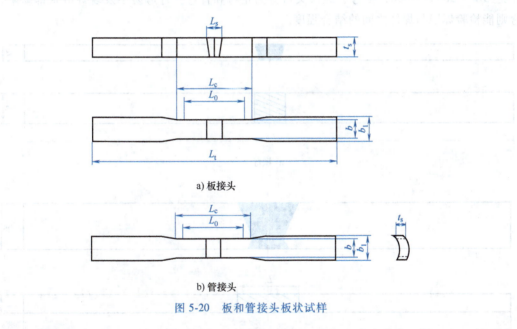

a) 板接头

b) 管接头

图 5-20　板和管接头板状试样

②　**实心圆柱形试样**。当试件需要加工成圆柱形时，试样尺寸应依据 GB/T 228 的要求，只是平行长度 L_c 应不小于 L_0+60，实心圆柱形试样加工形状如图 5-21 所示，具体加工尺寸见标准 GB/T 2651—2008。

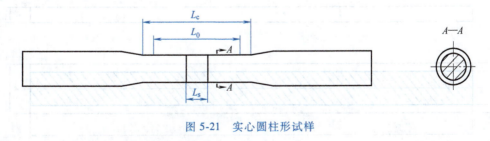

图 5-21　实心圆柱形试样

2）拉伸试验与试验报告。拉伸试验时应依据 GB/T 228 的规定对试样逐渐连续加载，并根据试验结果填写试验报告，报告应包括最大载荷、抗拉强度、断口位置以及断口表面检验等数据，具体见表 5-12。

表 5-12　拉伸试验报告

试件编号	尺寸/直径 /mm	最大载荷 /N	抗拉强度 /（N/mm²）	延伸率 （%）	断口位置	说明

（2）弯曲试验与压扁试验

1）弯曲试验。弯曲试验也叫冷弯试验，是测定焊接接头塑性的一种试验方法。冷弯试验还可反映焊接接头各区域的塑性差别，考核熔合区的熔合质量和暴露焊接缺陷。

① 试样形状与尺寸。弯曲试验分横弯、侧弯和纵弯三种，如图 5-22 所示，具体试样尺寸见 GB/T 2653—2008，横弯、纵弯又可分为正弯和背弯。背弯易于发现焊缝根部缺陷，侧弯则能检验焊层与焊件之间的结合强度。

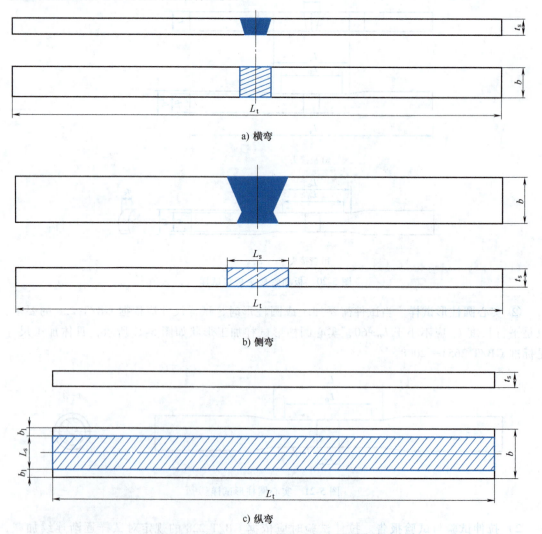

a) 横弯

b) 侧弯

c) 纵弯

图 5-22　横弯、侧弯、纵弯的弯曲试样示意图

② 弯曲试验。弯曲试验是将试件的一端牢固地卡紧在两个平行辊筒与内辊筒的试验装置内进行试验的。通过外辊筒沿以内辊筒轴线为中心的圆弧转动，向试样施加载荷，使试样逐渐连续地弯曲，如图 5-23 所示，具体压头尺寸、辊筒间距离与弯曲角度见相关标准。

③ 试验报告。弯曲试验以弯曲角的大小及产生缺陷的情况作为评定标准，如锅炉压力容器的冷弯角一般为 50°、90°、100°或 180°，当试样达到规定角度后，试样拉伸面上任何方向最大缺陷长度均不大于 3mm 为合格，其试验报告见表 5-13。

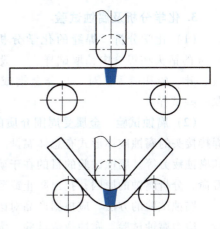

图 5-23　弯曲试验示意图

表 5-13　弯曲试验报告

试件编号	试验类型	尺寸/mm	压头直径/mm	辊筒间距离/mm	弯曲角(°)	原始标距/mm	伸长率(%)	说明

2）压扁试验。带纵焊缝和环焊缝的小直径管接头，不能取样进行弯曲试验时，可将管子的焊接接头制成一定尺寸的试管，在压力机下进行压扁试验。试验时，通过将管子接头外壁压至一定值（H）时，以焊缝受拉部位的裂纹情况来作为评定标准，如图 5-24 所示。

（3）硬度试验　硬度试验是用来测定焊接接头各部位硬度的试验。根据硬度结果可以了解区域偏析和近缝区的淬硬倾向，可作为选用焊接工艺时的参考，常见的测定硬度方法有布氏硬度法（HB）、洛氏硬度法（HR）和维氏硬度法（HV）。

（4）冲击试验　冲击试验是用来测定焊接接头和焊缝金属在受冲击载荷时，不被破坏的能力（韧性）及脆性转变的温度。冲击试验通常是在一定温度下（如 0℃、-20℃、

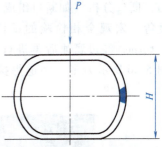

图 5-24　压扁试验示意图

-40℃），把有缺口的冲击试样放在试验机上，测定焊接接头的冲击吸收功，以冲击吸收功作为评定标准。试样缺口部位可以开在焊缝、熔合区上，也可以开在热影响区上。试样缺口形式，有 V 形和 U 形，V 形缺口试样为标准试样。如图 5-25 所示为焊接接头的冲击试样。

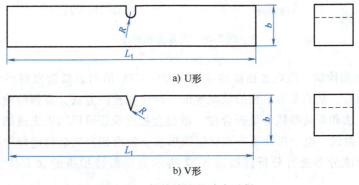

a) U形

b) V形

图 5-25　焊接接头的冲击试样

3. 化学分析及腐蚀试验

（1）化学分析　焊缝的化学分析是为了检查焊缝金属的化学成分。通常用直径为 6mm 的钻头在焊缝中钻取试样，一般常规分析需试样 50~60g。经常被分析的元素有碳、锰、硅、硫和磷等。对一些合金钢或不锈钢尚需分析镍、铬、钛、钒、铜等，但需要多取一些试样。

（2）腐蚀试验　金属受周围介质的化学和电化学作用而引起的损坏称为腐蚀。焊缝和焊接接头的腐蚀破坏形式有总体腐蚀、刃状腐蚀、点腐蚀、应力腐蚀、海水腐蚀、气体腐蚀和腐蚀疲劳等。腐蚀试验的目的在于确定给定的条件下金属抗腐蚀的能力，估计产品的使用寿命，分析腐蚀的原因，找出防止或延缓腐蚀的方法。

腐蚀试验的方法，应根据产品对耐蚀性能的要求而定。常用的方法有不锈钢晶间腐蚀试验、应力腐蚀试验、腐蚀疲劳试验、大气腐蚀试验、高温腐蚀试验。

4. 金相检验

焊接接头的金相检验是用来检查焊缝、热影响区和母材金相组织的情况及确定内部缺陷等的。金相检验分宏观金相和微观金相两大类。

（1）宏观金相检验　宏观金相检验是用肉眼或借助低倍放大镜直接进行检查（一般采用 10 倍或 10 倍以下放大镜进行检查）。它包括宏观组织（粗晶）分析（如焊缝一次结晶组织的粗细程度和方向性），熔池形状尺寸，焊接接头各区域的界限和尺寸及各种焊接缺陷，断口分析（如断口组成、裂源及扩展方向、断裂性质等），硫、磷和氧化物的偏析程度等。宏观金相检验的试样，通常焊缝表面保持原状，而将横断面加工至 $Ra3.2 \sim Ra1.6\mu m$，经过腐蚀后再进行观察；还常用折断面检查的方法，对焊缝断面进行检查，如图 5-26 所示为多层多道焊接的铝合金试件与一层一道焊接的不锈钢试件的宏观金相照片。

a) 铝合金　　　　　　　b) 不锈钢

图 5-26　宏观金相照片

（2）微观金相检验　微观金相检验是用 1000~1500 倍的显微镜来观察焊接接头各区域的显微组织、偏析、缺陷及析出相的状况等的一种金相检验方法。根据检验结果，可确定焊接材料、焊接方法和焊接参数等是否合理。微观金相检验还可以用更先进的设备，如电子显微镜、X 射线衍射仪、电子探针等分别对组织形态、析出相和夹杂物进行分析及对断口、废品和事故、化学成分等进行分析，如图 5-27 所示为显微镜拍摄的铁素体、奥氏体的显微组织。

a) 铁素体的显微组织   b) 奥氏体的显微组织

图 5-27 微观金相照片

5.1.9 自动化熔化极气体保护焊安全技术操作规程

1. 自动化熔化极气体保护焊设备特有的危险性

与其他的工业机械相比较，机器人生产具有下述危险性：

1）机器人的机构与控制原理非常复杂，操作人员必须具备足够的知识，否则会出现误操作，成为不安全的因素。

2）操作机能在上下、左右、前后等三维空间内进行高速运动，有时对其动作不能预测。

3）在控制装置中使用许多精密的 IC 零件，如受外部干扰，会产生误动作，这样的动作是不能进行预测的。

4）进行示教作业时，操作人员必须进入机器人的可动区域内进行作业，这就有可能受到操作机误动作的威胁。因此，作为机器人生产工厂的操作人员和机器人用户的操作人员必须注意安全，生产工厂的操作人员必须遵守"安全机器人"（日本工业标准：JIS-B-8433）。用户的操作人员必须遵守劳动安全规则，接受机器人安全操作的专门教育，在现场设置安全护栏，并牢记其他注意事项。

2. 劳动安全规则

使用工业机器人的操作人员必须遵守劳动安全规则，其内容如下：

1）使用和维护工业机器人的操作人员，必须接受劳动安全规则的专门教育（JIS-B-8433 第 36 条 31、32 项）。

2）在机器人的动作范围以外，设置安全护栏，以避免操作员在机器人自动运行时接触机器人（JIS-B-8433 第 150 条之 4 项）。

3）制定操作方法等作业规程，在发生故障时必须使机器人停止工作（JIS-B-8433 第 150 条之 3 项）。

4）在开始作业前必须检查机器人（JIS-B-8433 第 151 条）。

3. 自动运行中的安全事项

自动运行的机器人移动速度为 $100°/s \sim 430°/s$，是非常快的，所以如果在自动运行时，操作人员接触操作机，那么后果是严重的，因此在劳动安全规划中规定，使用机器人时必须设置安全护栏，操作人员不得进入机器人的运动范围之内。此外，处于自动运行状态的机器人，即使停止工作，也绝对不要靠近它，因为不知道什么条件会触发它又高速地运动，处于停止状态的机器人再启动发生的可能性见表5-14。

表 5-14　处于停止状态的机器人再启动发生的可能性

序号	停止状态	启动的可能性
1	暂停（保持）状态	如有再启动信号就动作
2	等待外部输入的状态	如有输入信号就动作
3	示教条件下的停止（定时器等）	满足条件就动作
4	一周期结束后的停止	有下一启动信号时就动作
5	其他故障等原因的停止	下一个动作不明确

5.2　自动化熔化极气体保护焊技能训练实例

技能训练1　铝合金板对接横焊

1. 焊前准备

（1）试件规格　1000mm×300mm×5mm，如图5-28所示。

（2）试板坡口角度　30°。

（3）永久垫　如图5-29所示。

（4）试件材质　6005A。

（5）焊接材料　焊丝型号为SAl 5087，直径为φ1.6mm。

（6）气体　99.999%（体积分数）高纯度氩气。

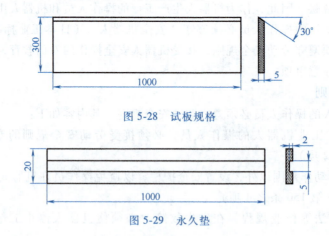

图 5-28　试板规格

图 5-29　永久垫

2. 试件装配

1）由于铝合金的热导率要比钢大数倍，具有线胀系数大、熔点低、电导率高等物理性。焊接母材本身刚性不足，在焊接过程中容易产生较大的焊接变形，特别是在焊接铝合金V形坡口横对接焊缝焊接时，如果不采用焊接工装夹紧，在焊接中很容易产生焊接变形从而影响机器人焊接的正常进行，图5-30中工装1、工装2分别为不锈钢平板工装和铝合金压紧条。

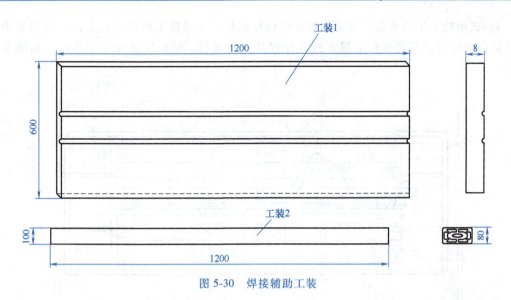

图 5-30　焊接辅助工装

2）焊接过程中为保证焊缝预留装配间隙，试件在组对时采用 F 形夹将试件夹紧后对焊缝进行定位焊。首先正面两端内侧分别进行定位焊 20mm，如图 5-31 所示，再将定位焊焊接部位反面定位焊焊透部分进行打磨平整，安装永久铝合金焊接垫板，定位焊顺序从一端往另一端依次进行，每段焊缝长度为 50mm 左右，如图 5-32 所示。

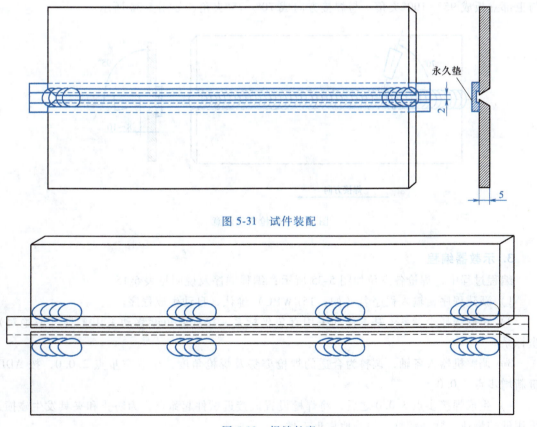

图 5-31　试件装配

图 5-32　焊缝长度

3）试板放入工装夹紧：将定位焊好的焊接试板放入焊接工装的垫板上，并采用 F 形夹具及铝合金压紧工装将试板夹紧，为保证焊接正常进行，试板应紧贴工装垫板，如图 5-33 所示。

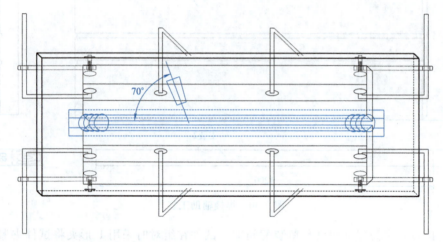

图 5-33　焊接工装夹紧示意图

4）焊枪角度：焊枪角度是否合适直接影响到焊缝熔深的好坏及焊缝成形的好坏，将焊枪姿态调整到最佳位置可以较好地减少焊缝未熔合、咬边以及盖面焊缝不均匀等缺陷，焊枪与上部立板成 95°~100°夹角，与焊接方向成 70°~75°夹角，如图 5-34 所示。

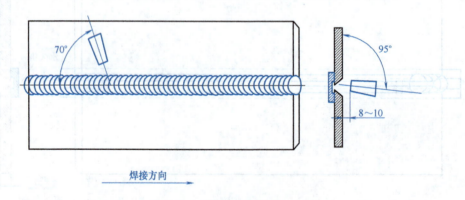

图 5-34　焊枪角度示意

3. 示教器编程

编程过程中，焊枪各点位如图 5-35 所示；编程顺序及说明见表 5-15。

1）新建程序，输入程序名（如：T5BWPC）确认，自动生成程序。

2）正确选择坐标系：基本移动采用直角坐标系，接近或角度移动采用工具（或绝对）坐标系。

3）调整机器人各轴，调整为合适的焊枪姿势及焊枪角度，生成空步点 2.0.0，按 ADD 键新增步点 3.0.0。

4）生成焊接步点 3.0.0 之后，将焊枪设置成接近试件起弧点，为防止和夹具发生碰撞，采用低挡慢速，微动调整，精确地靠近工件。

5) 调整焊丝干伸长度 8~10mm。

6) 调整焊枪角度，将焊枪与立板呈 40°~45° 夹角，与焊接方向呈 70°~75° 夹角，按 ADD 键新增步点 4.0.0。

7) 缝焊分成两个工作步点进行焊接，将焊枪移动至焊缝中间位置，调整好焊枪角度及焊丝干伸长度；按 JOG/WORK 键将 4.0.0 空步转换成工作步，设定合理焊接参数；按 ADD 键新增工作步点 5.0.0。

8) 将焊枪移至焊缝收弧点，调整好焊枪角度及焊丝干伸长度；按 ADD 键新增工作步点 6.0.0；按 JOG/WORK 键将工作步转换成空步点 7.0.0。

9) 将焊枪移开试件至安全区域。

10) 示教编程完成后，对整个程序进行试运行。试运行过程中观察各个步点的焊接参数是否合理，并仔细观察焊枪角度的变化及运行时设备周围的安全性。

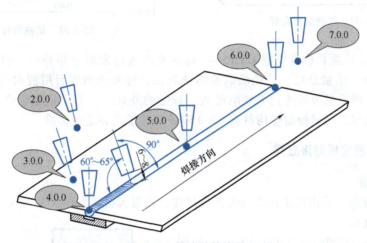

图 5-35　焊缝示教编程

表 5-15　5mm 铝合金平板对接焊缝编程

顺序号	步点号	类型	扩展	备注
2	2.0.0	空步+非线性	无	
3	3.0.0	空步+非线性	无	接近焊缝起始点
4	4.0.0	空步+非线性	无	焊缝起始点
5	5.0.0	工作步+线性	无	焊缝中间点
6	6.0.0	工作步+线性	无	焊缝目标点
7	7.0.0	空步+非线性	无	离开焊缝

4. 操作要点及注意事项

1) 焊前采用直磨机（见图 5-36）将接头处磨成缓坡状，保证焊接时引弧及焊缝质量良好。

2) 焊接前检查试件周边是否有阻碍物。

3) 检查气体流量，焊丝是否满足整条焊缝焊接。

4) 检查焊机设备各仪表是否准确。

5) 清理喷嘴焊渣，拧紧导电嘴。

6) 为保证起弧的保护效果，起弧前先提前放气 10~15s。

图 5-36　气动式直磨机

7）焊接从起弧端往收弧端依次进行焊接，焊接完成后，刷掉黑灰，去除飞溅。

5. 焊缝质量检验

1）经采用上述焊接工艺措施后，焊缝在外观检验中，焊缝成形良好，宽窄一致无单边及咬边现象，如图5-37所示。

2）试块取样：将试块两端25mm去除，再将试块均分为四等份（可采取锯床切割或机加工方法直接取样）取样，如图5-38所示。

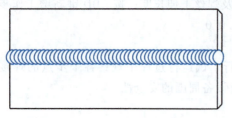

图5-37　焊缝成形良好

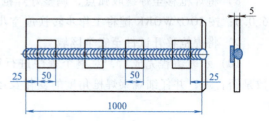

图5-38　试块取样

3）焊缝内部检验：检验依据 EN 15085 标准要求进行宏观金相检验，将试件焊缝打磨抛光后采用30%（质量分数）的硝酸酒精溶液腐蚀，待腐蚀彻底后用清水冲洗，风干后进行照相评判。焊缝质量等级达到无缺陷等级，焊缝的外观与内部质量完全符合 EN 287-2 标准，此外各项机械性能试验指标均符合 EN 15085 焊接工艺评定的标准。

技能训练2　铝合金板对接立焊

1. 焊前准备

（1）焊接设备　采用固定式机器人进行焊接，机器人设备如图5-39所示。

（2）试件规格

1）管规格：$\phi 200\text{mm} \times 100\text{mm} \times 8\text{mm}$，如图5-40所示。

2）板规格：$10\text{mm} \times 400\text{mm} \times 400\text{mm}$，如图5-40所示。

3）试件材质：6005A。

4）焊接要求：焊缝厚度5.7mm（焊脚 $K \approx 8$）。

5）焊接材料：焊丝型号5087，直径为 $\phi 1.6\text{mm}$。

6）气体：99.999%（体积分数）的高纯度氩气。

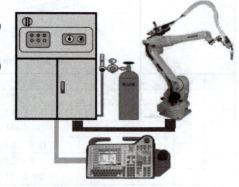

图5-39　固定式焊接机器人

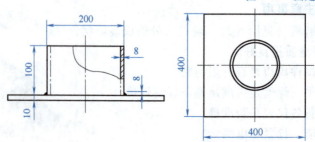

图5-40　试件规格

2. 试件装配

1）由于铝合金的热导率要比钢大数倍，具有线胀系数大、熔点低、电导率高等物理特性。试件为铝合金圆管与平板装配进行焊接，圆管焊接时呈环形焊缝进行机器人焊接，对于示教编程要求较高，需要采用特殊编程方式进行编程，保证整道焊缝连续进行焊接，特别是在焊接收弧部分焊枪角度非常重要。

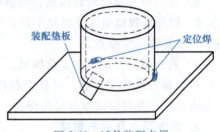

2）焊接过程中为保证焊缝装配间隙控制在 0.5~1mm，试件在组对时采用 0.5~1mm 的不锈钢垫板垫在圆管下预留间隙，再对焊缝进行定位焊，定位焊位置为相当于时钟的 3 点与 10 点位置，如图 5-41 所示。

图 5-41　试件装配点焊

3. 示教编程

编程过程中的步点设定如图 5-42 所示，其焊接顺序及类型见表 5-16；具体的示教编程步骤如下：

1）新建程序，输入程序名（如：T8FWPB）确认，自动生成程序。

2）正确选择坐标系：基本移动采用直角坐标系，接近或角度移动采用绝对坐标系。

3）调整机器人各轴，调整为合适的焊枪姿势及焊枪角度，生成空步点 2.0.0，按 ADD 键新增步点 3.0.0。

4）生成焊接步点 3.0.0 之后，将焊枪设置成接近试件起弧点（相当于时钟的 7 点位置），为防止和夹具发生碰撞，采用低挡慢速，微动调整，精确地靠近工件。

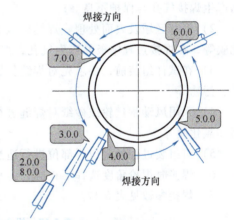

图 5-42　焊缝示教编程

表 5-16　铝合金 ϕ200mm 管板焊缝编程

顺序号	步点号	类型	扩展	备注
2	2.0.0	空步+非线性	无	
3	3.0.0	空步+非线性	无	接近焊缝起始点
4	4.0.0	空步+非线性	无	焊缝起始点
5	5.0.0	工作步+圆弧	无	焊缝中间点
6	6.0.0	工作步+圆弧	无	焊缝中间点
7	7.0.0	工作步+圆弧	无	焊缝目标点
8	8.0.0	空步+非线性	无	离开焊缝

5）调整焊丝干伸长度 8~10mm。

6）调整焊枪角度，将焊枪与平板呈 45°夹角，与焊接方向呈 70°~75°夹角，按 ADD 键新增步点 4.0.0。

7）缝焊分成三个工作步点进行焊接，将焊枪移动至焊缝中间位置，调整好焊枪角度及焊丝干伸长度；按 JOG/WORK 键将 4.0.0 空步转换成工作步，设定合理焊接参数，将焊接参数中的运动模式线性修改为圆弧；按 ADD 键新增步点 5.0.0，调整合适焊枪角度及焊丝干伸长度，按 ADD 键新增步点 6.0.0，调整合适焊枪角度及焊丝干伸长度。

8）将焊枪移至焊缝收弧点，调整好焊枪角度及焊丝干伸长度，按 ADD 键新增工作步点 7.0.0，调整好焊枪角度及焊丝干伸长度；按 ADD 键新增工作步点 8.0.0；按 JOG/WORK 键将工作步转换成空步点。

9）将焊枪移开试件至安全区域。

10）示教编程完成后，对整个程序进行试运行。试运行过程中观察各个步点的焊接参数是否合理，并仔细观察焊枪角度的变化及运行时设备周围的安全性。

4. 操作要点及注意事项

（1）焊接工艺

1）生产环境。由于铝合金对现场的温湿度要求较高，故对产生气孔较为敏感；在焊接操作时，要注意避免穿堂风对焊接过程的影响，空气的剧烈流动会引起气体保护不充分，从而产生焊接气孔与保护不良。

2）焊缝区域及表面处理。焊缝区域的表面清洁非常重要，如果焊接区域存在油污、氧化膜等，在焊接过程中极易产生气孔，严重影响焊接质量。

3）在试件组装前，要求先对焊缝位置采用异丙醇或酒精进行清洗两侧 20mm 表面的油脂、污物等。

4）采用风动钢丝轮或砂纸对焊缝进行抛光、打磨，抛光要求呈亮白色，不允许存有油污和氧化膜等。

5）对组装过程的定位焊部位进行适当的修磨，要求将定位焊接头打磨呈缓坡状。

6）焊接时焊枪角度选择不正确，容易引起焊缝熔合不好。

7）焊接参数见表 5-17。

表 5-17   铝合金 ϕ200mm 管板焊接参数

层道分布	焊丝规格 /mm	功率 （%）	焊接速度/ （cm/min）	弧长修正 （%）	气体流量 /（L/min）	干伸长度 /mm	脉冲
1	1.6	75	75	15	18~20	8~10	NO

（2）焊接注意事项

1）试件放在工作平台上夹紧。将装配定位焊好的焊接试件放在工作平台上，并采用 F 形夹具将试件夹紧；为保证整个焊接顺利进行，接地线牢固接在试件底板上，如图 5-43 所示。

2）焊枪角度。焊枪角度的合适与否直接影响到焊缝熔深的好坏及焊缝成形的好坏，将焊枪姿态调整到最佳位置可以较好地减少焊缝未熔合、咬边以及盖面焊缝不均匀等缺陷，焊枪与立板呈 45°夹角，与焊接方向呈 70°~75°夹角，如图 5-44 所示。

（3）焊接操作要点

图 5-43   试件焊接夹紧示意图

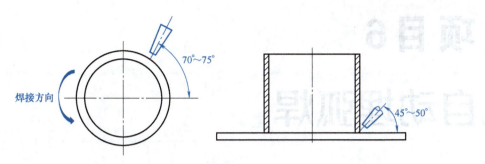

图 5-44　焊枪角度示意

1）焊前采用直磨机（见图 5-45）将定位焊接头处磨成缓坡状，保证焊接时引弧及起弧端焊缝质量良好。

2）焊接前检查试件周边是否有阻碍物。

3）检查气体流量，焊丝是否满足整条焊缝焊接。

4）检查焊机设备各仪表是否准确。

5）清理喷嘴焊渣，拧紧导电嘴。

6）为保证起弧的保护效果，起弧前先提前放气 10~15s。

7）预热。由于铝的比热容比钢大一倍，热导率比钢大两倍，为了防止焊缝区域热量的大量流失，焊前应对试件进行预热，可有效保证产品焊接质量。根据铝合金工艺要求板厚≥8mm 需要对试件进行预热，由于圆管壁厚为 8mm，底板厚为 10mm，焊前需要采用氧乙炔焰对试件进行预热，预热温度为 60~

图 5-45　气动式直磨机

100℃，以有效保证焊缝质量及成形美观。

8）起弧端从相当于时钟 7 点位置开始依次进行焊接，焊接完成后，刷掉黑灰，去除飞溅。

5. 焊缝质量检验

1）经采用上述焊接工艺措施后，焊缝在外观检验中，焊缝波纹细腻、宽窄一致、成形美观，焊脚对称及无咬边现象。

2）试块取样。将试件起、收弧端 25mm 去除，再将试块均分为四等份（可采取锯床切割或机加工方法直接取样）取样。

3）焊缝内部检验：检验依据 EN 15085 标准要求进行宏观金相检验，将试件焊缝打磨抛光后采用 30%（质量分数）的硝酸酒精溶液腐蚀，待腐蚀彻底后用清水冲洗，风干后进行照相评判。焊缝质量等级达到无缺陷等级，焊缝的外观与内部质量完全符合 EN 287-2 标准，此外各项机械性能试验指标均符合 EN 15085 焊接工艺评定的标准。

项目6

自动埋弧焊

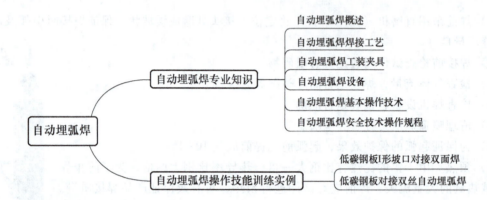

6.1 自动埋弧焊专业知识

6.1.1 自动埋弧焊概述

埋弧焊是电弧在焊剂保护层下进行燃烧焊接的一种焊接方法。自动埋弧焊机是指采用焊剂层下自动焊接的设备，它配用交流焊机作为电弧电源，适用于水平位置或与水平位置倾斜不大于10°的各种有、无坡口的对接焊缝、搭接焊缝和角焊缝。与普通手工弧焊相比，具有生产效率高、焊缝质量好，节省焊接材料和电能，焊接变形小及改善劳动条件等突出优点。自动埋弧焊机主要用于大中型碳钢、合金钢、不锈钢的焊接，在钢结构厂房、造船、锅炉、化工容器、桥梁、起重机械及冶金机械等制造业中应用最为广泛。

1. 埋弧焊工作原理

埋弧焊的实质是在一定大小颗粒的焊剂层下，由焊丝和焊件之间放电而产生的电弧热使焊丝的端部及焊件的局部熔化，形成熔池，熔池金属凝固后形成焊缝，这个过程是在焊剂层下进行的，所以称为埋弧焊。焊缝的成形过程如图6-1所示，焊丝末端和焊件之间产生电弧后，电弧的辐射热使周围的焊剂熔化，其中一部分达到沸点，并蒸发形成高温气体，这部分蒸气将电弧周围的熔化焊剂（熔渣）排开，形成一个气泡，电弧在这个气泡内燃烧，气泡的上部被部分熔化了的焊剂及渣壳构成的外膜包围着，它不仅能很好地将熔池与空气隔开，而且可以隔绝弧光的辐射。随着电弧在气泡内连续燃烧，焊丝不断地熔化形成熔滴落入熔池。当电弧沿焊缝方向不断向前移动时，熔池也随之冷却而凝固形成焊缝，密度较小的熔渣浮在熔池的表面，冷却后成为渣壳，去除后就能得到一个具有良好力学性能、外表光滑平整的焊缝。

埋弧焊与焊条电弧焊的主要区别是：埋弧焊的引弧、维持电弧稳定燃烧和送进焊丝、电弧的移动以及焊接结束时填满弧坑等动作，全部是利用机械自动完成的。

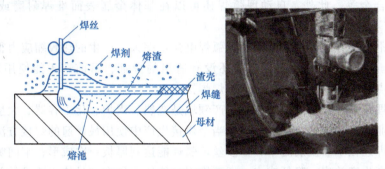

图6-1　埋弧焊时焊缝成形的过程

2. 埋弧焊的特点

（1）埋弧焊的主要优点

1）所用的焊接电流大，比手工电弧焊大4~6倍，加上焊剂和熔渣的隔热作用，热效率较高，熔深大，工件的坡口可小一点，减少了填充金属量。单丝埋弧焊在工件不开坡口的情况下，一次可熔透20mm。

2）由于焊接电流大，所以焊接速度就可以快，以厚度8~10mm的钢板对接焊为例，单丝埋弧焊速度可达50~80cm/min，而手工电弧焊则不超过10~13cm/min。

3）焊剂的存在不仅能隔开熔化金属与空气的接触，而且可使熔池的金属凝固变慢，液体金属与熔化的焊剂间有较多时间进行冶金反应，使焊缝中气孔与裂纹等可能的缺陷减少，焊剂还可以向焊缝金属补充一些合金元素，提高焊缝金属的力学性能。

4）在有风的环境中焊接时，埋弧焊的保护效果比其他电弧焊方法好。

5）在自动埋弧焊时，焊接行走速度、焊丝的送进速度及电流大小等焊接参数可通过自动调节保持稳定，减少了焊接质量对焊工技术水平的依赖程度。

6）劳动条件较好，没有电弧光辐射。

（2）埋弧焊的主要缺点

1）由于采用颗粒状焊剂进行保护，故一般只适用于平焊和角焊。

2）不能直接观察电弧与坡口的相对位置，需要采用焊缝自动跟踪装置，否则容易焊偏。

3）埋弧焊使用电流较大，电弧的电场强度较高，电流小于100A时电弧稳定性较差，因此不适于焊接厚度小于1mm的薄板。

3. 自动埋弧焊的应用范围

（1）根据焊缝类型和焊件厚度　凡是焊缝可以保持在水平位置或倾斜度不大的焊件，不管是对接、角接和搭接接头，都可以用自动埋弧焊焊接，如平板的拼接焊缝、圆筒形焊件的纵缝和环缝、各种焊接结构中的角缝和搭接缝等。

自动埋弧焊可焊接的焊件厚度范围很大。除了厚度在5mm以下的焊件由于容易烧穿，自动埋弧焊用得不多外，较厚的焊件都可用自动埋弧焊焊接。目前，自动埋弧焊焊接的最大厚度已达 650mm。

（2）**根据焊接材料的种类** 随着焊接冶金技术和焊接材料生产技术的发展，适合自动埋弧焊的材料已从碳素结构钢发展到低合金结构钢、不锈钢、耐热钢以及某些有色金属，如镍基合金、铜合金等。此外，自动埋弧焊还可以在基体金属表面堆焊耐磨或耐腐蚀的合金层。

铸铁一般不能用埋弧焊焊接。因为埋弧焊电弧功率大，产生的热收缩应力很大，焊后很容易形成裂纹。铝、镁、钛及其合金因还没有适当的焊剂，目前还不能使用埋弧焊焊接。铅、锌等低熔点金属材料也不适合用埋弧焊焊接。

最能发挥埋弧焊快速、高效特点的生产领域是造船、锅炉、化工容器、大型金属结构和工程机械等工业制造部门，自动埋弧焊是当今焊接生产中使用最普遍的焊接方法之一。

自动埋弧焊还在不断发展之中，如多丝埋弧焊能达到厚板一次成形；窄间隙埋弧焊可以使厚板焊接提高生产效率，降低成本；埋弧堆焊，能使焊件在满足使用要求的前提下节约贵重金属或提高使用寿命。

6.1.2 自动埋弧焊焊接工艺

1. 焊丝

自动埋弧焊使用的焊丝有实心焊丝和药心焊丝两类，生产中普遍使用的是实心焊丝，药心焊丝只在某些特殊场合应用。目前主要有碳钢、低合金钢、高碳钢、特殊合金钢、不锈钢、镍基合金钢以及堆焊用特殊合金焊丝，自动埋弧焊焊丝牌号说明如图 6-2 所示。

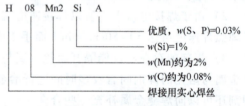

图 6-2　焊丝牌号说明

焊接用实心焊丝中 ω（C）表示 C（碳）的质量分数，其他依次类推；当元素的含量小于 1% 时，元素符号后面的 1 省略；有些结构钢焊丝牌号尾部标有 A 或 E 字母，A 表示优质品，E 表示为高级优质品，其硫、磷含量更低。

2. 焊剂

焊剂主要分为两大类，熔炼焊剂和烧结焊剂，其牌号说明如图 6-3 和图 6-4 所示。

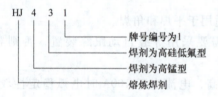

图 6-3　熔炼焊剂牌号说明

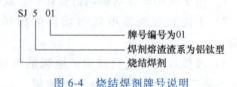

图 6-4　烧结焊剂牌号说明

熔炼焊剂与烧结焊剂的比较，见表 6-1。

表 6-1　熔炼焊剂与烧结焊剂比较

性能种类	比较项目	熔炼焊剂	烧结焊剂
焊接工艺性能	高速焊接性能	焊道均匀,不易产生气孔和夹渣	焊道无光泽,易产生气孔,夹渣
	大电流焊接性能	焊道凹凸显著,易粘渣	焊道均匀,易脱渣

（续）

性能种类	比较项目	熔炼焊剂	烧结焊剂
焊接工艺性能	吸潮性能	比较小,可不必再烘干	比较大,必须再烘干
	抗锈性能	比较敏感	不敏感
焊缝性能	韧性	受焊丝成分和焊剂碱度影响大	比较容易得到较好的韧性
	成分波动	焊丝参数变化时,成分波动小,均匀	成分波动大,不容易均匀
	多层焊性能	焊缝金属的成分变动小	焊缝金属成分波动比较大
	合金剂的添加	几乎不可能	容易

3. 自动埋弧焊焊接参数及焊接技术

（1）影响焊缝成形的因素

影响埋弧焊焊缝形状和尺寸的焊接参数有焊接电流、电弧电压、焊接速度以及焊丝直径等。

1）**焊接电流**。焊接电流过大,熔深大,余高过大,易产生高温裂纹;焊接电流小,熔深浅,余高和宽度不足。

2）**电弧电压**。电弧电压和电弧长度成正比。电弧电压过高,焊缝宽度增加,余高不够;电弧电压低,熔深大,焊缝宽度窄,易产生热裂纹。埋弧焊时电弧电压是依据焊接电流调整的,即一定焊接电流要保持一定的弧长才可能保证焊接电弧的稳定燃烧,所以电弧电压的变化范围是有限的。

3）**焊接速度**。通常焊接速度小,焊接熔池大,焊缝熔深和熔宽均较大;随着焊接速度增加,焊缝熔深和熔宽都将减小。焊接速度过小,熔化金属量多,焊缝成形差;焊接速度过大,熔化金属量不足,容易产生咬边。

4）**焊丝直径**。当其他条件不变时,焊丝直径不同,焊缝形状会发生变化。电流密度对焊缝形状尺寸的影响见表6-2。从表中可知,熔深与焊丝直径成反比关系,但这种关系随电流密度的增加而减弱。

表6-2　电流密度对焊缝形状尺寸的影响（电弧电压:30~32V,送丝速度:33cm/min）

项目	焊接电流/A							
	700~750			1000~1100			1300~1400	
焊丝直径/mm	6	5	4	6	5	4	6	5
平均电流密度/(A/mm^2)	26	36	58	38	52	84	48	68
熔深 H/mm	7.0	8.5	11.5	10.5	12.0	16.5	17.5	19.0
熔宽 B/mm	22	21	19	26	24	22	27	24
形状系数 B/H	3.1	2.5	1.7	2.5	2.0	1.3	1.5	1.3

5）**焊丝倾角**。通常称焊丝垂直水平面的焊接为正常状态,当焊丝在焊接方向上前倾或后倾时,焊缝形状是不同的,前倾时焊缝熔深浅,焊缝宽度增加,余高减小。焊接平角焊缝时,焊丝要与垂直板呈约30°的夹角。

6）**焊件倾斜**。焊件倾斜有两种情况:上坡焊和下坡焊。当进行上坡焊时,熔池液体金属在重力和电弧作用下流向熔池尾部,电弧能深入到熔池底部,因而焊缝厚度和余高增加。

同时，熔池前部加热作用减弱，电弧摆动范围减小，因此焊缝宽度减小。上坡焊角度越大影响也越明显，下坡焊时，熔深和余高减小，熔宽增大。

7）焊丝伸出长度。焊丝伸出长度增加，焊丝上的电阻热增加，电弧电压变大，熔深减小，熔宽增加，余高略有增加。若焊丝伸出过长，电弧不稳定，甚至造成停弧。一般伸出长度以 20~40mm 为宜。

8）焊剂堆高和粒度。堆高就是焊剂层的厚度。在正常焊接条件下，被熔化的焊剂的重量与被熔化的焊丝的重量相等，当堆高太小时，保护效果差，电弧露出，容易产生气孔；当堆高太大时，熔深和余高变大。一般焊剂堆高以 30~50mm 为宜。

焊剂粒度增大时，熔深和余高略有减小，熔宽略有增加。焊剂粒度的选择主要依据焊接参数：一般大电流焊接时，应选用细颗粒度焊剂，以免引起焊道外观成形变差；小电流焊接时，应选用粗颗粒度焊剂，否则气体逸出困难，易产生麻点、凹坑、气孔等缺陷。

9）坡口形式。接头形式、坡口形状、装配间隙和板厚对焊缝的成形和尺寸有影响。T形角接和厚板焊接时，由于散热快，熔深和熔宽减小，余高增大。一般增大坡口深度，或增大装配间隙时，相当于焊缝位置下沉，熔深略有增加，熔宽和余高略有减小。坡口角度增大，焊缝的熔深和熔宽都增大，余高减小。当采用 V 形坡口时，由于焊丝不能直接在坡口根部引弧，造成熔深减小；而 U 形坡口，焊丝能直接在坡口根部引弧，熔深较大。适当增大装配间隙，有益于增大熔深，但间隙过大，又容易焊漏。

（2）焊接参数选择

1）坡口设计及加工。依据单丝埋弧焊使用电流范围，当板厚小于 14mm 时，可以不开坡口，装配时留有一定间隙；板厚为 14~22mm 时，一般开 V 形坡口；板厚 22~50mm 时，开 X 形坡口；对于锅炉汽包等压力容器通常采用 U 形或双 U 形坡口，以确保底层熔透和消除夹渣。坡口加工方法常采用刨边机和气割机，对加工精度有一定要求。

2）装配定位焊。埋弧焊要求接头间隙均匀无错边，装配时需根据不同板厚确定间距定位焊。另外直缝接头两端尚需加引弧板和引出板，以减少引弧和引出时产生缺陷。

3）焊前清理。坡口内有水锈、夹杂铁末，定位焊后放置时间较长而受潮氧化等，焊接时容易产生气孔，焊前需提高工件温度或用喷砂等方法进行清理。

（3）常见自动埋弧焊形式介绍

1）对接接头单面焊。对接接头埋弧焊时，工件可以开坡口或不开坡口。开坡口不仅为了保证熔深，有时还为了达到其他的工艺目的。如焊接合金钢时，可以控制熔合比；而在焊接低碳钢时，可以控制焊缝余高等。焊缝的形状及术语描述如图 6-5 所示，其中熔合比 = $A_m/(A_m+A_H)$。

在不开坡口的情况下，自动埋弧焊可以一次焊透 20mm 以下的工件，但要预留 5~6mm 的间隙，否则厚度超过 14~16mm 的板料必须开坡口才能用单面焊一次焊透。

2）对接接头双面焊。一般工件厚度 10~40mm 的对接接头，通常采用双面焊。这种方法对焊接参数的波动和工件装配质量都不敏感，其焊接技术的关键是保证第一面焊的熔深及熔池不流溢和不烧穿。表 6-3

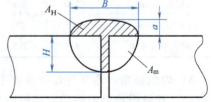

a：余高；B：熔宽；H：熔深；
A_H：填充金属在焊缝横截面中所占面积；
A_m：母材金属在焊缝横截面中所占面积。

图 6-5 焊缝形状及术语描述

列举了不开坡口对接接头悬空双面焊的焊接参数。此种焊接方法第一面焊接达到的熔深一般小于工件厚度的一半；反面焊接的熔深要求达到工件厚度的 60%～70%，以保证工件完全焊透。表 6-4 列举了开坡口工件双面焊的焊接参数。

表 6-3　不开坡口对接接头悬空双面焊的焊接参数

工件厚度 /mm	焊丝直径 /mm	焊接顺序	焊接电流 /A	电弧电压 /V	焊接速度 /(cm/min)
6	4	正	380～420	30	58
6	4	反	430～470	30	55
8	4	正	440～480	30	50
8	4	反	480～530	31	50
10	4	正	530～570	31	46
10	4	反	590～640	33	46
12	4	正	620～660	35	42
12	4	反	680～720	35	41
14	4	正	680～720	37	41
14	4	反	730～770	40	38
16	4	正	800～850	34～36	63
16	4	反	850～900	36～38	43

表 6-4　开坡口工件双面焊的焊接参数

工件厚度 /mm	坡口形式	焊丝直径 /mm	焊接顺序	坡口尺寸 $\alpha/(°)$	h/mm	g/mm	焊接电流 /A	电弧电压 /V	焊接速度 /(cm/min)
14		5	正	70	3	3	830～850	36～38	42
14		5	反	70	3	3	600～620	36～38	75
16		5	正	70	3	3	830～850	36～38	33
16		5	反	70	3	3	600～620	36～38	75
18		5	正	70	3	3	830～850	36～38	33
18		5	反	70	3	3	600～620	36～38	75
22		6	正	70	3	3	1050～1150	38～40	30
22		5	反	70	3	3	600～620	36～38	75
24		6	正	70	3	3	1100	38～40	40
24		5	反	70	3	3	800	36～38	47
30		6	正	70	3	3	1000	36～40	30
30		6	反	70	3	3	900～1000	36～38	33

3）**角焊缝焊接。**焊接 T 形接头或搭接接头的角焊缝时，采用船形焊和平角焊两种方法。船形焊的两种接头方式如图 6-6 所示；平角焊的接头方式如图 6-7 所示。

船形焊焊缝成形条件好，但要求装配间隙小于 1.5mm，否则易产生烧穿或满溢；电弧电压不宜过高，否则易咬边。平角焊对装配间隙要求相对较低，但当焊脚长度（底到缝边）

超过 8mm×8mm 时，会产生金属溢流和咬边。焊丝与腹板夹角 α 最好保持在 20°～30°，为防止熔渣流出，电弧电压也不宜太高。表 6-5 与表 6-6 分别显示了船形焊和平角焊的焊接参数，仅供参考。

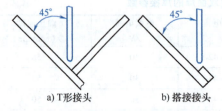

a) T形接头　　　　b) 搭接接头

图 6-6　船形焊的两种接头方式

图 6-7　平角焊的接头方式

表 6-5　船形焊焊接参数

焊脚长度/mm	焊丝直径/mm	焊接电流/A	电弧电压/V	焊接速度/(cm/min)
6	2	450～475	34～36	67
8	3	550～600	34～36	50
10	4	575～625	34～36	50
	3	600～650	34～36	38
	4	650～700	34～36	38
12	3	600～650	34～36	25
	4	725～775	36～38	33
		775～825	36～38	30

表 6-6　平角焊焊接参数

焊脚长度/mm	焊丝直径/mm	焊接电流/A	电弧电压/V	焊接速度/(cm/min)
3	2	200～220	25～28	100
4	2	280～300	28～30	92
	3	350	28～30	92
5	2	375～400	30～32	92
	3	450	28～30	92
	4	450	28～30	92
7	2	375～400	30～32	100
	3	500	30～32	47
	4	675	30～35	80

6.1.3　自动埋弧焊工装夹具

焊接工装夹具就是将焊件准确定位和可靠夹紧，便于焊件进行装配和焊接，并保证焊件结构精度方面要求的工艺装备。在现代焊接生产中积极推广和使用与产品结构相适应的工装夹具，对提高产品质量，减轻工人的劳动强度，加速焊接生产实现机械化、自动化的进程等方面起着非常重要的作用。

在焊接生产过程中，焊接所需要的工时较少，占全部加工工时的 2/3 以上时间的是用于备料、装配及其他辅助的工作，这些工作极大地影响着焊接的生产速度。为此，必须大力推广使用机械化和自动化程度较高的装配焊接工艺装备。

1. 自动埋弧焊焊接工装夹具的主要作用

自动埋弧焊焊接工装夹具的主要作用有以下几个方面：

1）准确、可靠地定位和夹紧，可以减轻甚至取消下料和画线工作。减小制品的尺寸偏差，提高零件的精度和可换性。

2）有效地防止和减轻焊接变形。

3）使工件处于最佳的施焊部位，焊缝的成形性良好，工艺缺陷明显降低，焊接速度得以提高。

4）以机械装置代替手工装配零件部位时的定位、夹紧及工件翻转等繁重工作，改善了工人的劳动条件。

5）可以扩大先进工艺方法的使用范围，促进焊接结构的生产机械化和自动化的综合发展。

2. 自动埋弧焊夹具设计的基本要求

1）**应具备足够的强度和刚度**。夹具在生产中投入使用时要承受多种力度的作用，所以工装夹具应具备足够的强度和刚度。

2）**可靠性**。夹紧时不能破坏工件的定位位置和保证产品形状、尺寸符合图样要求，既不能允许工件松动滑移，又不使工件的拘束度过大而产生较大的拘束应力。

3）**焊接操作的灵活性**。使用夹具生产应保证足够的装焊空间，使操作人员有良好的视野和操作环境，使焊接生产的全过程处于稳定的工作状态。

4）**便于焊件的装卸**。操作时应考虑制品在装配定位焊或焊接后能顺利地从夹具中取出，还要使制品在翻转或吊运中不受损害。

5）**良好的工艺性**。所设计的夹具应便于制造、安装和操作，便于检验、维修和更换易损零件。设计时还要考虑车间现有的夹紧动力源、吊装能力及安装场地等因素，降低夹具制造成本。

6.1.4　自动埋弧焊设备

自动埋弧焊机由自动机头（左）及焊接电源（焊接变压器）（右）两部分组成，如图 6-8 所示。

（1）**自动机头**　由焊车及支架、送丝机构、焊丝矫直机构、导电部分、焊接操作控制盒、焊丝盘、焊剂斗等部件组成。

（2）**焊接电源（焊接变压器）**　交流焊接电源，由同体的二相降压变压器及电抗器、冷却风扇、调节电抗器用的电动机及减速箱、控制电动机正反转的控制变压器及交

图 6-8　自动埋弧焊设备

流接触器、按钮以及给自动机头提供电源的控制变压器等组成。控制线通过电源上的多芯插座与外界相连，遥控盒与电源上的多芯插座相连，实现远距离电流调节。电源上还有近离控制的电流增加/减少按钮也可实现电流调节，电流大小可通过电源顶部的电流指示窗指示。

1. 自动埋弧焊机性能特点

1）热效率高，熔深大，焊接速度快，焊接效果好，成形美观，劳动强度低。

2）使用寿命长。埋弧焊小车采用无触点控制电路，电动机起动、换向可靠，使寿命显著提高。

3）电弧柔和稳定，可靠性好。晶闸管式直流弧焊电源，具有电网电压波动补偿功能及抗干扰功能。

4）适用范围广。电流调节范围宽，适合多种板厚的焊接。

5）使用更安全。内置过热、电压异常保护电路。

2. 自动埋弧焊机的分类

自动埋弧焊机按其工作性质、结构特点、用途等不同分类如下：

1）按焊丝的数目可分为单丝式、双丝式和多丝式自动埋弧焊机，目前生产中应用的大多是单丝式自动埋弧焊机。

2）按焊机结构形式可分为：小车式、悬挂式、车床式、门架式、悬臂式自动埋弧焊机。

3）按电极形状可分为丝极式和带极式自动埋弧焊机。

4）按送丝方式可分为等速送丝式和变速送丝式自动埋弧焊机，等速送丝式自动埋弧焊机适用于细焊丝高电流密度条件的焊接，变速送丝式自动埋弧焊机则适用于粗焊丝低电流密度条件的焊接。

尽管生产中使用的焊机类型较多，但根据其自动调节的原理都可以归纳为：电弧自身调节的等速送丝式自动埋弧焊机和电弧电压自动调节的变速送丝式自动埋弧焊机。

3. 自动埋弧焊机的组成

自动埋弧焊机主要由弧焊电源、控制箱、焊接机头、导轨或支架等组成，常用的自动埋弧焊机有等速送丝和变速送丝两种。

（1）自动埋弧焊用焊接电源　自动埋弧焊用焊接电源应按照电流类型、送丝方式和焊接电流大小进行选用。

1）单丝自动埋弧焊电源。单丝自动埋弧焊常用的电流类型见表6-7。一般直流电源用于小电流范围、快速引弧、高速焊接、所用焊剂的稳定性较差以及焊接参数稳定性有较高要求的场合。当采用直流正接时，焊丝的熔敷效率高，熔深较小；当采用直流反接时，焊丝的熔敷效率较低，熔深较大。采用交流电源焊接，焊丝的熔敷效率和熔深介于直流正接和直流反接之间，电弧的偏吹小。因此交流电源多用于大电流和用直流电源焊接时磁偏吹严重的场合。

表6-7 单丝自动埋弧焊常用的电流类型

埋弧焊方法	焊接电流/A	焊接速度/（cm/min）	电流类型
自动埋弧焊	300~500	>100	直流
	600~900	3.8~75	交流或直流
	>1000	12.5~38	交流

2）电源外特性。自动埋弧焊电源的外特性可以是陡降外特性，也可以是缓降或平的外特性。具有陡降外特性的电源，其输出电压随着电流的增加而急剧下降，在变速送丝式（即弧压反馈自动调节系统）的自动埋弧焊机中，需配备这类电源。具有缓降或平降外特性的电源，其输出电流增加时，电压几乎维持恒定，电源输出的多是直流电，在等速送丝（即电弧自身调节系统）的自动埋弧焊机中需配备这类电源。

（2）自动埋弧焊机的控制系统　自动埋弧焊机控制系统是用来控制焊接时的电弧长度、电流及焊接速度等参数，以保证焊接质量。

1）自动埋弧焊电弧的自动调节原理。自动埋弧焊过程中，焊丝的送进速度与其熔化速度在任何状态下都能保持相等，此种理想状态可使焊接电弧稳定，焊接质量同样稳定。但在实际焊接过程中，电网电压的波动、焊接条件的变化，均可使弧长变化，弧长调节系统的作用是当弧长变化时，能立即调整 $v_{送}$（送丝速度）和 $v_{熔}$（焊丝熔化速度）之间的关系，使弧长恢复至给定值。

2）等速送丝式自动埋弧焊机的电弧自身调节。自动埋弧焊采用等速送丝时，当弧长发生变化而引起焊接参数发生变化时，电弧自身会产生一种调节作用使改变的弧长自动地回到原来的大小，这种特性称为焊接电弧的自身调节特性。

对于一定焊接电源的外特性曲线在无外界干扰和一定的焊接条件下，必定有一个相应的电弧稳定燃烧点，在该点上的焊丝熔化速度等于焊丝送丝速度，此时弧长不变，焊接过程稳定。如图 6-9 所示，假设原先电弧在 O_0 点燃烧（弧长为 L_0，电弧电压为 U_0，焊接电流为 I_0），O_0 点是电弧静特性曲线 L_0、电源外特性曲线 2 和电弧自身系统静曲线 C 三者的交点，电弧在 O_0 点燃烧，焊丝的熔化速度等于焊丝的送丝速度，焊接过程稳定。如果受到外界干扰，弧长 L_0 缩短为 L_1，这时电弧的静特性曲线由 L_0 变至 L_1，它与电源外特性曲线 2 交于 O_1 点，电弧开始在此点燃烧，但 O_1 点位于曲线 C 的右边，因而焊丝熔化速度大于送丝速度，于是弧长逐渐增加，直到增至原先弧长 L_0 时，工作点又回到位于曲线 C 上的 O_0 点，焊接过程恢复稳定。反之，当外界干扰使弧长突然增加时，同样也能使电弧恢复至原工作点。

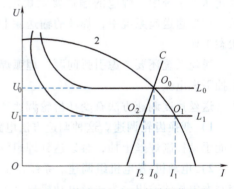

图 6-9　等速送丝电弧自动调节过程

为了提高焊缝质量，希望电弧自身调节过程的作用强烈，即弧长恢复时间越短越好，因为在该过程中焊接参数值是不稳定的。恢复时间决定于焊丝熔化速度的变化，而焊丝熔化速度的变化取决于所选定的焊接电流值，即对于一定直径的焊丝，有一个对应的焊接电流临界值，大于此焊接电流值时，电弧的自身调节作用会增强。但是焊接过程中使用过大的焊接电流会使焊缝成形恶化和产生缺陷，所以为了加强电弧自身调节作用，采用细直径的焊丝。

另外从图 6-9 中看出，在弧长变化时，电源外特性曲线曲率越大，引起的电流变化量就越小，则弧长恢复的时间就越长，电弧的自身调节作用也越弱，所以等速送丝的电焊机要求选用具有缓降或平直外特性的弧焊电源。

3）变速送丝式自动埋弧焊机的电弧电压均匀调节。变速送丝式自动埋弧焊机的电弧电压自动调节是通过电弧电压反馈系统来完成的，当焊接过程中弧长波动时，所引起的电弧电压变化反馈到电焊机的电气系统，促使送丝速度改变，使弧长迅速恢复到原来数值。

由于外界干扰引起弧长变化时，自动调节式电焊机的自动调节过程如图 6-10 所示。在正常情况下，电弧在 O_0 点稳定燃烧，此时焊丝熔化速度等于焊丝送丝速度。当外界干扰，弧长由 L_0 变至 L_1 时，电弧静特性曲线由 3 变至 4，电弧电压由原来的 U_0 减至 U_1，此时送丝速度由原来的 v_{f0} 剧烈地减至 v_{f1}，另外由于电弧燃烧点由 O_0 点变至 O_1 点，使焊接电流由 I_0 增至 I_1，与其相应的焊丝熔化速度由 v_{m0} 增至 v_{m1}，这两方面的变化结果使焊丝送进速度与焊丝熔化速度有一定的差值，于是焊接电弧迅速增长，在弧长增加的过程中，电弧电压升高，送丝速度也随之加快，焊丝熔化速度因焊接电流的降低而减慢，直至工作点由 O_1 点回到 O_0 点时，电弧电压恢复原数值，送丝速度与熔化速度相等，焊接过程恢复稳定。可以看出，在电弧调节过程中，电弧自身

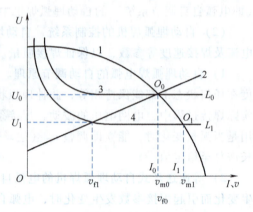

图 6-10　变速送丝电弧自动调节过程

调节也起作用，但是电弧的自动调节作用比较强烈，在弧长改变时，主要靠自动调节作用，即改变送丝速度进行，因此其调节性能取决于电弧电压反馈系统。

（3）**自动埋弧焊送丝控制回路**　送丝系统控制着自动埋弧焊机焊接时焊丝的送进。在等速送丝系统中，焊丝的输送要求稳定，并且要具有一定的调速范围，满足不同规范的要求。在变速送丝系统中，焊丝的输送除上述要求外，还要有一定的响应速度，使系统以最佳状态工作。

送丝系统还要考虑引弧问题。埋弧焊的引弧需要使焊丝与工件短路，通过端部熔化焊丝上抽引燃电弧。

送丝速度调速方法有变换齿轮调速和电动机-发电机组调速两种。

1）**变换齿轮调速**。这种调速方法电路简单，使用寿命长，但速度调节不方便，起弧时只能手动控制焊丝上抽，难以达到理想效果。主要用于交流感应电动机调速。

2）**电动机-发电机组调速**。系统由交流感应电动机带动直流发电机运转，通过励磁电流控制发电机的输出，为送丝电动机提供工作电压。这种机组经久耐用，对电网要求低，是一种简单可靠的调速系统。

（4）**晶闸管送丝控制电路**　电路由晶体管、单结晶体管及晶闸管等电子元件组成。与电动机-发电机组调速相比，体积小、成本低、性能好。

（5）**自动埋弧焊行走机构控制回路**　行走机构常采用感应电动机驱动、变换齿轮调速；电动机-发电机组调速；晶闸管控制电路调速等几种方式。

4. 焊接机头

常用的自动埋弧焊焊接机头的典型结构是焊接小车。

5. 自动埋弧焊机的型号及主要技术参数

（1）**MZ1-1000 型**　MZ1-1000 型埋弧焊机由焊接小车、控制箱和弧焊电源三部分组成。此焊机是典型的等速送丝式自动埋弧焊机，其控制系统比较简单，外形尺寸不大，焊接小车

结构也比较简单，使用方便，可使用交流和直流焊接电源。主要用于焊接水平位置及倾斜小于15°的对接和角接焊缝，也可以焊接直径较大的环形焊缝。

1）**焊接小车**。交流电动机为送丝机构和行走机构共同使用，电动机有两个输出轴，一端经送丝机构减速器驱动焊丝，另一端经行走机构减速器带动焊接小车。

焊接小车的前轮和主动轮与车体绝缘，主动后轮的轴与行走机构减速器之间套有摩擦离合器，脱开时可以用手推动焊接小车。焊接小车的回转托架上装有焊剂漏斗、控制板、焊丝矫直机构、送给轮和导电嘴等。焊丝从焊丝盘经矫直机构、送给轮和导电嘴送入焊接区，所用的焊丝直径为$\phi 1.6 \sim \phi 5 \text{mm}$。

焊接小车的传动系统中有两对可调齿轮，通过改换齿轮的方法，可调节焊丝送给速度和焊接速度。焊丝送给速度调节范围为$16 \sim 126 \text{m/h}$。

2）**控制箱**。控制箱内装有电源接触器、中间继电器、降压变压器、电流互感器等电器元件，在外壳上装有控制电源的转换开关、接线及多芯插座等。

3）**弧焊电源**。常见的自动埋弧焊交流电源采用BX21000型同体式弧焊变压器，有时也采用具有缓降外特性的弧焊变压器。

（2）**MZ-1000型自动埋弧焊机** 此焊机是典型的变速送丝式自动埋弧焊机，它是根据电弧电压自动调节原理设计的。这种焊机在焊接过程中自动调节灵敏度较高，而且对送丝速度和焊接速度的调节方便，但电气控制线路较为复杂。可使用交流和直流焊接电源，主要用于平焊位置的对接焊，也可用于船形位置的角接焊。

MZ-1000自动埋弧焊机由焊接小车、控制箱和弧焊电源三部分组成。

1）**焊接小车**。小车的横臂上悬挂着机头托架总成、焊剂斗、焊丝盘和控制箱。机头的功能是送给焊丝，它由一台直流电动机、减速机构和送给轮组成，焊丝从滚轮中送出，经过导电嘴进入焊接区，焊丝直径为$\phi 3 \sim \phi 6 \text{mm}$，焊丝送给速度可在$0.5 \sim 2 \text{m/min}$范围内调节。控制箱和焊丝盘安装在横臂的另一端，控制盘上有电流表、电压表，用来调节小车行走速度和送丝速度的电位器，控制焊丝上下的按钮、电流增大和减小按钮等，如图6-11所示。

2）**控制箱**。控制箱内装有电动机-发电机组，还有接触器、中间继电器、降压变压器、电流互感器等电气元件。

3）**弧焊电源**。一般选用BX2-1000型弧焊变压器或选用具有陡降外特性的弧焊整流器。

（3）**等速送丝式自动埋弧焊机与变速送丝式自动埋弧焊机的比较** MZ1-1000型等速送丝式自动埋弧焊机与MZ-1000型变速送丝式自动埋弧焊机特性的比较见表6-8。

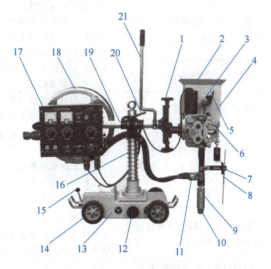

图6-11 MZ-1000型自动埋弧焊机焊接小车

1—升降拖板手轮 2—焊剂斗滤网 3—星形手轮
4—焊剂斗 5，20—可调紧定手柄 6—机头
拖架总成 7—指针紧定螺钉 8—指针 9—三角
形焊剂漏斗 10—出料套 11—导电板 12—波形手轮
13—机座 14—行走轮 15—离合器手柄 16—立柱
17—控制箱 18—焊丝盘 19—横梁 21—导丝架

表 6-8　MZ1-1000 型焊机与 MZ-1000 型焊机特性的比较

比较内容	MZ1-1000 型自动埋弧焊机	MZ-1000 型自动埋弧焊机
自动调节原理	电弧自身调节	电弧电压自动调节
控制电路及机构	较简单	较复杂
送丝方式	等速送丝式	变速送丝式
电源外特性	缓降外特性	陡降外特性
电流调节方式	调节送丝速度	调节电源外特性
电压调节方式	调节电源外特性	调节给定电压
使用焊丝直径	细丝，一般为 $\phi1.6\sim\phi3mm$	粗丝，一般为 $\phi3\sim\phi5mm$

6. 自动埋弧焊设备常见的故障维修

由于自动埋弧焊设备在焊接性能和工作效率方面较普通焊机有较大优势，因而成了钢结构件制造过程中必不可少的生产设备。自动埋弧焊机普遍存在结构复杂，参数不易调整、故障点分散等特点，使得它的维护修理工作变得困难，表 6-9 列举了自动埋弧焊机在使用过程中常见故障维修的基本知识，包括故障产生的原因及排除方法。

表 6-9　自动埋弧焊机常见故障产生原因及排除方法

故障特征	产生原因	排除方法
按焊丝向下或向上按钮时，送丝电动机不运转	①送丝电动机有故障 ②电动机电源线接点断开或损坏	①修理送丝电动机 ②检查电源线路接点并修复
按启动按钮后，不见电弧产生，焊丝将机头顶起	焊丝与焊件没有导电接触	清理接触部分
按启动按钮，线路工作正常，但引不起弧	①焊接电源未接通 ②电源接触器接触不良 ③焊丝与焊件接触不良 ④焊接回路无电压	①接通焊接电源 ②检查并修复接触器 ③清理焊丝与焊件的接触点
启动后，焊丝一直向上	①机头上电弧电压反馈引线未接或断开 ②焊接电源未启动	①接好引线 ②启动焊接电源
启动后焊丝粘住焊件	①焊丝与焊件接触太紧 ②焊接电压太低或焊接电流太小	①保证接触可靠，但不要太紧 ②调整电流、电压至合适值
线路工作正常，焊接参数正确，但焊丝送给不均，电弧不稳	①焊丝送给压紧轮磨损或压得太松 ②焊丝被卡住 ③焊丝送给机构有故障 ④电网电压波动太大 ⑤导电嘴导电不良，焊丝脏	①调整压紧轮或更换焊丝送给滚轮 ②清理焊丝，使其顺畅送进 ③检查并修复送丝机构 ④使用专用焊机线路，保持电网电压稳定 ⑤更换导电嘴，清理焊丝上的脏物
启动小车不活动，在焊接过程中小车突然停止	①离合器未接上 ②行车速度旋钮在最小位置 ③空载焊接开关在空载位置	①合上离合器 ②将行车速度调到需要位置 ③空载焊接开关拨到焊接位置
焊丝没有与焊件接触，焊接回路即带电	焊接小车与焊件之间绝缘不良或损坏	①检查小车车轮绝缘 ②检查焊车下面是否有金属与焊件短路
焊接过程中机头或导电嘴的位置不时改变	焊件小车有关部件间隙大或机件磨损	①进行修理达到适当间隙 ②更换磨损件
焊机启动后，焊丝周期性的与焊件粘住或常常断弧	①粘住是由于电弧电压太低、焊接电流太小或电网电压太低所致 ②常断弧是由于电弧电压太高，焊接电流太大或电网电压太高所致	①增加或减小电弧电压和焊接电流 ②等电网电压正常后再进行焊接

（续）

故障特征	产生原因	排除方法
导电嘴以下焊丝发红	①导电嘴导电不良 ②焊丝伸出长度太长	①更换导电嘴 ②调节焊丝至合适伸出长度
导电嘴末端熔化	①焊丝伸出太短 ②焊接电流太大或焊接电压太高 ③引弧时焊丝与焊件接触太紧	①增加焊丝伸出长度 ②调节合适的焊接参数 ③使其接触可靠但不要太紧

6.1.5　自动埋弧焊基本操作技术

1. 焊前准备

1）准备焊丝焊剂，焊丝除去污、油、锈等物，并有规则地盘绕在焊丝盘内，焊剂应事先烤干（250℃下烘烤1~2h），并且不让其他杂质混入。工件焊口处要去油去污去水。

2）接通控制箱的三相电源开关。

3）检查焊接设备，在空载的情况下，变位器前转与后转，焊丝向上与向下是否正常，旋转焊接速度调节器观察变位器旋转速度是否正常；松开焊丝送进轮，试按启动按钮和停止按钮，看动作是否正确，并旋转电弧电压调节器，观察送丝轮的转速是否正确。

4）弄干净导电嘴，调整导电嘴对焊丝的压力，保证有良好的导电性，且送丝畅通无阻。

5）根据焊件板厚初步确定焊接规范，焊前先做焊接同等厚度的试片，根据试片的熔透情况（X光透视或切断焊缝，看焊缝截面熔合情况）和表面成形，调整焊接规范，反复试验后确定最好的焊接规范。

6）使导电嘴基本对准焊缝，微调焊机的横向调整手轮，使焊丝与焊缝对准。

7）按焊丝向下按钮，使焊丝与工件接近，焊枪头离工件距离不得小于15mm，焊丝伸出长度不得小于30mm。

8）检查变位器旋转开关和断路开关的位置是否正确，并调整好旋转速度。

9）打开焊剂漏头闸门，使焊剂埋住焊丝，焊剂层一般高度为30~50mm。

2. 焊接工作

1）按启动按钮，此时焊丝上抽，接着焊丝自动变为下送，与工件接触摩擦并引起电弧，要保证电弧正常燃烧，以使焊接工作正常进行。

2）焊接过程中必须随时观察电流表和电压表，并及时调整有关调节器（或按钮），使其符合所要求的焊接规范。在发现电网电压过低时应立刻暂停焊接工作，以免严重影响熔透质量，等电网电压恢复正常后再进行工作。在使用ϕ4mm焊丝时要求焊缝宽度>10mm，焊接沟槽时焊接速度约为15m/h，电压约为24V，电流约为300A，在接近表面时，电压>27V，电流约为450A。在焊接球阀时一般在焊第一层时尽量用低电压小电流，因无良好冷却怕升温过高损坏内件及内应力变大。在焊第二层及以后层时一定通水冷却，电压及电流均可加大，以焊渣容易清理为好。

3）焊接过程还应随时注意焊缝的熔透程度和表面成形是否良好，熔透程度可通过观察工件的反面电弧燃烧处红热程度来判断，表面成形可在焊了一小段时，就除去焊渣观察，若发现熔透程度和表面成形不良应及时调节规范进行挽救，以减少损失。

4）注意观察焊丝是否对准焊缝中心，以防止焊偏，焊工观察的位置应与引弧调整焊丝时的位置一样，以减少视线误差，如焊小直径筒体的内焊缝时，可根据焊缝背面的红热情况判断此电弧的走向是否偏斜。

5）经常注意焊剂漏斗中的焊剂量，并随时添加，当焊剂下流不顺要及时用棒疏通通道，排除大块的障碍物。

3. 焊接结束

1）关闭焊剂漏斗的闸门，停送焊剂。

2）轻按（即按一半深，不要按到底）停止按钮，使焊丝停止送进，但电弧仍燃烧，以填满金属熔池，然后再将停止按钮按到底，切断焊接电流，如一下子将停止按钮按到底，不但焊缝末端会产生熔池没有填满的现象，严重时此处还会有裂缝，而且焊丝还可能被粘在工件上。

3）按焊丝向上按钮，上抽焊丝，焊枪上升。

4）回收焊剂，供下次使用，但要注意勿使焊渣混入。

5）检查焊接质量，不合格的应铲刨去，进行补焊。二次焊接前必须清理干净焊接面。

4. 多电源多丝、窄间隙自动埋弧焊焊接操作要领

多电源多丝、窄间隙自动埋弧焊中每一根焊丝由一个电源独立供电，根据两根或多根焊丝间距的不同，其方法有共熔池法和分离电弧法两种，共熔池法特别适合焊丝掺合金堆焊或焊接合金钢；分离电弧法能起前弧预热，后弧填丝及后热作用，以达到堆焊或焊接合金钢不出裂纹和改善接头性能的目的。在多丝埋弧焊中多用后一种方法（见图6-12），每根焊丝都有几种选择的可能：或一根是直流，一根是交流；或两根都是直流；或两根都是交流。若在直流中两根焊丝都接正极，则能得到最大的熔深，也就能获得最大的焊接速度。

然而，由于电弧间的电磁干扰和电弧偏吹的缘故，这种布置还存在某些缺点，因此，最常采用的布置：或是一根导前的焊丝（反极性）和跟踪的交流焊丝，或是两根交流焊丝。直流/交流系统利用前导直流电弧较大的熔深，来提供较高

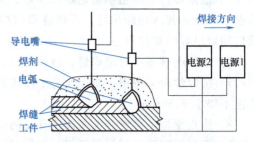

图6-12　多电源多丝、窄间隙自动埋弧焊示意图

的焊接速度，而通常在略低电流下正常工作的交流电弧，将改善该焊缝的外形和表面粗糙度。虽然交流电弧对与工件相联系的电弧偏吹敏感性较低，但围绕两种或更多交流电弧的区域，还是能引起取决于电弧之间相位差的电弧偏转。

5. 单电源多丝、窄间隙自动埋弧焊焊接操作要领

该方法实际是用两根或多根较细的焊丝代替一根较粗的焊丝，两根焊丝共用一个导电嘴，以同一速度且同时通过导电嘴向外送出，在焊剂覆盖的坡口中熔化，如图6-13所示。这些焊丝的直径可以相同也可以不同，焊丝的排列及焊丝之间的间隙影响焊缝的形成及焊接质量，焊丝之间的距离及排列方式取决于焊丝的直径和焊接参数。

由于两丝之间间隙较窄，两焊丝形成电

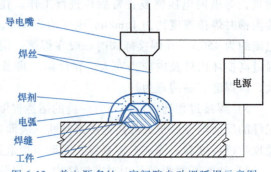

图6-13　单电源多丝、窄间隙自动埋弧焊示意图

弧共熔池，并且两电弧互相影响，这也正是单电源多丝埋弧焊优于单丝埋弧焊的原因。交直流电源均可使用，但直流反接能得到最好的效果。焊丝平行且垂直于母材，相对焊接方向，根据焊丝数量，焊丝既可纵向排置也可横向排置或成任意角度。因此，焊丝在导电嘴中有多种排列方式，如图6-14所示。

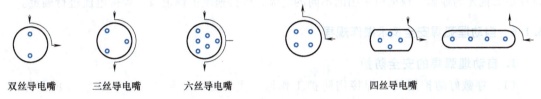

| 双丝导电嘴 | 三丝导电嘴 | 六丝导电嘴 | 四丝导电嘴 |

图6-14　导电嘴中焊丝的排列方式

单电源多丝、窄间隙自动埋弧焊有以下几个优点：一是能获得更高质量的焊缝，这是因为两电弧对母材的加热区变窄，焊缝金属的过热倾向减弱；二是平均速度比单丝焊提高150%以上；三是焊接设备简单，这种焊接方法的焊接速度及熔敷率较高，且设备费用相对较低。

6. 多丝、窄间隙自动埋弧焊多层多道焊操作要领

多丝、窄间隙自动埋弧焊在厚度超过25mm的中厚板焊接时一般采用多层多道焊工艺施焊。图6-15所示为一个多层多道埋弧焊接头横截面的示意图，可以将这样一个多层多道焊焊接接头划分为底层焊（打底焊）、填充焊和盖面焊三种，下面将对这三个部分结合其各自的特点分别分析其各自的焊接工艺及操作要领。

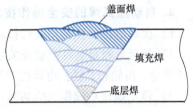

图6-15　多层多道埋弧焊接头横截面示意图

（1）底层焊（打底焊）——热输入控制优先原则　在中厚板打底焊时，根部是最薄弱的环节，其质量的好坏将直接影响整个焊接接头的性能，而热输入的大小直接决定底层焊焊道的质量。热输入小时，中厚板底层散热速度快，使熔池冷却速度快，容易形成淬硬组织，造成韧性剧烈下降，同时冷裂纹倾向增大。而热输入过大时，焊缝根部焊道熔合比增大，焊缝金属中的有害元素及杂质增多，容易形成一些低熔点共晶组织，出现热裂纹，同时焊缝及热影响区晶粒粗大，性能也会急剧下降，因此，打底焊焊接参数的选择以热输入优先控制为原则。

（2）填充焊——电流与焊速匹配优先原则　多层多道焊接中，填充焊焊接参数应尽可能提高焊丝的熔化速度，使填充金属在最短的时间内填满坡口，以提高生产效率。但采用大输入的方法，会增大填充焊每一道焊缝的厚度，使成形变差，焊缝残余应力增大，液化裂纹倾向增加，所以采用小热输入多道焊的方法，会细化晶粒，提高焊缝整体韧性，但生产效率降低。

填充层是以焊接电流与焊接速度相匹配为原则进行焊接参数的设定，通过给定的不同坡口尺寸，工艺人员根据对生产效率的要求，如想要几道焊缝将坡口填满，则可在保证热输入不超标的情况下，采用相应的焊接电流和焊接速度。

（3）盖面焊——焊道数和熔宽控制优先的原则　盖面焊的主要目的是在盖满坡口的前提下保证焊缝成形质量。盖面焊焊道之间一般采用一半搭接的形式，因为盖面焊焊道之间需

要相互重叠达到热处理的作用。

因为焊缝熔宽与电弧电压有一定的对应关系，所以可以根据坡口宽度和盖面焊道数来确定每道焊缝的熔宽，进而确定电弧电压。但对于某一焊缝熔宽，其对应的焊接参数有多种，不便于推导焊缝熔宽与电压之间的量化关系。因此，上述方法只能作为一种评判标准。盖面焊采用以焊道数优先为原则，根据所采用的不同的电流，焊接速度由焊道数、焊接电流进行确定。

6.1.6 自动埋弧焊安全技术操作规程

1. 自动埋弧焊的安全防护

（1）穿戴好防护用品　焊接用防护工作服，主要起到隔热、反射和吸收等屏蔽作用，以保护人体免受焊接热辐射或飞溅物伤害，在焊接时，务必要穿好防护工作服。

（2）戴好防护口罩　在埋弧焊焊接过程中，清扫焊剂时会产生烟尘，焊工应戴好防护口罩，对自身进行防护。

（3）穿绝缘工作鞋、戴好电焊手套　为了防止焊工作业时四肢触电、烫伤和砸伤，避免不必要的伤亡事故，要求焊工在操作时必须穿戴好绝缘工作鞋及电焊手套。

（4）噪声防护耳塞或耳罩　有时为了清除埋弧焊焊渣，采用风铲或电动工具，噪声较大时，操作者应戴好耳塞或耳罩等噪声防护用品。

2. 自动埋弧焊的安全操作技术

1）弧焊电源、控制箱及焊接小车等的壳体或机体必须可靠接地，所有电缆必须拧紧。

2）接通电源和电源控制开关后，不可触摸电缆接头、焊丝、导电嘴、焊丝盘及其支架、送丝滚轮、齿轮箱、送丝电动机支架等导电体，以免触电或因机器运动发生挤伤、碰伤。

3）停止焊接后操作工应切断电源开关。

4）搬动焊机时应切断焊接电源。

5）按下启动按钮引弧前，应施放焊剂以避免引燃电弧。

6）焊剂漏斗口相对于焊件应有足够高度，以免焊剂层堆高不足而造成露弧。

7）消除焊机行走轨道上可能造成焊机头与焊件短路的金属构件，以免短路导致中断正常焊接。

8）焊工应穿绝缘鞋，以防触电。应戴防护眼镜，以免焊渣飞溅和漏弧光灼伤眼睛。

9）操作场地应设有通风设施，以便及时排走焊剂释放的粉尘、烟尘及有害气体。

10）当焊机发生电气故障时，应立即切断焊接电源，及时通知电工维修。

11）焊接大型构件时，往往有高空作业，超过安全高度必须系安全带；同时要遵守相关安全规章制度。

12）焊后要清理工作场地，焊剂焊渣不要乱放，防止接触易燃物后引起火灾。

6.2 自动埋弧焊操作技能训练实例

技能训练1　低碳钢板I形坡口对接双面焊

1. 焊前准备

（1）试件材料　Q355。

（2）**试件尺寸**　$\delta=14mm$，400mm×150mm，两块。

（3）**试件预留间隙尺寸**　如图6-16所示。

（4）**焊接位置**　平焊。

（5）**焊接要求**　双面焊，焊透。

（6）**焊接材料**　焊丝 H10MnSi、直径为 $\phi5mm$，焊剂 HJ431（焊接材料经 200～250℃烘干 1～2h），定位焊用焊条 J507、直径为 $\phi4mm$（焊接材料经 350～400℃烘干 1～2h）。

（7）**焊机**　MZ-1000 型。

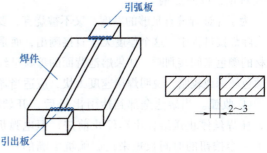

图6-16　试件预留间隙

2. 试件装配

1）焊接装配要求如图6-16所示。

2）始端装配间隙 2mm，终端装配间隙为 3mm。

3）试件错边量应≤1mm。

4）在试件两端焊引弧板与引出板，并做定位焊，它们的尺寸为 100mm×100mm×14mm。

3. 操作要点及注意事项

（1）**坡口清理**　清除试件坡口面及其正反两侧 20mm 范围内油、锈及其他污物，至露出金属光泽。反变形量的设置：试件反变形量为 3°。

（2）**焊接参数**　焊接参数见表6-10。

表6-10　焊接参数

焊接位置	焊丝直径/mm	焊接电流/A	焊接电压/V	焊接速度/(m/h)
背面	5	700～750	直流反接 32～34	25～30
正面		800～850		

（3）**焊接步骤**　将试件置于水平位置焊剂垫上，进行 2 层 2 道双面焊，先焊正面焊道，后焊背面焊道。按下述步骤焊接。

1）**正面焊道的焊接。**

① **垫焊剂垫**。必须垫好，以防熔渣和熔池金属流失。所用焊剂必须与试件焊接所用的焊剂相同，使用前必须烘干。

② **引弧**。将焊接小车放在焊车导轨上，开亮焊接小车前端的照明指示灯，调节小车前后移动的把手，使导向针在指示灯照射下的影子对准基准线，导向针端部与焊件表面要留出 2～3mm 间隙，避免焊接过程中与焊件摩擦产生电弧，甚至短路使主电弧熄灭。导向针应比焊丝超前一定的距离，以避免受到焊剂的阻挡影响观察。焊前先将离合器松开，用手将焊接小车在导轨上推动，观察导向针的影子是否始终照射在基准线上，以观察导轨与基准线的平行度。如果出现偏移，可轻敲导轨，进行调整。导向针调整以后，在焊接过程中不要再去碰动，否则会造成错误指示使焊缝焊偏。最后打开焊剂漏斗闸门，待焊剂堆满预焊部位后，即可开始引弧焊接。

③ **焊接过程**。焊接过程中，应随时观察控制盘上电流表和电压表的指针、导电嘴的高低、导向针的位置和焊缝成形情况。如果电流表和电压表的指针摆动很小，表明焊接过程很

稳定。如果发现指针摆动幅度增大、焊缝成形恶化时，可随时调整控制盘上各个旋钮。当发现导向针偏离基准线时，可调节焊接小车前后移动的手轮，调节时操作者所站的位置要与基准线对正，以防更偏。

为了保证焊缝有足够的厚度，又不被烧穿，要求正面焊缝的熔深达到试件厚度的40%~50%，在实际焊接过程中，这个厚度无法直接测出，而是焊工将试板略为垫高一点，通过观察熔池背面母材的颜色来间接判断。如果熔池背面的母材呈红到淡黄色，就表示达到了所需要的厚度。若此时颜色较深或较暗，说明焊接速度太快，应适当降低焊接速度或适当增加焊接电流。

④ 收弧。当熔池全部到达引出板后，开始收弧：先关闭焊剂漏斗，再按下一半停止按钮，使焊丝停止送给，小车停止前进，但电弧仍在燃烧，以使焊丝继续熔化填满弧坑，并以按下一半按钮的时间长短来控制弧坑填满的程度。当弧坑填满后，将停止按钮按到底，熄灭电弧，结束焊接。

⑤ 清理。待焊渣完全凝固，冷却到正常颜色时，松开焊接小车离合器，将焊接小车推离焊件，回收焊剂，清除焊渣，检查焊缝外观质量，如合格则继续焊接。

2）背面焊道的焊接。

① 碳弧气刨清根。对于厚度为16mm以上的钢板，采用预留间隙双面埋弧焊，虽然可以达到焊透的目的，但需要采用较大的焊接电流，使焊缝厚度大大增加，这样容易在焊缝中产生缺陷。

改进的办法是在正面焊缝焊完以后，翻转试板，在反面用碳弧气刨清根，如图6-17所示。

碳弧气刨清根的主要焊接参数是：焊机ZXG-400；直流反接；碳棒直径φ6mm；刨削电流280~300A；压缩空气压力0.4~0.6MPa；槽深5~7mm；槽宽6~8mm。刨削时，要从引弧板的一端沿焊缝的中心线

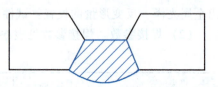

图6-17 碳弧气刨清根

刨至引出板的一端。碳弧气刨清根后要彻底清除槽内和槽口表面两侧的焊渣，并用角磨机轻轻打光表面后，方能进行背面焊缝的焊接。

② 焊接。正面焊缝焊完后，将试板翻转进行反面焊缝的焊接，为了保证焊透，焊缝厚度应达到焊件厚度的60%~70%，反面焊缝焊接时，可采用较大的焊接电流，其目的是达到所需的焊缝厚度，同时起封底的作用。由于正面焊缝已经焊完，较大的焊接电流也不至于使试件烧穿。

③ 清理。全部焊完以后，去除焊缝表面焊渣，检查焊缝的外观质量。

（4）注意事项

1）防止未焊透或夹渣。要求背面焊道的熔深达到焊件厚度的60%~70%，为此通常以加大焊接电流的方法来实现。

2）焊背面焊道时，可不再用焊剂垫，进行悬空焊接，这样可通过在焊接过程中观察背面焊道的加热颜色来估计熔深，也可在焊剂垫上进行焊接。

4. 焊缝质量检验

（1）焊缝外观检验 外观检验是一种常用的检验方法。以肉眼观察为主，必要时利用放大镜、量具及样板等对焊缝外观尺寸和焊缝表面质量进行全面检查。其表面质量应符合如下要求：

1）焊缝外形尺寸应符合设计图样和工艺文件规定，焊缝的高度不低于母材，焊缝与母材应圆滑过渡。

2）焊缝及热影响区表面不允许有裂纹、未熔合、夹渣、弧坑和气孔等。

（2）焊缝接头断面试件制备方法

1）接头拉伸试样的形状分为板形、整管和圆形三种。可根据要求选用。

2）焊接接头拉伸试验用的试样从焊接试件上垂直于焊缝轴线方向截取，并通过机械加工制成图6-18所示形状。

表6-11所示尺寸的板接头板状试件加工后焊缝轴线应位于试样平行长度的中心。

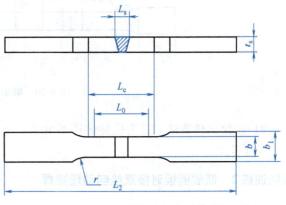

图6-18　板接头板状试件

表6-11　板状试件的尺寸　　　　　　　　　　　　　（单位：mm）

总长		L_t	根据实验确定
夹持部分宽度		b_1	$b+12$
平行部分宽度	板	b	$12(t_s \leqslant 2)$
			$25(t_s > 2)$
	管	b	$6(D \leqslant 50)$
			$12(50 < D \leqslant 168)$
			$25(D > 168)$
平行部分长度		L_c	$\geqslant L_s + 60$
过渡圆滑		r	$\geqslant 25$

注：L_s为加工后，焊缝的最大宽度；D为管子外径。

3）每个试样均应打有标记，以识别它在被截试件中的准确位置。

4）试样应采用机械加工或磨削方法制备，要注意防止表面应变硬化或材料过热。在受试长度范围内，表面不应有横向刀痕或划痕。

5）若相关标准和产品技术条件无规定时，则试样表面应用机械方法去除焊缝余高，使其与母材原始表面齐平。

6）通常试样厚度应为焊接接头试件厚度。如果试件厚度超过30mm时，则可从接头不同厚度区取若干试样以取代接头全厚度的单个试样，但每个试样的厚度应不小于30mm，且所取试样应覆盖接头的整个厚度。在这种情况下，应当标明试样在焊接试件厚度中的位置。

7）对外径≤38mm的管接头，可取整管做拉伸试样，为使试验顺利进行，可制作塞头，以便夹持，如图6-19所示。

8）棒材接头选用图6-20所示圆形试样。其

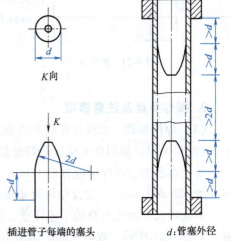

图6-19　整管拉伸试样

中：$d_o = (10\pm0.2)$ mm；$l = L_s + 2D$；D 和 h 由试验机结构来定。

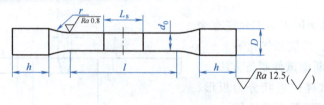

图 6-20　圆形式样

9）拉伸试样数量。接头拉伸试样不少于 1 个，整管拉伸试样 1 个；管接头剖条拉伸试样不少于 2 个。

技能训练 2　低碳钢板对接双丝自动埋弧焊

1. 焊前准备

（1）试件材料　Q355。

（2）试件及坡口尺寸　如图 6-21 所示，厚度为 20mm。

（3）焊接位置　平对接焊。

（4）焊接要求　单面焊双面成形。

（5）焊接材料　焊丝 H08MnA、直径为 $\phi5$mm，焊剂选用 SJ501。

（6）焊接电源　DC/AC 匹配。

（7）焊接设备　MZ-1000 型。

2. 试件装配

试件装配要求如图 6-22 所示。试件错边量应 ≤1mm，在试板两端焊引弧板与引出板，并做定位焊，它们的尺寸为 180mm×200mm×20mm。

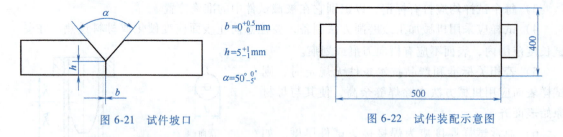

$b = 0^{+0.5}_{0}$mm

$h = 5^{+1}_{-1}$mm

$\alpha = 50°^{0°}_{-5°}$

图 6-21　试件坡口　　　　　　　图 6-22　试件装配示意图

3. 操作要点及注意事项

（1）焊接参数　双丝埋弧焊其焊丝排列形式选用的是纵列式，双丝用的电源应与 DC/AC 电源相匹配，采用直流反接即焊丝接正极。

焊接参数为前丝焊接电流为 1200A、电压 30V；后丝焊接电流为 950A、电压 40V；焊接速度为 620mm/min；焊丝直径均为 $\phi5$mm。

双丝埋弧焊由于自身的工艺特点，焊丝在布置上有特殊的要求，试件焊接时采用双丝布置，如图 6-23 所示。双丝之间的间距不可过小，若过小则综合电流过大，会导致焊件烧穿；也不可过大，若过大则会造成夹渣等缺陷。双丝埋弧焊焊接板厚为 20mm，可单面焊双面成形。焊前需先用 CO_2 保护焊进行定位焊，焊接时焊缝背面加陶瓷衬垫并固定好。

（2）**注意事项** 双丝埋弧焊是一种既能保证合理的焊缝成形和良好的焊接质量，又可提高焊接速度的焊接方法。多丝埋弧焊目前采用最多的是双丝焊，根据焊丝的排列位置不同有纵列式、横列式和直列式三种。

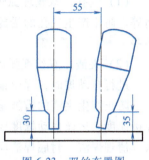

图 6-23　双丝布置图

从双丝埋弧焊焊缝成形看，纵向排列的焊缝深而窄；横向排列的焊缝宽度大；直列式的焊缝熔合比小。双丝焊可以用一个电源或两个独立电源，一个电源的设备简单，但每一个电弧功率要单独调节较困难。两个独立电源的设备复杂，但两个电弧可以独立地调节功率，并且可以采用不同电流种类和极性，以获得更理想的焊缝成形。

双丝焊用得较多的是纵列式，根据焊丝间的距离不同又可分成单熔池和双熔池（分列电弧）两种。单熔池两焊丝间距离为 10~30mm，两个电弧形成一个共同的熔池和气泡，前导电弧保证熔深，后续电弧调节熔宽，使焊缝具有适当的熔池形状及焊缝成形系数，可大大提高焊接速度。同时，这种方法还因熔池体积大、存在时间长、冶金反应充分，因而对气孔敏感性小。分列电弧各电弧之间距离大于 100mm，每个电弧具有各自的熔化空间，后续电弧作用在前导电弧已熔化而凝固的焊道上，适用于水平位置平板对接的单面焊双面成形工艺。

在进行双丝埋弧自动化焊时，需要注意以下问题：

1）埋弧焊缝坡口表面及其周围 20mm 范围内必须无油、无锈和无水分，定位焊焊点处应清除氧化膜及杂物，否则焊缝内部和焊缝表面会产生气孔。

2）焊剂要求烘干，焊剂烘干温度为 300~400℃，时间为 2h。焊剂覆盖高度要超过单丝埋弧焊焊剂覆盖高度，本焊接规范下焊剂覆盖高度为 40mm。

（3）**自动焊接** 双丝埋弧焊在引弧时并非两根焊丝同时引弧，而是前丝先起弧，在电弧稳定并前进一小段距离（30~50mm）后，后丝在前丝未凝固的熔池表面引弧；自动进行焊接；焊接结束时前丝先停弧，后丝在填满弧坑后熄弧。

1）**引弧**。将焊接小车放在焊车导轨上，开亮焊接小车前端的照明指示灯，调节小车前后移动的把手，使导向针在指示灯照射下的影子对准基准线，打开焊剂漏斗闸门，待焊剂堆满预焊部位后，即可开始引弧焊接。

2）**焊接过程**。焊接过程中，应随时观察控制盘上电流表和电压表的指针、导电嘴的高低、导向针的位置和焊缝成形情况。如果电流表和电压表的指针摆动很小，表明焊接过程很稳定。如果发现指针摆动幅度增大、焊缝成形恶化时，可随时调整控制盘上各个旋钮。当发现导向针偏离基准线时，可调节焊接小车前后移动的手轮，调节时操作者所站的位置要与基准线对正，以防更偏。

3）**收弧**。前丝先停弧，后丝在填满弧坑后熄灭电弧，结束焊接。

（4）**清理** 待焊渣完全凝固，冷却到正常颜色时，松开焊接小车离合器，将焊接小车推离焊件，回收焊剂，清理焊渣，检查焊缝外观质量。

4. 双丝自动埋弧焊的焊接缺陷及预防措施

双丝自动埋弧焊时，常见缺陷有气孔、夹渣、未焊透、未熔合、咬边、焊瘤、弧坑等。

（1）**气孔** 双丝埋弧焊产生气孔的原因主要是电弧过长、焊接速度过快、电弧电压过高等。防止产生气孔的措施是选用合适的焊接参数，特别是薄板焊接时焊接速度应尽可能小些。

（2）**夹渣** 双丝埋弧焊产生夹渣的原因主要是坡口角度或焊接电流太小或焊接速度过快。进行自动焊时，焊丝偏离焊缝中心，也易形成夹渣。

防止产生夹渣的措施是正确选取坡口尺寸，认真清理坡口边缘，选用合适的焊接电流和焊接速度，运丝摆动幅度要适当。多层焊时，应仔细观察坡口两侧熔化情况，每一焊层都要认真清理焊渣。封底焊渣应彻底清除，自动焊要注意防止焊偏。

（3）**咬边** 双丝埋弧焊产生咬边的原因主要是焊接电流过大、运丝速度快、电弧拉得太长或焊接角度不当等。此外，自动焊的焊接速度过快或焊机轨道不平等原因都会造成焊件被熔化一定深度，而填充金属却未能及时填满而造成咬边。

防止产生咬边的措施是选择合适的焊接电流和运丝方法，随时注意控制焊接角度和电弧长度；自动焊焊接参数要合适，特别要注意焊接速度不宜过高，焊机轨道要平整。

（4）**未焊透、未熔合** 双丝埋弧焊产生未焊透和未熔合的原因主要是焊件装配间隙或坡口角度太小、钝边太厚、直径不对、焊接电流过小、焊接速度太快及电弧过长等。焊件坡口表面氧化膜、油污等没有清除干净，或在焊接时该处流入熔渣妨碍了金属之间的熔合或运丝方法不当、电弧偏在坡口一边等原因，都会造成边缘不熔合。

防止未焊透或未熔合的措施是正确选取坡口尺寸，合理选用焊接电流和焊接速度，坡口表面氧化膜和油污要清除干净；封底焊清根要彻底，运丝摆动幅度要适当，密切注意坡口两侧的熔合情况。

（5）**其他缺陷** 双丝埋弧焊中还常见到焊瘤、弧坑等缺陷。产生焊瘤的原因主要是运丝不均，造成熔池温度过高，液态金属凝固缓慢下坠，因而在焊缝表面形成金属瘤。产生弧坑的原因主要是熄弧时间过短、焊接突然中断、焊接薄板时焊接电流过大等。焊缝表面存在焊瘤影响美观，并易造成表面夹渣；弧坑常伴有裂纹和气孔，严重削弱了焊接强度。

防止产生焊瘤的主要措施是严格控制熔池温度，防止产生弧坑的主要措施是采用合理的焊接参数。

5. 焊缝质量检验

（1）**焊缝外观检验** 外观检验是一种常用的检验方法。以肉眼观察为主，必要时利用放大镜、量具及样板等对焊缝外观尺寸和焊缝表面质量进行全面检查。其表面质量应符合如下要求：

1）焊缝外形尺寸应符合设计图样和工艺文件规定，焊缝的高度不低于母材，焊缝与母材应圆滑过渡。

2）焊缝及热影响区表面不允许有裂纹、未熔合、夹渣、弧坑和气孔等。

（2）**外观检测焊缝量具使用方法** 自动埋弧焊焊缝测量量具分为多种，不同量具的测量方法及标准不尽相同，本文主要介绍常见的几种焊缝测量量具，如塞尺、游标卡尺、焊缝检测尺。

1）塞尺。塞尺又称厚薄规或间隙片，主要用来检验机床紧固面和紧固面、活塞与气缸、活塞环槽和活塞环、十字头滑板和导板、进排气阀顶端和摇臂、齿轮啮合间隙等两个结合面之间的间隙大小。塞尺是由许多层厚薄不一的薄钢片组成（见图6-24），按照塞尺的组别制成一把一把的塞尺，每把塞尺中的每片具有两个平行的测量平面，且都有厚度标记，以供组合使用。

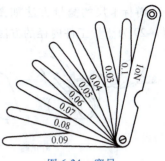

图6-24　塞尺

测量时，根据结合面间隙的大小，用一片或数片重叠在一起塞进间隙内。例如用0.03mm能插入间隙，而0.04mm不能插入间隙，这说明间隙在0.03~0.04mm之间，所以塞尺也是一种界限量规。

2）游标卡尺。游标卡尺是一种常用的量具，具有结构简单、使用方便、精度中等和测量的尺寸范围大等特点，可以用它来测量零件的外径、内径、长度、宽度、厚度、深度和孔距等，应用范围很广。

游标卡尺有三种结构：

① 测量范围为0~125mm的游标卡尺，制成带有刀口形的上下量爪和带有深度尺的型式，如图6-25所示。

② 测量范围为0~200mm和0~300mm的游标卡尺，可制成带有内外测量面的下量爪和带有刀口形的上量爪的型式，如图6-26所示。

③ 测量范围为0~200mm和0~300mm的游标卡尺，也可制成只带有内外测量面的下量爪的型式，如图6-27所示。而测量范围大于300mm的游标卡尺，只能制成这种仅带有下量爪的型式。

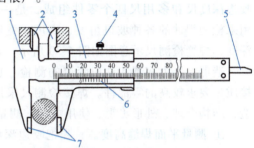

图6-25　游标卡尺的结构型式之一

1—尺身　2—上量爪　3—尺框　4—紧固螺钉
5—深度尺　6—游标　7—下量爪

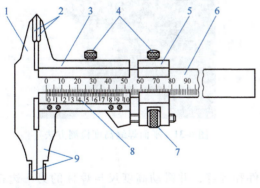

图6-26　游标卡尺的结构型式之二

1—尺身　2—上量爪　3—尺框　4—紧固螺钉　5—微动装置
6—主尺　7—微动螺母　8—游标　9—下量爪

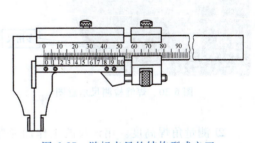

图6-27　游标卡尺的结构型式之三

游标卡尺的读数方法可分为以下三步：

① 根据游标尺零线以左的主尺上的最近刻度读出整数。

② 根据游标尺零线以右与主尺某一刻线对准的刻线数乘以0.02读出小数。

③ 将上面的整数和小数两部分相加，即得总尺寸。

游标卡尺的测量方法如图 6-28、图 6-29 所示。其中图 6-28 为测量工件外径的方法，图 6-29 为测量工件内径的方法。

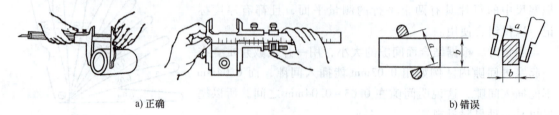

a) 正确　　　　　　　　　　　　　　　　b) 错误

图 6-28　外径的测量方法

3）焊缝检测尺。焊接检测尺主要有主尺、高度尺、咬边深度尺和多用尺四个零件组成，是一种焊接检验尺，用来检测焊件的各种坡口角度、高度、宽度、间隙和咬边深度，焊缝检测尺示意图如图 6-30 所示。适用于锅炉、桥梁、造船、压力容器和油田管道的测检。也适用于测量焊接质量要求较高的零部件。焊接检测尺采用不锈钢材料制造，结构合理、外形美观、使用方便、测量范围广。

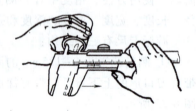

图 6-29　内径的测量方法

① 测量平面焊缝高度。首先把咬边深度尺对准零，并紧固螺钉，然后滑动高度尺与焊点接触，高度尺所指示的值，即为焊缝高度，如图 6-31 所示。

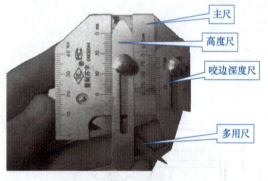

图 6-30　焊缝检测尺示意图

图 6-31　平面焊缝高度检测方法

② 测量角焊高度。用该尺的工作面靠紧焊件和焊缝，并滑动高度尺与焊件的另一边接触，看高度尺的指示线，指示值即为焊缝高度，如图 6-32 所示。

③ 测量角焊缝厚度。在 45° 时的焊点为角焊缝厚度。首先把主体的工作面与焊件靠紧，并滑动高度尺与焊点接触，高度尺所指示值即为角焊缝厚度，如图 6-33 所示。

④ 测量焊缝咬边深度。首先把高度尺对准零位，并紧固螺钉，然后使用咬边深度尺测量咬边深度，看咬边尺指示值，即为咬边深度，如图 6-34 所示。

⑤ 测量焊缝宽度。先用主体测量角靠紧焊缝的一边，然后旋转多用尺的测量角靠紧焊缝的另一边，看多用尺上的指示值，即为焊缝宽度，如图 6-35 所示。

图 6-32　角焊高度检测方法

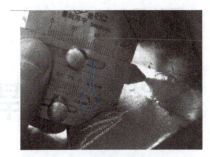

图 6-33　角焊缝厚度检测方法

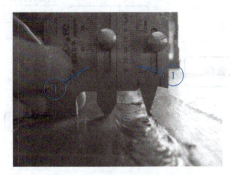

图 6-34　焊缝咬边深度检测方法

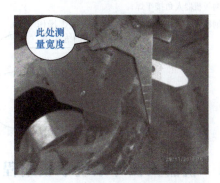

此处测量宽度

图 6-35　焊缝宽度检测方法

⑥ 测量焊件坡口角度。根据焊件所需要的坡口角度，用主尺与多用尺配合。看主尺工作面与多用尺工作形成的角度，多用尺指示线所指示值即为坡口角度，如图 6-36 所示。

⑦ 测量装配间隙。用多用尺插入两焊件之间，看多用尺上间隙尺所指值，即为间隙值，如图 6-37 所示。

此处测量角度

图 6-36　焊件坡口角度检测方法

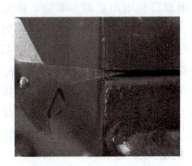

图 6-37　装配间隙检测方法

项目 7

机器人弧焊

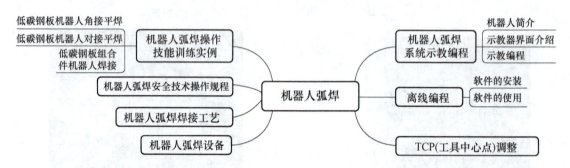

7.1 机器人弧焊系统示教编程

7.1.1 机器人简介

机器人电弧焊，是 20 世纪 60 年代后期国际上迅速发展起来的工业机器人技术的重要分支，目前少数工业发达国家已开始在工业上应用。早期的工业机器人是指能模拟人的手工动作，按预定程序自动完成某些特定生产过程操作的机械装置。最早的应用于机床的上下料，然后逐渐推广到电阻点焊、喷漆、抛光等工序，已被公认为是使工人摆脱手工操作，特别是从高温、尘毒、高压、低温、放射性污染等恶劣或不可近环境中解放出来，是实现无人化车间及工厂自动化生产的有效手段。电弧焊是一种在有尘毒和高温环境下的生产操作。由于目前已经提出的各种"自动"焊的方法，只能实现直缝、圆形环缝等少数几种规则焊缝的机械化操作，因而在许多实际构件的焊接中，焊条电弧焊仍然占有着十分重要的地位。机器人技术诞生后，人们就开始研究能取代焊条电弧焊工操作的弧焊机器人。只是电弧焊的操作比较复杂，直到最近几年才取得明显的进展。

1. 机器人分类

机器人的用途很广，它有很多的分类。行业不同，机器人的应用场景不一样；要求不同，机器人的控制方式也会有差异，下面从两个具有代表性的分类方法介绍机器人的分类。

（1）按照程序输入方式分类　弧焊机器人可分为示教再现型弧焊机器人和智能型弧焊机器人。

1）示教再现型弧焊机器人。目前在国外已经开始得到应用的是示教再现型弧焊机器人，它由三个主要部分组成，如图 7-1 所示。

① 操作焊炬的多自由度运动伺服机构。图 7-2 所示为典型的弧焊机器人运动系统，它

们分别拥有 4~6 个运动自由度。有些弧焊机器人制造厂商，把安装焊件的变位机、回转盘的运动自由度也包括在内，这样的运动自由度数目就更多了。

② **电弧焊机。**包括弧焊电源、送丝机构等。

③ **微型计算机控制系统。**由微型计算机、接口和条件化电路构成，其主要功能为：

a. **记忆示教程序及焊接参数。**所谓参数，即操作者通过控制箱上的手控闸，用手控制安装在机器人上的焊炬沿焊缝运动，完成在不引燃电弧下的冷态焊接循环，同时逐点把焊缝位置、焊炬姿态和焊接参数记入微型计算机的 RAM，从而形成一个焊接该产品的焊接程序。

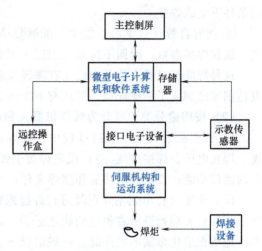

图 7-1 示教再现型弧焊机器人的结构框图

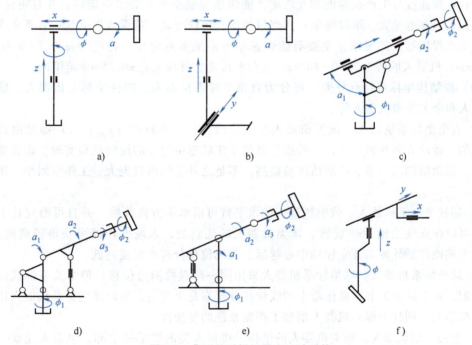

图 7-2 典型的弧焊机器人运动系统

b. **按照示教程序再现示教的全部焊接操作。**一方面指挥机器人运动系统，完成运动轨迹焊炬姿态控制，另一方面操纵弧焊电源、送丝机构等给出各点的焊接参数控制。

2) 智能型弧焊机器人。上述示教再现型弧焊机器人的工艺适应能力还远远不能与人工操作的焊条电弧焊相比，还难以适应实际焊接中的坡口间隙、装配精度的波动，故它的应用受到限制。因此，目前人们正在致力于开发新一代智能型机器人弧焊机，其主要特征是：

① 采用比较完备的视觉、听觉、触觉传感装置，能够在坡口间隙、装配精度不很苛刻

的条件下完成焊接。

② 拥有自教（自学习）能力，能够自动确定焊缝起点位置、宏观方位及焊缝的精确轨迹、最佳焊接参数，因而不再需要上述人工参数。

这种智能型机器人将是当代正在蓬勃发展的机电一体化技术的典型代表，虽然一些工业发达国家已制成了一些样机，但还有不少问题有待进一步改进和提高。

（2）按用途分类　可分为弧焊机器人和点焊机器人两类。

1）弧焊机器人。在焊接过程中，弧焊机器人的基本功能有：设定焊接参数（焊接电流、焊接电压、焊接速度等）；设定焊接引弧、灭弧条件、断弧检测及搭接功能；具有与焊机的通信功能；设定摆动功能和摆焊文件；有坡口填充功能；焊接异常检测功能；焊接传感器的接口功能（检出起始焊点及进行焊缝跟踪），与计算机及网络的接口功能等。在弧焊过程中，焊枪尖端始终沿着预定的轨迹运动，运动过程中保持速度平稳和重复定位精度，并且不断地填充熔化金属形成焊缝。一般情况下，弧焊机器人的弧焊速度为 $30 \sim 300 \mathrm{cm/min}$，重复定位精度为 $\pm(0.2 \sim 0.5) \mathrm{mm}$。

2）点焊机器人。在点焊过程中，点焊机器人的基本功能和特点有：与点焊机的通信接口功能；点焊速度与生产线速度相互匹配，能快速完成小节距的多点定位，并且定位准确；点焊机器人内存容量大，示教简单；点焊过程中，定位准确、确保点焊质量；具有离线接口功能。对点焊机器人的要求，主要有能快速小节距地多点定位，速度为每 $0.3 \sim 0.4 \mathrm{s}$ 移动 $30 \sim 50 \mathrm{mm}$；机器人的持重为 $50 \sim 100 \mathrm{kg}$，定位精度高，其误差在 $\pm 0.25 \mathrm{mm}$ 范围内。

（3）按结构坐标系特点分类　可分为直角坐标系机器人、圆柱坐标系机器人、球坐标系机器人和全关节型机器人等。

1）直角坐标系机器人。该类机器人在工作时，其工作轨迹（x、y、z）都是由直线运动构成的。运动方向互相垂直，末端操作器的工作状态由附加的旋转机构实现。该机器人的特点是，运动结构较简单、控制精度易提高。不足之处是结构较庞大，工作空间小，操作灵活性差。

2）圆柱坐标系机器人。该类机器人的水平臂可沿水平方向伸缩，并且可沿立柱上下移动，还可以在立柱上做 $360°$ 旋转。该类机器人的优点是，末端操作器可获得较高的速度，缺点是末端操作器外伸离开立柱轴中心越远，其线位移分辨率精度越低。

3）球坐标系机器人。球坐标系机器人采用同一码盘检测角位移，伸缩关节的线位移分辨率恒定，由于转动关节在操作器上的线位移分辨率是个变量，所以球坐标系机器人比直角坐标系机器人、圆柱坐标系机器人增加了控制系统的复杂性。

4）全关节型机器人。该类机器人的结构，类似人类的腰部和手部，机器人完成工作时的位置和姿态全部由关节的旋转运动来实现。该机器人的优点是：结构紧凑、灵活性好；占地面积小，工作空间大，末端操作器可获得较高的线速度。缺点是：运动学模型复杂、高精度控制难度大，空间线位移分辨率取决于机器人手臂的位置。

（4）按受控运动分类　可分为连续轨迹控制（CP）型焊接机器人和点位控制（PIP）型焊接机器人。

1）连续轨迹控制型焊接机器人。各关节控制系统在获取驱动机的角位移和角速度信号后，其终端按预期的轨迹和速度，各关节同时受控运动。弧焊机器人多是连续轨迹控制型焊接机器人。

2）点位控制型焊接机器人。该类机器人在目标点位上有足够的定位精度，使机器人的运动方式从一个点位目标移向另一个点位目标，只在目标点上完成操作，主要用于点焊作业。

长期以来，焊接生产上使用的自动化设备，都是刚性自动化设备。由于是专用设备，所以适用于中、大批量产品的自动化生产，而在中、小批量产品焊接生产中，手工焊仍然是主要焊接方式。焊接机器人是焊接自动化的革命性进步，使焊接刚性自动化方式向柔性自动化方式转变，焊接机器人使小批量的产品自动化生产成为可能。

2. 工业机器人的主要名词术语

（1）机械手（Manipulator） 也称为操作机，具有和手臂相似的功能，可以在空间抓放物体或进行其他操作的机械装置。

（2）驱动器（Actuator） 将电能或流体能转化为机械能的动力装置。

（3）位姿（Pose） 工业机器人末端操作器在指定坐标系中的位置和姿态。

（4）工作空间（Working Space） 工业机器人在执行任务时，其腕轴交点在空间的活动范围。

（5）机械原点（Mechanical Origin） 工业机器人在机械坐标系中的基准点。

（6）工作原点（Working Origin） 工业机器人工作空间的基准点。

（7）速度（Velocity） 工业机器人在额定条件下匀速运动过程中，工具中心点在单位时间内所移动的距离或者转动的角度。

（8）额定负载（Rated load） 工业机器人在限定的操作条件下，其机械接口能承受的最大负载（包括末端操作器），用质量或者力矩来表示。

（9）重复位姿精度（Pose Repeatability） 工业机器人在同一条件下，用同一方法操作时，重复 n 次所测得的位姿一致程度。

（10）轨迹重复精度（Path Repeatability） 工业机器人机械接口中心沿同一条轨迹跟随 n 次所测得的轨迹之间的一致程度。

（11）存储容量（Memory Capacity） 计算机存储装置中可以存储的位置、顺序、速度等信息的容量，通常用时间或者位置点数来表示。

（12）外部检测功能（External Measuring Ability）工业机器人对外界物体状态、环境状态所具备的检测能力。

（13）内部检测功能（Internal Measuring Ability）工业机器人对本身的位置、速度等状态的检测能力。

7.1.2 示教器界面介绍

示教器正面和背面介绍如图 7-3 和图 7-4 所示。编制或创建一个程序时，要把薄膜键盘与触摸屏组合起来使用。

如图 7-4 所示为示教器释放键的三个位置：

Pos. 1 没有激活释放键自由态：没有激活机器人的移动。

图 7-3 示教器正面
1—Emergency Off（紧急停止开关）
2—触摸屏 3—选择按钮 4—薄膜键盘

Pos. 2　激活释放键开关：机器人可以在示教窗口 T1、T2 模式下示教和移动。

Pos. 3　释放键强力压紧状态：机器人停止移动。

在"手动低速（T1）"和"手动高速（T2）"调试运行中，均可通过按下"启动（START）"键执行预选的程序流程。在"自动"运行模式下，该键失效。

按下"停止（STOP）"键中止程序流程。出于安全考虑，在任何运行模式下该键都有效。

排除急停状态后，按下"动力（POWER）"键可以重新接通机器人驱动，请遵守安全注意项。

机器人编程及焊接过程离不开示教器的各个按键操作，示教器薄膜键盘功能介绍见表 7-1。

图 7-4　示教器释放键的三个位置

表 7-1　示教器薄膜键盘功能介绍

按键图	名称	功能	按键图	名称	功能
START	启动键	启动程序流程	↓	保存键	执行保存功能
STOP	停止键	停止程序流程	×	中止键	执行中止功能
POWER	动力键	接通动力	✓	确认键	执行确认功能
机器人坐标键	机器人坐标键	切换到机器人坐标系	速度预选	速度预选	选择位移速度
笛卡儿坐标键	笛卡儿坐标键	切换到笛卡儿坐标系	◀	左向箭头键	EST 运行时的向后切换键
内/外轴键	内/外轴键	在内部/外部轴之间切换	▶	右向箭头键	EST 运行时的向前切换键
Go	前进键	驶向各点	-	"减号"键	减少参数值
Point	点键	选取点号	+	"加号"键	增加参数值
Q	Q 键	无功能	x 10	10 倍系数	以 10 倍系数减少或增加参数值

接通机器人控制系统后，在示教器上会出现各种符号。该符号界面被视为主菜单，具体如图 7-5 和图 7-6 所示。在亮起的符号位置触摸显示屏就可以打开包含新符号的其他窗口

（菜单）。每个符号，也称为按键，都代表机器人控制系统的一个动作、一项功能或一个指令。每一个按键的功能见表 7-2。

图 7-5　主菜单

图 7-6　带有质量工作组（QWP）选配的主菜单

表 7-2　主菜单功能键

按键	功能	按键	功能
	在 TEACH 模式下创建一个顺序程序		程序流程 在 EXE/EST 运行模式中 测试完成创建的程序流程
	在 PROG 模式下创建一个顺序程序		为自动运行预选程序 常规运行
	选取和操作编辑器 程序流程中创建文本、修改文本		离线编程 程序的转换、镜像映射、偏移 外部轴手动位移 并行任务、UMS
	选取和操作点编辑器 创建点、修改点		

（续）

按键	功能	按键	功能
	程序管理 程序的保存、删除、显示等		选取维修菜单 选择国家语言、机器人参 考点校正、配置等
	驶向原位 机器人驶向原位		显示系统信息
	数字输入/输出端 开关数字输出端		显示出现的错误提示消息
	输入 TCP/TOV 值 系统设置		
	编译所有程序		调出 QWP 界面

创建程序通过 TEACH 模式或 PROG 模式，可创建一个最多包含 32 个字符的新程序，或者选取一个现有的程序。

TEACH 模式下，可以在选取的程序中移动机器人各轴并将不同的轴位保存为"点"。也可以操作机器人驶向已经存在的点，并重新编程。

PROG 模式综合了机器人位置保存（TEACH 模式）与程序文本创建功能（编辑器）。

在选取了这两个模式中的一个后，显示出所有可供使用的程序（最多 64 个）。按 键确认选择，按 键放弃选择。新程序的创建是通过键盘进行的。

归档系统为用户提供的功能包括：将 CAROLA 程序保存在软磁盘、U 盘、硬盘或网络存储器中，也可以从中重新加载程序。同时还有数据管理功能可供使用，例如：目录管理、拷贝、重命名和删除文件（工作程序）或文件类型（程序段）。

所有工作程序都保存在具有蓄电池缓冲功能的工作存储器中，防止断电或机器人控制系统意外关闭而造成丢失。为了将程序永久归档，必须将其保存在可靠的数据载体上。

防止程序丢失或损坏的措施有：各程序独立存储；定期将数据备份到适当的数据载体上；定期制作备份副本并将其存储在适当位置；定期更新备份副本；正确保管存储介质；正确使用存储介质。

自动运行。选取该功能后，控制系统会询问为自动运行预选的程序名。出于安全考虑，在执行程序之前，应在"手动低速 T1"运行模式下进行测试，以确保程序流程安全无误。在通过确认 键选择后，才可将"运行模式选择开关"置于第 4 档位（"自动"），在"自动"运行中，预选的程序启动。

通过键盘可以将信息文本和指令输入到顺序程序中。选好程序后，示教器也能作为监视器使用。所选顺序程序的指令行在文本编辑器中"列出"（编辑），可以根据相应要求对程序进行修改或删除。也可以创建新程序并录入必要的指令行。文本编辑器中还提供帮助功能，帮助中会对文本编辑器的使用、CAROLA 指令的功能和句法进行解释。

维修菜单用于创建和检查系统规格，通过密码防止未经授权的访问。在维修菜单中，可以修改或检查机器人的语言、时间或参考位。

7.1.3 示教编程

1. 弧焊机器人的校零

零点是机器人坐标系的基准，机器人需要依靠正确的零点位置来准确判断自己所处的位置。当机器人发生以下情况时，需要重新校零。

1）更换电动机、系统零部件之后。

2）机器人发生撞击后。

3）整个硬盘系统重新安装。

4）其他可能造成零点丢失的情况等。

不同品牌机器人的校零方式也有所区别。由于涉及的轴数较多，每个轴都要校零，校零的方式比较复杂，一般会由专门的工作人员进行。

2. 机器人焊接示教编程

弧焊机器人焊接时是按照事先编写好的程序来进行的，这个程序一般是由操作人员按照焊缝的形状示教机器人并记录运动轨迹而形成的。

"示教"就是机器人学习的过程，在这个过程中，操作者要手把手教会机器人做某些动作，机器人的控制系统会以程序的形式将其记忆下来。机器人按照示教时记忆下来的程序展现这些动作，就是"再现"过程。

3. 机器人异常位置的编程与控制

对于常见的长直焊缝或者空间较大的焊接位置，调整焊枪姿态和示教编程都比较容易，但是实际编程过程中，由于某些位置的焊缝周围存在干涉或者空间狭小，导致这些位置难以焊接。出现这些情况，可以采取以下解决办法：

1）进入异常焊接位置前，增加过渡点，过渡点的数量应尽量少，并且枪姿可以与进入前一点和进入后一点的枪姿衔接，且运行过程中，不会与周围障碍物干涉。

2）进入异常位置的空间点与焊接起始点的枪姿变化不应过大，否则在狭小空间内容易与周围障碍物干涉。

3）异常位置焊接过程中的枪姿尽量保持不变，这就需要提前将焊枪移动到焊接结束位置进行检查，防止还没有完成焊接，就达到了焊枪的极限位置。

4）如果工件所在的变位机可以与弧焊机器人实现同步，就有可能更容易实现焊接，这也是需要在编程过程中注意的。

4. 机器人焊接工艺制订

弧焊机器人多采用的气体保护焊方法有 MAG、MIG 和 TIG，选择的焊接方法不同，对应的保护气体也有差别。MAG 焊方法采用的保护气为二氧化碳（20%）+氩气（80%）（体积分数），MIG 和 TIG 焊采用的是氩气。焊接前需要将保护气调节至合适的流量。Cloos 焊接机器人的干伸长一般为 15mm 左右，焊前需要根据材料的种类、母材的板厚、焊接位置等因素确定焊接电流、电压和焊接速度等参数。

5. 机器人的焊接工艺验证

在制订好工艺后，需要对工艺进行验证，确认焊接工艺是可行的。按照工艺制订的参数焊接试板，试板的材料种类、接头形式、焊接位置等应和母材保持一致。焊接完成后，按照ISO 15614 标准中相关内容对试板进行评判，从而验证焊接工艺是否可行。

6. 机器人焊前工装准备

弧焊机器人使用的工装主要是焊接夹具，焊接夹具上包括 X、Y、Z 三个方向的定位、压紧（夹紧）部件。焊接前，需要对工装的状态进行确认，尤其是定位部件（定位块或定位螺栓）。定位部件表面应清洁、无异物，且同一平面的定位部件应在同一平面；定位部件应是固定可靠的，确保产品按照定位部件定位时，相对位置基本无变化，从而保证焊接质量。另外需要对压紧（夹紧）部件进行检查，常用的压紧（夹紧）部件包括压块、螺栓和螺母，这些部件应无变形，螺栓和螺母无滑丝，能够正常使用，确保焊接过程中产品无法窜动或脱落。

7. 机器人跟踪系统的调节

焊缝跟踪是使用的传感器进行的。弧焊用传感器可分为直接电弧式、接触式和非接触式三大类。按工作原理可分为机械、机电、电磁、电容、射流、超声、红外、光电、激光、视觉、电弧、光谱及光纤式等类。按用途可分为有用于焊缝跟踪、焊接条件控制（熔宽、熔深、熔透、成形面积、焊速、冷却速度和干伸长）及其他如用于温度分布、等离子体粒子密度、熔池行为等的弧焊传感器。接触式传感器一般在焊枪前方采用导杆或导轮和焊缝或工件的一个侧壁接触，通过导杆或导轮把焊缝位置的变化通过光电、滑动变阻器、力觉等方式转换为电信号，以供控制系统跟踪焊缝。其特点为不受电弧干扰，工作可靠，成本低，曾在生产中得到过广泛应用，但跟踪精度不高，目前正在被其他类型传感方法取代。

电弧式传感器利用焊接电极与被焊工件之间的距离变化能够引起电弧电流（对于GMAW 方法）和电弧电压（对于 GTAW 方法）变化这一物理现象来检测接头的坡口中心。电弧传感方式主要有摆动电弧传感、旋转电弧传感以及双丝电弧传感。因为旋转电弧传感器的旋转频率可达几十 Hz 以上，大大高于摆动电弧传感器的摆动频率（10Hz 以下），所以提高了检测灵敏度，改善了焊缝跟踪的精度，且可以提高焊接速度，使焊道平滑。旋转电弧传感器通常采用偏心齿轮的结构设计，而采用空心轴电动机的机构能有效地减小传感器的体积。

电弧传感器具有以下优点：

1）传感器基本不占额外的空间，焊枪的可达性好。

2）不受电弧光、磁场、飞溅、烟尘的干扰，工作稳定，寿命长。

3）不存在传感器和电弧间的距离，且信号处理也比较简单，实时性好。

4）不需要附加装置或附加装置成本低，因而电弧传感器的价格低，所以电弧传感器获得了广泛的应用，目前是机器人弧焊中用的最多的传感器，已经成为大部分弧焊机器人的标准配置。

5）电弧传感器的缺点是对薄板件的对接和搭接接头很难跟踪。

用于焊缝跟踪的非接触式传感器很多，主要有电磁传感器、超声波传感器、温度场传感器及视觉传感器等。其中以视觉传感器最引人注目，由于视觉传感器所获得的信息量大，结合计算机视觉和图像处理的最新技术成果，大大增强了弧焊机器人的外部适应能力。

8. 机器人焊后外观检验

焊接完成后，应清理焊渣和飞溅。焊后外观检验包括焊缝几何形状的检验和表面焊接缺陷的检查。焊缝与母材连接处、焊道与焊道之间应平滑过渡。焊缝外形要均匀，焊缝尺寸应符合图样要求。对焊缝的检查应覆盖整条焊缝和热影响区附近，重点检查易出现缺陷的部位，例如起弧、收弧位置和焊缝形状、尺寸突变部位。焊缝表面应无裂纹、夹渣、焊瘤、烧穿、表面气孔、咬边等缺陷。焊后外观检验常用的方法有磁粉无损检测和渗透无损检测。

磁粉检测用于检验铁磁性材料的焊件表面或近表面处缺陷（裂纹、气孔、夹渣等）。将焊件放置在磁场中磁化，使其内部通过分布均匀的磁力线，并在焊缝表面撒上细磁铁粉，若焊缝表面无缺陷，则磁铁粉均匀分布，若表面有缺陷，则一部分磁力线会绕过缺陷，暴露在空气中，形成漏磁场，则该处出现磁粉集聚现象。根据磁粉集聚的位置、形状、大小可相应判断出缺陷的情况。

渗透检测只适用于检查工件表面难以用肉眼发现的缺陷，对于表层以下的缺陷无法检出。常用荧光检验和着色检验两种方法。荧光检验是把荧光液（含 MgO 的矿物油）涂在焊缝表面，荧光液具有很强的渗透能力，能够渗入表面缺陷中，然后将焊缝表面擦净，在紫外线的照射下，残留在缺陷中的荧光液会显出黄绿色反光。根据反光情况，可以判断焊缝表面的缺陷状况。荧光检验一般用于非铁合金工件表面检测。着色检验是将着色剂（含有苏丹红染料、煤油、松节油等）涂在焊缝表面，遇有表面裂纹，着色剂会渗透进去。经一定时间后，将焊缝表面擦净，喷上一层白色显像剂，保持 15～30min 后，若白色底层上显现红色条纹，即表示该处有缺陷存在。

9. 机器人焊后内部检验

焊后内部检验主要是通过无损检测方式进行检查。主要包括：超声波检测和射线检测等。

超声波检测用于探测材料内部缺陷。当超声波通过探头从焊件表面进入内部遇到缺陷和焊件底面时，分别发生反射。反射波信号被接收后在荧光屏上出现脉冲波形，根据脉冲波形的高低、间隔、位置，可以判断出缺陷的有无、位置和大小，但不能确定缺陷的性质和形状。超声波检测主要用于检查表面光滑、形状简单的厚大焊件，且常与射线检测配合使用，用超声波检测确定有无缺陷，发现缺陷后用射线检测确定其性质、形状和大小。

射线检测是利用 X 射线或 γ 射线照射焊缝，根据底片感光程度检查焊接缺陷。由于焊接缺陷的密度比金属小，故在有缺陷处底片感光度大，显影后底片上会出现黑色条纹或斑点，根据底片上黑斑的位置、形状、大小即可判断缺陷的位置、大小和种类。X 射线检测宜用于厚度 50mm 以下的焊件，γ 射线检测宜用于厚度 50～150mm 的焊件。

10. 机器人外围设备的维护

1）弧焊机器人采用机器人进行焊接，但是仅有一台机器人是不够的，还必须有相应的外围设备，才能确保其正常工作。

2）机器人外围设备较多，例如线性滑轨（可以增大机器人的运行范围，加大焊枪可达范围）、变位机（调节焊缝位置，有利于将焊缝调整至最佳焊接位置）、送丝机、清枪站（提高清枪效率和机器人焊接效率）等。

3）外围设备的状态，对于焊接质量和效率都会有较大的影响。因此，对于这些设备，应该做好维护，做到定期检查并清理，不同设备的维护频率也有所区别。

4）线性滑轨上不得放有杂物或者踩踏，每班次使用前后都要对线性滑轨表面进行检查。

5）每班次在使用变位机前要检查螺栓等连接部件是否存在异常，并且要在无产品状态下试运行，工作结束后，将变位机恢复到原位置。

6）送丝机也要每天检查清理，并定期更换送丝轮，防止因送丝不畅造成焊接质量变差。

7）清枪站需每天做好检查清洁工作。

11. 示教编程

CLOOS 机器人进行示教编程时，程序中必须包括"RESTART""MAIN"和"END"。在"RESTART"行和"MAIN"行之间的内容为程序的说明部分，具体内容可以是 List 参数表，也可以是 Variables 变量，或者其他需要说明的内容等。"MAIN"行和"END"行之间为工作程序部分，具体如图 7-7 所示。下面以直线和圆的程序编写为例进行说明。

（1）单道焊直线编程

1）新建程序。在图 7-8 所示的界面，单击箭头所指按键，新建一个程序。在图 7-9 所示的界面输入程序名并确认。

2）示教编程。CLOOS 机器人的编程指令有"GP"命令和"GC"命令，具体如图 7-10 所示。

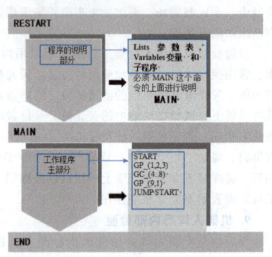

图 7-7　程序框架

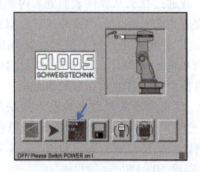
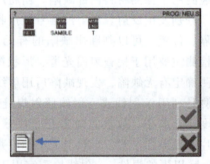

图 7-8　新建程序界面

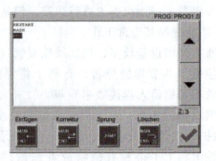

图 7-9　输入程序名界面

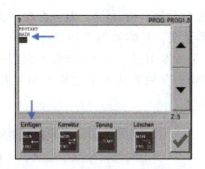
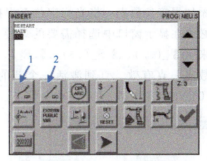

图 7-10　编程指令

1—空间点命令 GP，移动到点　2—焊接路径命令 GC，连续直线轨迹路径

　　将光标定位至"END"位置，插入相应指令，具体如图 7-11 所示。接近位置和存储点 1，用 MEM 键和 P 键组合，保存空间点 1，依此类推将空间点 2 保存和焊接起始点 3 保存，单击确认■键，生成在工作程序里工作部分的程序行。

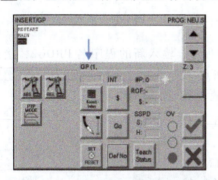
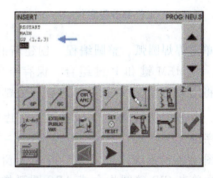

图 7-11　插入空间点

　　插入焊接路径点命令 GC，即连续直线轨迹移动到点指令，用 MEM 键和 P 键组合，单击确认■键，生成在工作程序里焊接部分的程序行，具体如图 7-12 所示。

　　接近位置和存储点 5，用 MEM 键和 P 键组合，保存空间点 5，单击图 7-13 中的 Def No 键，输入已经示教并且存储过的已定义的点编号 1，单击确认■键，生成在工作程序里工作部分的程序行，如图 7-14 所示。这样就将程序的主体部分都编写完成。

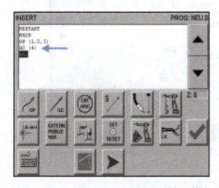
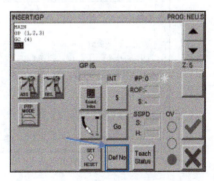

图 7-12　插入焊接路径点　　　　　　　　图 7-13　输入已保存过的点位

接着，添加焊接参数表。将光标定位至焊接指令前，按 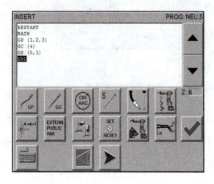 键，即可在程序流程中插入指令，事先必须在显示窗口中选择需要的焊接参数表，具体如图 7-15 所示。相应的指令行将被创建出来（$ _(..)、$ S_(..)、$ E_(..) 或 $ H_(..)）并被收入到当前的程序行中。焊接参数表一直有效，直到激活一个新的焊接参数表或者通过输入参数表编号"0"（例如 $ S_(0)；$ E_(0)）停止使用参数表。

图 7-14　工作部分程序行

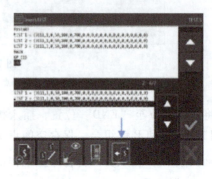

图 7-15　插入焊接参数表

（2）单道焊焊圆弧、整圆编程　创建新的程序，输入新的程序名 PROG2，接近位置和存储点 1，用 MEM 键和 P 键组合，保存空间点 1，依此类推将空间点 2 点保存，空间点 3（焊缝起始点）保存，单击确认 键，生成在工作程序里工作部分的程序行。

单击图 7-16 所示键，生成图 7-17 所示窗口，在所示窗口中单击 CIR 整圆指令或 ARC 圆弧指令，输入已保存圆或圆弧位置 3 点、4 点、5 点，整圆需增加过焊量，单击确认 键，生成在工作程序里工作部分的程序行，抬枪后用 MEM 键和 P 键组合，保存

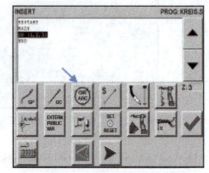

图 7-16　整圆、圆弧指令

空间点 6 和已保存点 1，单击确认 键，生成在工作程序里工作部分的程序行，具体如图 7-18 所示。

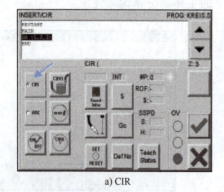

a) CIR

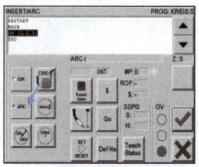

b) ARC

图 7-17　整圆 CIR 和圆弧 ARC 指令

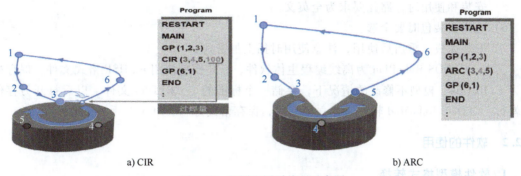

a) CIR   b) ARC

图 7-18　整圆和圆弧编程示意图

（3）注意事项

1）整圆编程空间最后点必须为整圆命令的起始点，每个圆必须定义 3 个点并重叠定义参数，点必须均匀分布（大约 120°）在整圆上，可以定义圆的最小直径约为 10cm；圆弧编程空间最后点必须为圆弧命令的起始点，每个圆弧必须定义 3 个点，均匀分配每个点。

2）焊枪角度的变化尽可能使用第六轴。

3）整圆或圆弧编程的每两点之间的角度不得超过 180°。

4）选择合理的焊接顺序，以减小焊接变形、焊枪行走路径长度，来制定焊接顺序。

5）焊枪空间过渡要求移动轨迹短、平滑、安全。

6）采用合理的变位机位置、焊枪姿态、焊枪相对接头的位置。工件在变位机上固定后，若焊缝不是理想的位置与角度，要求编程时不断调整变位机，使得焊接的焊缝按照焊接顺序逐次达到水平位置。同时，要不断调整机器人各轴位置，合理地确定焊枪相对接头的位置、角度与焊丝伸出长度。工件的位置确定后，焊枪相对接头的位置必须通过编程者的双眼观察，难度较大。这就要求编程者能非常熟练掌握操作要求及善于总结积累经验。

7）及时插入清枪程序，编写一定长度的焊接程序后，应及时插入清枪程序，可以防止焊接飞溅堵塞焊接喷嘴和导电嘴，保证焊枪的清洁，延长喷嘴的使用寿命，确保可靠引弧、减少焊接飞溅。

8）编制程序一般不能一步到位，要在机器人焊接过程中不断检验和修改程序，调整焊接参数及焊枪姿态等。

7.2　离线编程

7.2.1　软件的安装

软件安装要求如下：

1）系统要求：运行内存 8GB 及以上，Win7 或 Win10 家庭中文版/教育版。

2）安装时关闭杀毒软件和防火墙。

3）安装和卸载软件时，注意把加密狗、U 盘等存储工具拔出。

4）安装软件时 CLOOS RoboMod、CLOOS RoboPlan、Edi 三个软件要分别安装。

5）安装和使用时，路径要求为全英文。

6）选择安装包时要全选。

7）安装完成，重启后使用，注意使用时插上加密狗。

其中，CLOOS RoboPlan 为离线编程主体软件，新建模型使用 *.HSF 格式文件，保存格式为 *.RPD64。模型不修改的情况下，存储一个标准的 *.RPD64 文件，以后打开另存使用就行。CLOOS RoboMod 软件为建立模型用，保存格式为 *.SRC。

7.2.2 软件的使用

1. 软件模型格式转换

1）打开空白 RoboMod 软件→File→Export cell...→选择 *.SRC 文件→等待转换完成（如图 7-19 所示，过程中不要有任何操作）→Close（生成新的 *.DUMP 文件）。

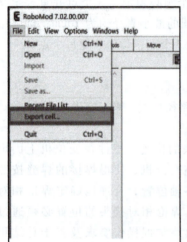
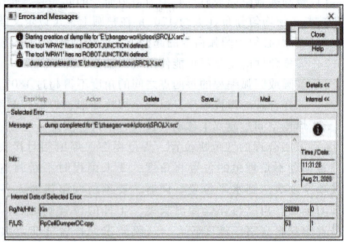

图 7-19　SRC 文件转 DUMP 文件

2）打开空白 RoboPlan 软件→File→Create cell...→选择 *.DUMP 文件→等待转换完成（如图 7-20 所示，过程中不要有任何操作）→Close（生成新的 *.HSF 文件）。

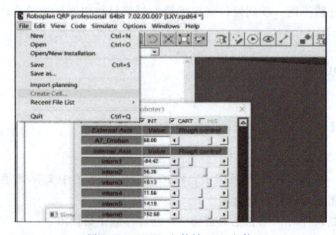

图 7-20　DUMP 文件转 HSF 文件

3）打开空白 RoboPlan 软件→Robots→单击右键→导入工件（见图 7-21）→调整工件位置（见图 7-22）→测量工件（见图 7-23）。

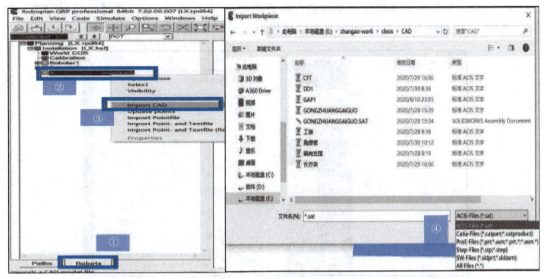

图 7-21　导入工件

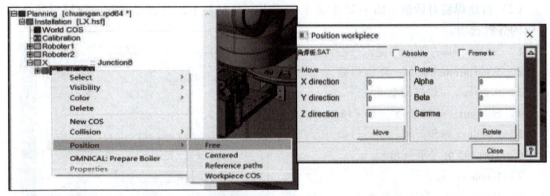

图 7-22　调整工件位置

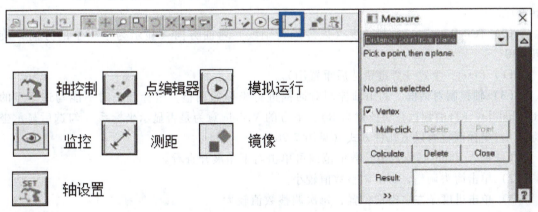

图 7-23　测量工件

2. 软件常用功能介绍

（1）新建焊缝路径　Paths→选择需要做焊接路径的机械臂→右击 New→Weld Path （快捷键 W）→设置参数→选择焊缝（单击选择最近端为起点）→Generate→选择路径 Q 全选→勾选 Reachability （快捷键 R）→Use All→双击路径模拟运行 （见图 7-24）。

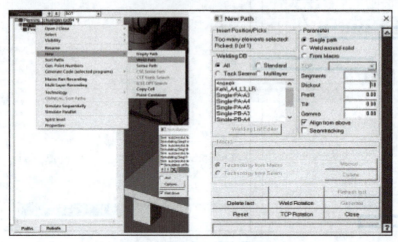

图 7-24　新建焊缝路径操作

（2）新建焊缝对话框　图 7-25 中各个选项中文解释如下，可根据实际的焊缝形状选择对应的焊缝选项。

1）Single path：单个焊缝。

2）Weld around solid：环绕焊缝。

3）Segments：焊缝段数。

4）Stickout：干伸长度（16~18mm）。

5）Pretile：推角。

6）Tilt：倾角（平分角）。

7）Gamma：角。

8）Delete last：删除最新焊缝。

9）Weld Rotation：以焊接线为轴线旋转 90°。

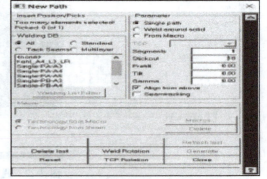

图 7-25　新建焊缝对话框

10）TCP Rotation：焊枪角度（以焊丝为轴线）弯曲方向（显示为小旗子的方向）旋转 180°。

11）Reset：重置（焊缝错选后重置用）。

（3）轴控制对话框　利用轴控制对话框进行坐标的调整，坐标调整时不能勾选下方的 Reachability （自由到达，快捷键为 R），下方的 Visible 意为是否显示坐标系（勾选后显示坐标系）。坐标调整有以下几种方式（见图 7-26）：

1）键入 Value 具体数值，数值范围可单击右下角展开查看。

2）单击箭头调整，每次调整数值较小。

3）单击进度条左右空白位置，每次调整数值较大。

4）直接拖动进度条，快速调整，但数值不好控制。

轴控制对话框下方的 Reference COS 是参考坐标系的意思（见图7-27），其中 hand 为手轴坐标系（5轴位置处）；hand_in_tcp 指焊丝尖端处（调整角度用），更加直观，因为坐标系显示在焊丝尖端，推角不动的情况下，可以调整焊缝方向。tov 是 Z 轴为焊丝反方向，可用来调整干伸长度；bks 会根据7轴位置变化；WP@ X__ Junction 类似 X__ Junction，但不常用；X__ Junction 工件支撑坐标系（固定的坐标系），类似现场使用的 BKS1 坐标系。

利用图7-28所示方框中的各个按键可以对焊缝中的各个点位进行修改。Use New 即使用点，新建焊缝时使用小旗的点，使用后对应

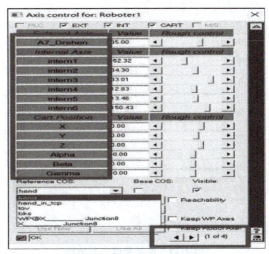

图 7-26　轴控制对话框

点左侧框内出现绿色 ✔；Set Point 即修改点，取消勾选 Reachability，调整点位，调整后单击 Set Point 覆盖原先的点；New Point 即新建点，适用于增加焊缝点、新建空中点等；Use All 即批量修改外部轴，全选需要修改外部轴的焊缝点，勾选 Reachability，调整外部轴后，单击 Use All 即可批量修改外部轴。

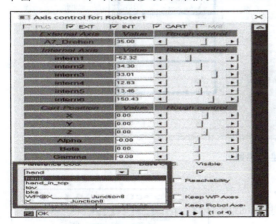

图 7-27　轴控制对话框参考坐标系说明

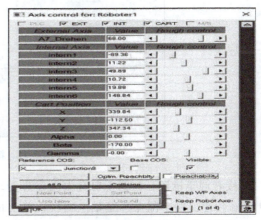

图 7-28　轴控制对话框焊缝点位修改说明

（4）批量修改点　离线编程过程中，可能会出现多个点位的焊枪姿态需要整体修改的情况，此时可用批量修改点的功能，具体如图7-29所示。其中 Workpiece COS 为工件坐标系（工件作图时的坐标，和工件摆放位置无关），不常用；Workholding COS 为工件保持/支撑坐标系（类似现场 BKS1 坐标系）；Weld COS 为焊缝坐标系（焊缝方向为 X+，Z 向为垂直于焊缝的有焊枪方向），推角和倾角改变后，不改变其 X、Y、Z 坐标轴。

（5）修改线段属性　选中模型中焊缝线段，单击 Seg 前图标，弹出线段属性对话框，根据实际焊接过程选择驱动模式：PTP 点到点（GP）、CP lineary 焊接（GC）（见图7-30）。

（6）新建传感路径　如图7-31所示，右击→New→Sense Path（快捷键S），在弹出的对话框中选择 Sente Path Mod（传感路径模式）为 One Sense Direction（单方向传感）；使用机器人姿态，勾选 Use Robot Onentation；最后距离全部调整成40。

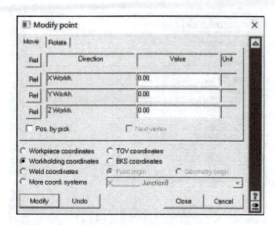

图 7-29　批量修改点对话框

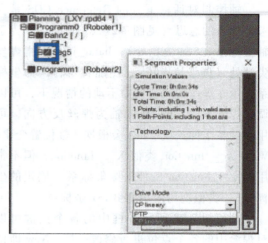

图 7-30　修改线段属性

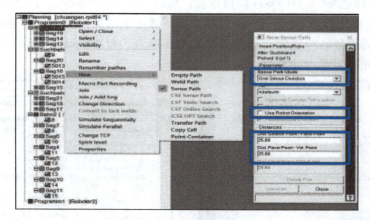

图 7-31　新建传感路径

接着调整枪姿，注意不要有太大姿势变动，在原有 9 点（传感前的空间点）基础上变换，单击传感面时单击焊丝尖端投影位置处（后期有的还需要调整，可以用批量修改点命令），在传感路径前加 9 点，试验是否可以到达选择的 9 点和新加入传感路径的点，右击→Unite Points，如图 7-32 所示。

（7）模拟动画　单击软件工具栏中对应图标或者双击焊缝，都可以进入模拟控制对话框，单击对话框左侧感叹号可进入设置，左侧两项对应各自模拟速度（只是模拟时速度，和实际运行时速度没有关系），若取消勾选 Collision，即使出现干涉也不会报警（见图 7-33）。

（8）生成点文件　如图 7-34 所示，单击对应按钮，选择 ".pkt/.p..txt/.s and .L"，即可生成点文件。具体如下：

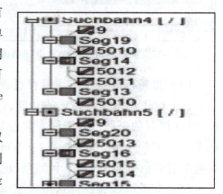

图 7-32　传感点位

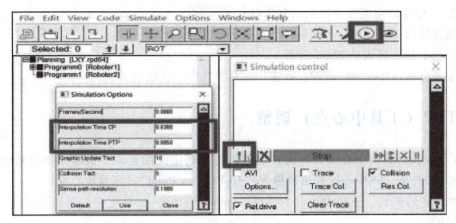

图 7-33　模拟动画

1）需要＊．CFG 格式文件，名称修改为机械臂名称：Roboter1、Roboter2。

2）CFG 文件放到 SRC 文件夹内。

3）检查是否所有点都有轴值和点号。

4）可以选择所有，也可以单独选择一个机械臂，保存所有程序时 1#和 2#是单独存储的。

5）选择第二个点码和文本可以生成 .p／.pkt／.s 和文本文件，需要的是 .p 文件。

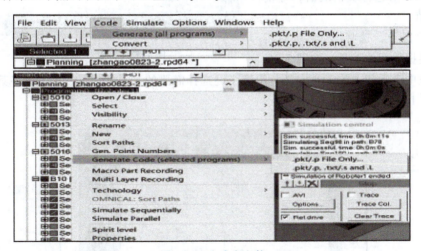

图 7-34　生成点文件

（9）其他一些功能

1）平移路径功能。复制需要平移的路径→粘贴焊缝路径→批量点编辑（测量需要平移的距离，选择合适的坐标系调整）→单击 Use New。使用该功能需要注意以下几点：

①通常使用工件支撑坐标系（也可以根据实际选择其他坐标系）。

②传感有时会出错，注意调整传感或重新传感。

③注意调整后 Use New。

2）镜像路径功能。复制需要镜像的路径→粘贴焊缝路径→全选点（全选前插入一个辅助点，镜像后删除）→右击→Mirror path...→选择镜像面（OK）→平移路径（需要根据实际情况计算）。使用该功能需要注意以下几点：

① 镜像是以选择的第一个点的焊丝尖端为镜像原点。

② 焊丝干伸长默认以 12mm 计算。

③ 辅助点可以用 12mm 干伸长新建焊缝复制其中一点使用。

7.3　TCP（工具中心点）调整

为了确保执行机构中心（焊丝尖）能够执行精确定义的运动，机器人驱动系统必须始终识别该中心位置。该中心位置也被称为 "Tool Center Point"（工具中心点）。

作为 TCP 的扩展，还有 TOV（Tool Orientation Vector，工具定向矢量）描述工具方向，即焊丝尖方向。

为了准确计算轨迹、速度和位置，为摆动面、电弧焊缝跟踪和传感功能提供计算结果，机器人操作系统必须能够精确识别 TCP（工具中心点）和 TOV（工具定向矢量）。

TCP（工具中心点）决定机械手轴端中心到工具中心点（焊丝尖）的距离。焊丝长度为 12mm 时，焊丝尖准确位于 Z 向。用相应的矫正规（见图 7-35）对焊枪进行矫正之后，才能测定 TCP 值。

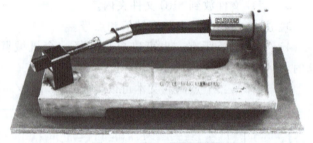

图 7-35　检查和调整焊枪

在示教器上，选择/创建新的工具定义，根据使用的工具，在图 7-36 所示对话框中激活相关的工具定义。用箭头键选择需要的工具并且按 "4" 键将其激活。所选定义在 "1" 对话框抬头显示。

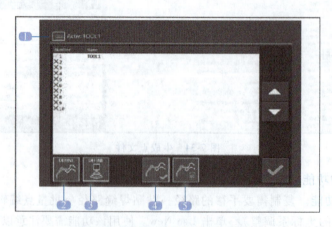

图 7-36　选择/创建新的工具界面

1—激活工具的名称　2—编制一个新的工具定义　3—针对激光传感器的 TCP 和 TOV 定义
4—激活所选的工具定义　5—删除一个工具定义

需要注意的是，将各个工具定义保存为子程序，即可由系统自动生成 "TOOLLIB" 程序。子程序的名称就是各个工具的名称。使用工具更换系统时，程序流程中的对应子程序被调出，工具自动激活。

创建新的工具定义，打开图 7-37 所示对话框，在对应的字段中填入名称（最多八个字符），并输入质量值、重心、弯曲角和工具中心点，最多可进行十个工具定义。

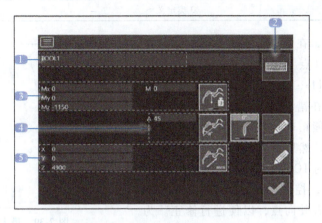

图 7-37　创建新的工具定义界面

1—TCP 名称　2—输入 TCP 名称的键盘（模拟键盘）　3—定义焊枪的质量和重心
4—弯曲角和焊枪定向的 TOV 输入　5—通过键盘输入 TCP 通过点测定

定义工具的质量和重心。只在校准机器人时需要定义工具的质量和重心，这两项信息可从各自的技术描述中找到。工具质量是从法兰到机械手轴中心的长度保存在机器人配置之中，将测得的值填入到对应的对话框中，单位为 g 或 1/10mm。

工具的弯曲角度和定向矢量（TOV），输入弯曲角度，以地面为基准定义工具定向。将相应值填入到对应的对话框中。

输入/计算 TCP 值，TCP 值的基准点是机械手轴端的中心，以此点为基准，在机械手坐标系的方向上描述工件的几何形状。各个分量 X、Y 和 Z 代表工作点（焊丝尖）的位置，原点位于机械手轴法兰上，以 1/10mm 为单位。

可用数字键盘直接输入已知的 TCP 值，在程序中编写/修改定义点，必须测定未知的 TCP值，测定时，要在焊丝尖固定的情况下，在程序中编写/修改十二个点。为此仅需示教一个点，如图 7-38 所示，可进行粗略定向，其余所有点根据先前输入的偏转角自动生成。

定义所需的点和定义本身一样，保存在 TOOLLIB 程序中。为各个定义点固定分配点号，见表 7-3。在第一步中，控制系统会询问是否要

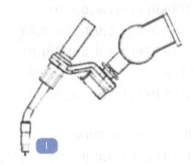

图 7-38　在程序中编写的点

覆盖既有的点。选择："否"，通过既有的点重新计算 TCP 值，或者事先修正既有的点，然后再进行重新计算。选择："是"，启用新的定义。

按"是"键，即决定启用新的定义，系统等待最大偏转角（见图 7-39）"1"的数据，用以改变定向。偏转角在 5°~45°。为了获得最高准确度，角度（45°）尽可能不要缩小。

表 7-3　为各个定义点固定分配点号

工具 1：	1 类定义 =	点 100～199
工具 2：	2 类定义 =	点 200～299
工具 3：	3 类定义 =	点 300～399

如图 7-39 所示，在焊丝尖固定的情况下，在程序中编写一个点（点 110）。随后控制系统自动生成其余点（点 111…122）。既有的点被覆盖。如果 TCP［仍］存在错误，则会产生偏差，即焊丝尖在各个点上不能精确地位于固定位置。这种偏差必须得到修正，然后重新保存点，此后控制系统计算出一个新的 TCP 值。

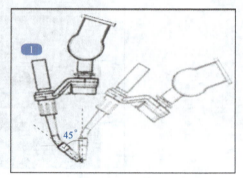

图 7-39　最大偏转角

新点生成之后，控制系统自动激活 TEACH 模式，并要求操作者驶向点，以便进行修正。为了驶向生成的点，应该将机器人向前移动到远离焊丝尖固定位置的地方，防止机械手轴突然运动存在碰撞危险。

运用每个工具时都要重复创建新的工具，定义所述步骤。为各个工具分别测得的数据保存在一个自动生成的程序（TOOLLIB）中。

在此程序中，根据定义的数量不同，相应产生同样数量的子程序，并命名为 TCP 名（例如 TOOL1）。

程序示例：TOOLLIB

```
RESTART
PUBLIC PROC TOOL1
TOOLDEF(1;0;0,0,5699,-7071,0,-7071)
TOOLDEF(1;1,0,0,0,0)
TOOLDEF(1;2;0,0,0,0,0,0)
TOOLDEF(1;3;0,0,0,0,0,0)
TOOLDEF(1;4;0,0,0,0,0,0)
TOOLDEF(1;5;0,0,0,0,0,0)
ENDP
PUBLIC PROC TOOL2
TOOLDEF(2;0;0,0,4962,-7071,0,-7071)
TOOLDEF(2;1,0,0,0,0)
TOOLDEF(2;2;0,0,0,0,0,0)
TOOLDEF(2;3;0,0,0,0,0,0)
TOOLDEF(2;4;0,0,0,0,0,0)
TOOLDEF(2;5;0,0,0,0,0,0)
ENDP
```

```
MAIN
END
```

外部 TCP，出于生产和搬运技术的原因，如果焊枪是固定式的，则机器人要将待焊接的工件搬到焊枪处。因此，应首先通过定义指令规定固定式焊枪相对于机器人基本坐标系的位置和方向（TCP 和 TOV）。此外，专门的运动引导装置必须要能开通和关断。

外部焊枪定义。采用传统方式设置的机器人 TCP 需要四个点来定义外部焊枪。点 P_1 定义焊枪的工作点（TCP）。点 P_2 和点 P_3 规定从 P_2 到 P_3 的送丝方向（TOV）。点 P_4 确定焊枪所处的平面。点 P_2 到 P_4 只规定方向，因此这些点从物理上来说不强制要求必须位于焊枪上。

在一个应用程序中，应严密注意，为了执行 EXTTOOL 指令应激活机器人 TCP，利用 TCP 对点 P_1 到点 P_4 进行示教。为了安全起见，可以用一个 STCP 指令对此进行设置。在 "EXTTCPON" 与 "EXTTCPOFF" 之间的搬运 CP 运动模式内，设置的机器人 TCP 并不重要。

例如：外部焊枪的定义点是从 100 到 103。这些点由一个定义的机器人 TCP（0，0，4000）进行示教。点 100 规定位置，点 101 到 102 表示送丝方向，点 103 描述一个平面。启用的运行模式包括，到 P_2 和 P_3 的直线、分度圆和到 P_6 的直线。然后该运动模式重新停止。

程序示例：

```
MAIN
LIST_1 = (...)
STCP_(0,0,4000)
EXTTOOL_(100,101,102,103)
GP_(1)
 $ _(1)
EXTTCPON
GC_(2,3)
ARC_(3,4,5)
GC_(6)
EXTTCPOFF
GP_(10)
END
```

7.4　机器人弧焊设备

机器人弧焊设备主要由机器人操作手、变位机、控制器、焊接系统、焊接传感器、中央控制计算机、焊接夹具和有关安全设备等构成。

图 7-40 所示为一个标准的机器人弧焊工作站。

1. 弧焊系统说明

弧焊过程比点焊过程要复杂得多，工具中心点（TCP）、焊丝端头的运动轨迹、焊枪姿态、焊接参数都要求精确控制。所以，弧焊用机器人除了前面所述的一般功能外，还必须具备一些适合弧焊要求的功能。

从理论上讲，5 轴机器人就可以用于电弧焊，但是对复杂形状的焊缝，用 5 轴机器人会有困难。因此，除非焊缝比较简单，否则应尽量选用 6 轴机器人。

弧焊机器人在做"之"字形拐角焊或小直径圆焊缝焊接时，其轨迹除应能贴近示教的轨迹之外，还应具备可以做不同摆动样式的软件功能，供编程时选用，以便做摆动焊。而且摆动在每一周期中的停顿点处，机器人也应自动停止向前运动，以满足工艺要求。此外，还应有接触寻位、自动寻找焊缝起点位置、电弧跟踪及自动再引弧等功能。

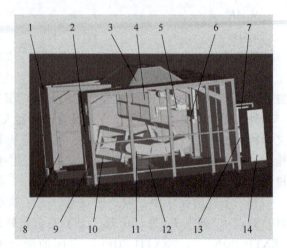

图 7-40　机器人弧焊工作站

1—安全栅　2—触摸屏　3—排烟罩　4—遮光栅
5—机器人　6—清枪装置　7—机器人控制柜
8—光电开关　9—安全栅　10—夹具台　11—变位器
12—水平回转变位机　13—焊接电源　14—控制单元

2. 弧焊机器人弧焊设备组成

（1）**机器人操作手**　机器人操作手是焊接机器人的执行机构，由驱动器、传动机构、机器人手臂、关节以及内部传感器等组成，其结构形式是多种多样的，完全根据任务和需要而定。对机器人操作手的性能要求是高精度、高速度、高灵活性、大工作空间和模块化。

（2）**变位机**　变位机在焊接前和焊接过程中，通过夹具装卡和定位被焊焊件并且把焊件旋转和平移，使其达到最佳的焊接位置。在焊接机器人的系统中，常采用两台变位机，即其中一台在焊接作业时，另一台则进行已焊完焊件的卸载和新焊件的装夹，从而使焊接机器人能充分发挥效能。

变位机一般与机器人联动，是机器人的一个附加轴，能配合机器人完成复杂工件的焊接，高性能的变位机重复精度能达到 0.1mm。

（3）**控制器**　控制器是整个焊接机器人系统的神经中枢，它在焊接过程中控制机器人及其外围设备的运行，它由计算机硬件、软件和一些专用电路组成。控制器的软件包括：控制器系统软件、机器人专用语言、机器人运动学和动力学软件、机器人控制软件、机器人自诊断及自保护软件等。

（4）**焊接系统**　焊接系统是焊接机器人完成焊接任务的核心设备，主要由焊枪（弧焊机器人）、焊钳（点焊机器人）、焊接控制器以及水、电、气等辅助设备组成。其中，焊接控制器根据预定的焊接监控程序，完成焊接参数的输入、焊接程序的控制、焊接系统故障诊断，并与本地计算机及手控盒通信联系，它是由微处理器及部分外围接口芯片组成。

（5）**焊接传感器**　在焊接过程中传感器是个完整的测量装置，它把被测得的非电物理量转换成与之有确定对应关系的有用电量（电阻、电容、电感、电压）并输出，以满足信息的传输、处理、记录、显示及控制等各种要求，焊接传感器要具有精确度高、灵敏度高、响应速度快、体积小、寿命长、价格低等特点，最好能实现多功能和智能化。

按信号的转换原理不同，传感器可分为电弧式、机械式或机械电子式、电磁感应式、电容式、气动式、超声式、光学式等。

（6）**中央控制计算机** 中央控制计算机主要用于在同一层次或者不同层次的计算机通信网络，同时与传感器系统相配合，实现焊接路径和参数的离线编程、焊接系统的应用及生产数据的管理。

（7）**焊接夹具** 用来定位工件，以及在一定程度上减小焊接产生的变形。焊接夹具应满足以下要求：

1）各程序要按照统一的基准进行设计，减小重复定位产生的误差。

2）工件的定位要选择多定位点，制造完成后各个定位点要进行三坐标测量，并确保各个定位点符合产品图样设计要求。

3）焊接夹具多采用自动夹紧、松开方式，并具有夹紧、松开到位检测。

4）夹具设计有防误装和漏件检测。

5）夹具设计要考虑零件焊接后的热变形，能够有效控制工件在焊接过程中的焊接变形以及焊接的飞溅，并能够根据测定的焊接变形量对夹具进行快速的定量调节。

6）不同机种夹具采用统一标准的接口，可以实现夹具的快速更换。

7）夹具中的气动、电装元器件及配管、配线具有良好的防护，能够防止焊接飞溅的烧蚀。

8）焊接夹具的设计要考虑人机工程学，要实现操作简单方便，安全可靠。

9）夹具设计过程中要采用仿真软件进行机器人模拟，要在制造前校核焊枪与夹具的干涉以及焊枪的可达性。

（8）**安全设备** 主要包括驱动系统过热自断电保护、动作超限位自断电保护、超速自断电保护、机器人系统工作空间干涉自断电保护及人工急停电保护等，起到防止机器人伤人或者损坏周边设备的作用。此外，机器人的工作部，还装有各类触觉或接近传感器，可以在机器人过分接近工件或发生碰撞时停止工作。

3. 弧焊机器人分类

（1）**按焊接方法分类**

1）**气体保护电弧焊**。利用氩气作为焊接区域保护气体的氩弧焊、利用二氧化碳作为焊接区域保护气体的二氧化碳保护焊等，均属于气体保护电弧焊。

气体保护电弧焊的基本原理是以电弧为热源进行焊接时，同时从喷枪的喷嘴中连续喷出保护气体把空气与焊接区域中的熔化金属隔离开来，以保护电弧和焊接熔池中的液态金属不受大气中的氧、氮、氢等污染，以达到提高焊接质量的目的。

2）**钨极氩弧焊**。以高熔点的金属钨棒作为焊接时产生电弧的一个电极，并处在氩气保护下的电弧焊，常用于不锈钢、高温合金等要求严格的焊接。

3）**等离子电弧焊**。由钨极氩弧焊发展起来的一种焊接方法。等离子弧是离子气被电离产生高温离子气流，从喷嘴细孔中喷出，经压缩形成细长的弧柱，高于常规的自由电弧，如：氩弧焊温度高达5000~8000K。由于等离子弧具有弧柱细长，能量密度高的特点，因而在焊接领域有着广泛的应用。

（2）**按保护气体和电极种类分类**

1）**MIG焊（熔化极惰性气体保护焊）**。这种焊接方法是利用连续送进的焊丝与工件之间燃烧的电弧做热源，由焊炬嘴喷出的气体来保护电弧进行焊接的。惰性气体一般为氩气。

2）**TIG焊（非熔化极惰性气体保护焊）**。TIG焊的热源为直流电弧，工作电压为

$10\sim15V$，但电流可达$300A$，把工件作为正极，焊炬中的钨极作为负极。惰性气体一般为氩气。

3）MAG焊（熔化极活性气体保护焊）。熔化极活性气体保护焊是采用在惰性气体中加入一定量的活性气体，如O_2、CO_2等做为保护气体。

4. 弧焊机器人系统两个关键技术

（1）协调控制技术　控制多机器人及变位机协调运动，既能保持焊枪和工件的相对姿态以满足焊接工艺的要求，又能避免焊枪和工件的碰撞，还要控制各机器人焊接区域的变形影响。

（2）精确焊缝轨迹跟踪技术　结合激光传感器和视觉传感器离线工作方式的优点，采用激光传感器实现焊接过程中的焊缝跟踪，提升焊接机器人对复杂工件进行焊接的柔性和适应性，结合视觉传感器离线观察获得焊缝跟踪的残余偏差，基于偏差统计获得补偿数据并进行机器人运动轨迹的修正，在各种工况下都能获得最佳的焊接质量。

7.5　机器人弧焊焊接工艺

1. 机器人焊接工艺

机器人焊接工艺主要包括焊接方法、焊接电源、母材、焊材、气体、板厚（管径及壁厚）、坡口形式、焊前装配、焊接位置、焊接顺序、焊接轨迹、焊枪姿态及焊接参数等。在制订机器人焊接工艺前，首先要对被焊工件和焊材有着充分的了解，然后对焊件材料的焊接性、下料、成形加工工艺、装配方法的选用以及机器人的焊接轨迹、姿态、焊枪角度、焊接参数等进行分析，确定焊接重点及难点，制订解决措施，达到控制焊接质量、提高效率、降低成本等目的。

根据焊件的技术要求，通过工艺分析，运用机器人焊接工艺知识来拟定机器人的焊接方案，并充分考虑焊接顺序、关键点的处理、焊枪角度及机器人的姿态等问题。在机器人焊接路径及姿态编程完成后，对焊接参数进行设置和调整，完成焊接工艺试验；最终从质量、效率、成本三方面进行工艺方案比较，选定最佳方案。下面以圆周焊和立向圆周焊为例说明。

（1）圆周焊

1）示教开始位置要从离机器人较近的位置开始。

2）工件的位置和高度不要影响手腕轴的正常旋转。

3）一段圆弧，原则上示教3个点，再多的点就会引起速度不一致，轨迹不稳定。

4）根据姿态和形状，部分点可进行直线示教。

5）圆周焊时，开始位置用低电流，搭接位置加大电流，从一开始确保熔深。

6）保持干伸长和焊枪角度一定。

（2）立向圆周焊

1）使用变位机可得到最合适的焊接姿态。

2）提高焊道美观度、熔深稳定、提高焊接速度。

3）变位机+协调控制软件，大幅减少示教点、容易示教焊接速度。

4）即便是焊接枪角度难调的复杂工件，也可用最少的示教点实现焊接。

2. 机器人焊接节拍

机器人焊接节拍是指完成一个工件（或一个工序）焊接所需要的工作时间。其中包括焊接时间、机器人移动时间和起收弧时间等。针对一些焊缝多、生产批量大的产品，缩短机器人焊接的节拍对于提升产能、提高生产效率能起到至关重要的作用，在满足生产工艺的前提下，一般采取以下一些方法缩短节拍：

（1）减少起、收弧时间

（2）设定提前开始　到达焊接开始点或结束点之前，开始执行一些设定指令，可以缩短节拍。例如可以设定机器人提前开始的时间，时间设定范围为0~2s；可以设定提前送气，时间设定范围为0~2s；可以设定焊接结束点的提前时间，设定范围为0~2s。

（3）平滑度　平滑度越高，动作越平滑，机器人轨迹内旋越厉害，轨迹越偏离示教点。设定为"0"时，轨迹通过示教点，因此，在拐角部看起来像是有一瞬间停留。平滑等级设的越大，机器人在转角处的运动越平滑，既轨迹越远离示教点。当平滑等级设定为"0"时，机器人将移到转角处的示教点，如图7-41所示。因此在保证焊接质量和安全的前提下，可以适当提高平滑度等级。

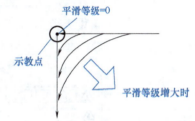

图7-41　不同平滑度时示教点轨迹

（4）提前起弧　在焊接开始点一般的起弧方式是：到达焊接开始点后开始送丝，这样到起弧成功需要一段时间。而提前起弧方式是：在焊接开始之前开始送丝，一到达焊接开始点即起弧成功。这种方法可缩短机器人焊接节拍。

（5）提前收弧　焊接结束点一般的收弧方式是：焊丝端部回烧处理，在焊丝端部进行粘丝检测。而提前收弧方式是：在机器人提升焊枪的同时收弧，可缩短机器人焊接节拍。

（6）起弧重试　在开始起弧焊接时，一旦起弧不成功，机器人将自动移动一段距离后再次开始起弧，可以节省焊接节拍，使整个焊接过程更加优质高效。

（7）自动解除焊丝粘连　在焊接结束点进行粘丝检测（是否发生粘丝），检测到粘丝后，自动通电，解除粘丝，再次进行粘丝检测后，进入下一点。

（8）其他方法　删除多余的示教点；提高焊接速度增大电流、调整波形、下坡焊接；提高空走速度；删除起、收弧的延时时间；提高慢送丝的速度；修改起弧处理规范；修改收弧处理规范；修改和外部设备的通信时机。

7.6　机器人弧焊安全技术操作规程

机器人安全使用的前提是用户必须严格遵守本章的各项内容。为了正确、安全地操作机器人，下面的7项内容请仔细阅读，具体如下：

1. 安全规则及安全管理

设备操作及维护人员必须遵守的安全事项如下：

1）为操作者提供充分的安全教育和操作指导。

2）确保为操作者提供充足的操作时间和正确的指导以便其能熟练使用。

3）指导操作者穿戴指定的防护工具。

4）注意操作者的健康状况，不要对操作者提出无理要求。

5）教育操作者在设备自动运转时不要进入安全护栏。

6）一定不要将机器人用于规格书中所指定应用范围之外的其他应用。

7）建立规章制度禁止无关人员进入机器人安装场所，并确保安全制度的实施。

8）操作者要保持机器人本体、控制柜、夹具及周围场所的整洁。指定专人保管控制柜钥匙和门互锁装置的安全插销。

2. 警告标签

机器人警告标签如图 7-42 所示。

图 7-42　警告标签

3. 工作场所的安全预防措施

1）保持作业区域及设备的整洁。

2）如果地面上有油、水、工具、工件时，可能绊倒操作者引发严重事故。

3）工具用完后必须放回到机器人动作范围外的原位置保存。

4）机器人可能与遗忘在夹具上的工具发生碰撞，造成夹具或机器人的损坏。

5）操作结束后要打扫机器人和夹具。

4. 示教过程中的安全预防措施

1）在示教模式下，机器人控制点的最大运动速度限制在 15m/min（250mm/s）以内。当用户进入示教模式后，请确认机器人的运动速度是否被正确限定。正确使用安全开关。

2）紧急情况下，用力按下紧急停止开关可使机器人紧急停止。开始操作前，请检查确认安全开关是否起作用。请确认者在操作过程中以正确方式握住示教器，以便随时采取措施。

5. 操作过程中的安全预防措施

操作人员必须遵守的基本操作规程如下：禁止将机器人用于规格所允许范围之外的其他用途。了解基本的安全规则和警告标示如："易燃""高压""危险"等，并认真遵守。禁止靠在控制柜上或无意按下任何开关。禁止向机器人本体施加任何不当的外力。请注意在机器人本体周围的举止，不允许有危险行为。注意保持身体健康，以便随时对危险情况做出反应。

6. 电弧焊接时的安全预防措施

请使用遮光帘或其他防护设备，防止操作者或其他人员受到焊接弧光、烟尘、飞溅及噪声的伤害或影响。弧光可能对皮肤及眼睛造成伤害。焊接中所产生的飞溅可能烫伤眼睛或皮肤。焊接中所产生的噪声可能对操作者的听觉造成损害。为确保作业现场的工作人员不受焊接电弧的影响，请在焊接作业场所周围安装遮光帘。进行焊接作业或监测焊接作业时，请佩戴遮光用深色眼镜或使用防护面罩，佩戴焊接用皮质防护手套、长袖衬衫、护脚和皮质围裙。如果噪声很强时，请使用抗噪声保护装置。

7. 维护和检查过程中的安全预防措施

1）只有接受过特殊安全教育的专业人员才能进行机器人的维护、检查作业。只有接受过机器人培训的技术人员才能拆装机器人本体或控制柜。只有正确遵守各项规程，才能保障设备的安全。

2）请遵守安全规则，避免出现意外事故或伤害。负责系统维护和检查的人员必须检查和确认所有与紧急停止相关的电路已经依照对应的安全标准被安全正确地互锁。进行维护或检查作业时，要确保随时可按下紧急停止开关，以便需要时立即停止机器人的作业。

7.7　机器人弧焊操作技能训练实例

技能训练1　低碳钢板机器人角接平焊

1. 焊前准备

（1）试件材质　Q355 钢。

（2）试件尺寸　300mm×100mm×12mm，数量 2 件。

（3）接头形式　T 形接头 PB 平角焊。

（4）焊接要求　焊角大小 a5。

（5）焊接材料　H08Mn2SiA，焊丝直径 ϕ1.2mm。

（6）保护气体　CO_2 或 Ar（80%）+CO_2（20%）。

（7）辅助工具　角向打磨机、平锉、钢丝刷、锤子、扁铲、300mm 钢直尺等。

2. 试件装配

（1）焊前清理

1）去油污。用清洗液将附着在试件表面的油污去除。

2）去氧化层。用角向打磨机将两个试件焊接位置 20~30mm 范围内的锈蚀和氧化层去除，使其露出金属光泽。

（2）试件定位焊　为保证焊缝装配定位焊后不变形，立板与底板不允许有间隙，试件在组对时采用 300mm 的直角尺检查立板装配的垂直度，并用直角尺进行焊接反变形量的控制，以底板为基准，立板做 1mm 的反变形量，以此来抵消焊接变形。

定位焊缝有三处，分别在试件两个端面和焊缝背面中间 50mm 范围内（见图 7-43），试件两个端面的定位焊缝不超过 15mm，焊缝背面中间 50mm 范围内的定位焊缝最长不超过 25mm。

3. 机器人焊接工艺

机器人焊接参数的匹配是否合理，直接影响焊缝质量。以使用机器人焊接 12mm T 形角焊缝为例，分析一套比较适用的焊接参数，以便于在实际的焊接过程中作为参考以调整焊接参数。

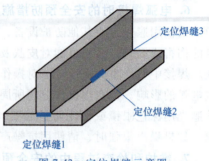

图 7-43　定位焊缝示意图

1）生产环境。在焊接操作时，要注意避免穿堂风对焊接过程的影响，空气的剧烈流动会引起气体保护不充分，从而产生焊接气孔与保护不良。

2）焊缝区域及表面处理。焊缝区域的表面清洁非常重要，如果焊接区域存在油污、氧化膜等未清理干净，在焊接过程中极易产生气孔，严重影响焊接质量。

3）采用风动钢丝轮或砂纸对焊缝进行抛光、打磨，抛光后要求呈亮白色，不允许存在油污等。

4）对组装后的定位焊部位进行适当的修磨，要求将定位焊接头打磨呈缓坡状。

5）焊接时焊枪角度选择不正确，容易引起焊缝熔合不良。

6）12mm T 形角焊缝机器人焊接参数见表 7-4。

表 7-4　12mm T 形角焊缝机器人焊接参数

层道分布	焊丝直径 /mm	送丝速度 /（m/min）	焊丝调整 （%）	焊接速度 /（cm/min）	摆动宽度 /cm	摆动频率 /Hz
	1.2	9.8	-10	28	5.5	1.39

4. 12mm T 形角焊缝机器人焊接

（1）试板放在工作平台上夹紧　将装配定位焊好的焊接试件放在工作平台上，并采用 F 形夹具将试件夹紧；为保证整个焊接正常顺利进行，接地线牢固接在试件底板上。

（2）焊枪角度　焊枪角度的合适与否直接影响到焊缝熔深的好坏及焊缝成形的好坏，将焊枪姿态调整到最佳位置可以较好地减少焊缝未熔合、咬边以及盖面焊缝不均匀等缺陷，焊枪与立板呈 45°夹角，与焊接方向呈 70°~75°夹角，试件焊接示意图如图 7-44 所示。

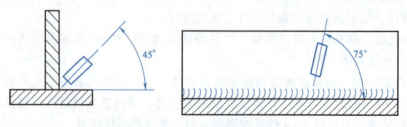

图 7-44　试件焊接示意图

（3）示教器编程　示教器编程示意图如图 7-45 所示。

1）新建程序，输入程序名（如：PROG1）确认，自动生成程序。

2）正确选择坐标系，基本移动采用直角坐标系，接近或角度移动采用绝对坐标系。

3）调整机器人各轴，调整为合适的焊枪姿势及焊枪角度，生成空步点 GP（1，2，3），按 ■ 键保存步点。

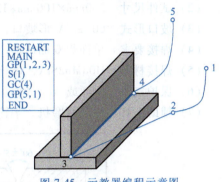

图 7-45　示教器编程示意图

4）按 ■ 键，即可在程序流程中插入指令，选择已建好的参数表。

5）生成空步点（2 点位置）之后，将焊枪设置成接近试件起弧点（3 点位置），为防止和夹具发生碰撞，采用低挡慢速，微动调整，精确地靠近工件。

6）调整焊丝干伸长度为 10~15mm。

7）调整焊枪角度，将焊枪与平板呈 45°夹角，与焊接方向呈 70°~75°夹角。

8）将焊枪移至焊缝收弧点，调整好焊枪角度及焊丝干伸长度，按 ■ 键保存焊接步点（4 点位置），调整好焊枪角度及焊丝干伸长度。

9）将焊枪移开试件至安全区域，生成空步点 GP（5），按 ■ 键保存步点。

10）示教编程完成后，对整个程序进行试运行。试运行过程中观察各个步点的焊接参数是否合理，并仔细观察运行过程中焊枪角度的变化及设备周围的安全性。

（4）焊接

1）焊前采用直磨机将接头处磨成缓坡状，保证焊接时引弧及焊缝质量良好。

2）焊接前检查试件周边是否有阻碍物。

3）检查气体流量，焊丝是否满足整条焊缝焊接。

4）检查焊机设备各仪表是否准确。

5）清理喷嘴焊渣，拧紧导电嘴。

6）为保证起弧的保护效果，起弧前先提前放气 10~15s。

7）焊接从起弧端往收弧端依次进行焊接，焊接完成后去除飞溅。

（5）焊接试板的检验

1）经采用上述焊接工艺措施后，焊缝在外观检验中，焊缝成形良好，宽窄一致无单边及咬边现象。

2）试块取样。将试块两端 25mm 去除，再将试块均分为三等份（可采取锯床切割或机加工方法直接取样）取样。

3）焊缝内部检验。检验依据 EN 15085 要求进行宏观金相检验，将试件焊缝打磨抛光后采用 30%（质量分数）的硝酸酒精溶液腐蚀，待腐蚀彻底后用清水冲洗，风干后进行照相评判，焊缝质量等级达到无缺陷等级，焊缝的外观与内部质量完全符合 EN 287-2 标准，此外各项机械性能试验指标均符合 EN 15085 标准焊接工艺评定的标准。

技能训练2　低碳钢板机器人对接平焊

1. 焊前准备

（1）试件材质　Q355 钢。

（2）试件尺寸　300mm×100mm×12mm，数量 2 件。

（3）坡口形式　60°±5°V 形坡口，如图 7-46 所示。

（4）焊接要求　单面焊双面成形。

（5）焊接材料　H08Mn2SiA，焊丝直径 φ1.2mm。

（6）保护气体　CO_2 或 Ar（80%）+CO_2（20%）。

（7）辅助工具　角向打磨机、平锉、钢丝刷、锤子、扁铲、300mm 钢直尺、槽钢等。

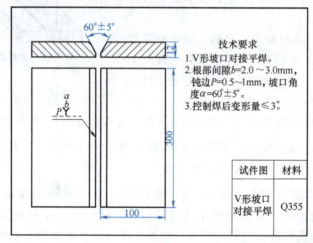

技术要求
1. V形坡口对接平焊。
2. 根部间隙 b=2.0～3.0mm，钝边 P=0.5～1mm，坡口角度 α=60°±5°。
3. 控制焊后变形量≤3°。

试件图	材料
V形坡口对接平焊	Q355

图 7-46　V 形坡口对接平焊试件图

2. 试件装配

（1）焊前清理

1）去油污。用清洗液将附着于试件表面的油污去除。

2）去氧化层。用角向打磨机将两个试件坡口面及其外边缘 20～30mm 范围内的锈蚀和氧化层去除，使其露出金属光泽。

3）锉钝边。用平锉修磨试件坡口钝边 0.5～1.0mm。

（2）定位焊及预置反变形

1）定位焊。将两试板组对成 V 形坡口的对接接头形式，使用 φ2～3mm 焊丝在试件两端各 20mm 的正面坡口内进行定位焊，装配间隙始端 2mm，终端为 3mm，焊缝长度为 10～15mm。定位焊焊缝的焊接质量应与正式焊缝一样。定位焊完成后，将定位焊两端修磨成缓坡状，这样有利于打底层焊缝与定位焊焊缝的接头熔合良好。定位焊时应避免错边，错边量为≤0.1δ，即≤1.2mm。

2）预置反变形。为抵消因焊缝在厚度方向上的横向不均匀收缩而产生的角变形量，试件组焊完成后，必须预置反变形量，预置反变形量为 3°～4°。在实际检测中，先将试件背面（非坡口面）朝上，用钢直尺放在试件两侧，钢尺中间位置至工件坡口最低处位置 4mm，如图 7-47 所示。

3）将试件水平放置在导电良好的槽钢上，坡口面朝上。

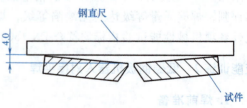

图 7-47　预置反变形

3. 12mm 开坡口对接平焊机器人焊接工艺

机器人焊接参数的匹配是否合理，直接影响焊缝质量。以机器人焊接 12mm 开坡口对接平焊为例，分析一套比较适用的焊接参数，以便于在实际的焊接操作过程中进行参考，以调整焊接参数。

1）生产环境。在焊接操作时，要注意避免穿堂风对焊接过程的影响，空气的剧烈流动会引起气体保护不充分，从而产生焊接气孔与保护不良。

2）焊缝区域及表面处理。焊缝区域的表面清洁非常重要，如果焊接区域存在油污、氧化膜等未清理干净，在焊接过程中极易产生气孔，严重影响焊接质量。

3）采用风动钢丝轮或砂纸对焊缝进行抛光、打磨，抛光后要求呈亮白色，不允许存在油污等。

4）对组装后的定位焊部位进行适当的修磨，要求将定位焊接头打磨呈缓坡状。

5）焊接时焊枪角度选择不正确，容易引起焊缝熔合不良。

6）焊接参数见表 7-5。

表 7-5 12mm 开坡口对接平焊机器人焊接参数

层道分布	焊丝直径 /mm	送丝速度 /（m/min）	焊丝调整 （%）	焊接速度 /（cm/min）	摆动宽度 /cm	摆动频率 /Hz
打底层	1.2	4.5	−30	20	2	1.74
填充层	1.2	8.8	−25	28	6	1.39
盖面层	1.2	8.6	−30	19	11	1.19

4. 12mm 开坡口对接平焊机器人焊接

（1）试板放在工作平台上夹紧 将装配定位焊好的焊接试件放在工作平台槽钢上，并采用 F 形夹具将试件夹紧；为保证整个焊接正常顺利进行，接地线牢固接在试件底板上。

（2）将试件间隙小的一端放于机器人起弧端 在离试件起弧端定位焊焊缝约 5mm 坡口的一侧起弧，然后朝间隙大的一端开始焊接，焊枪角度如图 7-48 所示。焊枪角度的合适与否直接影响到焊缝熔深的好坏及焊缝成形的好坏，将焊枪姿态调整到最佳位置可以较好地减少焊缝未熔合、咬边以及盖面焊缝不均匀等缺陷，焊枪与板呈 90°夹角，与焊接方向呈 0°~20°夹角。

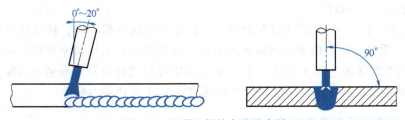

图 7-48 机器人焊枪角度示意图

（3）示教器编程

1）新建程序，输入程序名（如：PROG1）确认，自动生成程序。

2）正确选择坐标系，基本移动采用直角坐标系，接近或角度移动采用绝对坐标系。

3）调整机器人各轴，调整为合适的焊枪姿势及焊枪角度，生成空步点 GP（1，2，3），按■键保存步点。

4）按■键，即可在程序流程中插入指令，选择已建好的参数表。

5）生成空步点（2 点位置）之后，将焊枪设置成接近试件起弧点（3 点位置），焊丝尖端对准坡口正中间位置，为防止和夹具发生碰撞，采用低挡慢速，微动调整，精确地靠近工件。

6）调整焊丝干伸长度 10~15mm。

7）调整焊枪角度，将焊枪与板呈 90°夹角，与焊接方向呈 70°~80°夹角。

8）将焊枪移至焊缝收弧点，调整好焊枪角度及焊丝干伸长度，按■键保存焊接步点（4 点位置），焊丝尖端对准坡口正中间位置，调整好焊枪角度及焊丝干伸长度。

9）将焊枪移开试件至安全区域，生成空步点 GP（5），按■键保存步点。

10）填充层焊缝和盖面层焊缝按照前面的步骤同样进行，空步点位置相同，焊接点位只需在打底层焊接点位的基础上，抬高一定高度，保存点位即可，同时程序流程中插入已建好的焊接层道参数表。

11）示教编程完成后，对整个程序进行试运行。试运行过程中观察各个步点的焊接参数是否合理，并仔细观察焊枪角度的变化及运行时设备周围的安全性。

（4）焊接

1）焊前采用直磨机将接头处磨成缓坡状，保证焊接时引弧良好及焊缝质量。

2）焊接前检查试件周边是否有阻碍物。

3）检查气体流量，焊丝是否满足整条焊缝焊接。

4）检查焊机设备各仪表是否准确。

5）清理喷嘴焊渣，拧紧导电嘴。

6）为保证起弧的保护效果，起弧前先提前放气 10~15s。

7）焊接从起弧端往收弧端依次进行焊接，焊接完成后去除飞溅。

（5）焊接试板的检验

1）经采用上述焊接工艺措施后，焊缝在外观检验中，焊缝成形良好，宽窄一致无单边及咬边现象。

2）试块取样。将试块两端 25mm 去除，再将试块均分为三等份（可采取锯床切割或机加工方法直接取样）取样。

3）焊缝内部检验。检验依据 EN 15085 要求进行宏观金相检验，将试件焊缝打磨抛光后采用 30%（质量分数）的硝酸酒精溶液腐蚀，待腐蚀彻底后用清水冲洗，风干后进行照相评判，焊缝质量等级达标无缺陷等级，焊缝的外观与内部质量完全符合 EN 287-2 标准，此外各项机械性能试验指标均符合 EN 15085 标准焊接工艺评定的标准。

技能训练3　低碳钢板组合件机器人焊接

1. 焊前准备

（1）试件材质　Q355 钢。

（2）试件规格　（见图 7-49）。

底板　300mm×250mm×12mm。

立板　1块200mm×50mm×12mm和3块150mm×50mm×12mm。

（3）**焊接材料**　H08Mn2SiA，焊丝直径ϕ1.2mm。

（4）**保护气体**　CO_2或Ar（80%）+CO_2（20%）。

（5）**焊接要求**　外四周全部平角焊，内四周全部平角满焊，要求焊脚$K=6.5$。

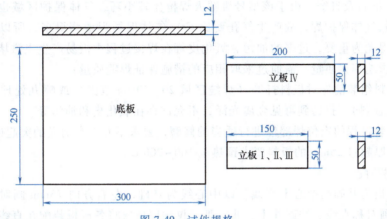

图7-49　试件规格

2. 焊接工艺分析及措施

1）组合件拐角位置很难得到很好的控制，易产生较多的焊接缺陷，主要有咬边、焊缝单边、焊脚尺寸不足、焊缝成形不良等。

2）拐角位置产生焊接缺陷的主要原因：焊接参数、焊枪角度、焊丝对准位置、焊丝干伸长、示教编程等。

3）工艺难点分析。选择合适的焊接参数进行焊接，外四周及内四周平角焊可以满足评判要求。而在焊接焊缝拐角处时，尽管此处距离短，但为达到焊缝圆滑过渡，并保证机器人手臂不会碰到工件，此处一般需编程三个步点（一般作为圆弧点），而当步点增加时，机器人手臂摆动的动作就会增加，焊接停顿时间相对较长，将导致拐角处温度相对集中，母材烧损也较为严重。故按照直线平角处的焊接参数是会出现咬边缺陷的。在焊接速度不变的情况下，电流过大，拐角处焊缝将出现焊脚过大、立板处咬边、焊缝成形不良等缺陷；反之，电流过小，拐角处焊缝将出现焊脚过小、成形不良等缺陷。

4）拐角位置咬边缺陷解决措施。编程时焊枪角度保持在45°~55°之间，且焊丝对准底板，距离立板位置3~4mm处；焊丝干伸长始终保持在10~12mm；选择合理的焊接参数。

5）焊枪角度对拐角位置焊缝的影响。

① 当焊枪角度大于55°时，焊接时保护气体将熔池吹向立板，导致立板吸附的熔池金属比底板多得多，从而导致焊缝偏向立板，以至底板焊脚尺寸偏小；当焊接电流偏大时，立板处也容易产生咬边。

② 当焊枪角度小于45°时，且焊丝对准位置不变，焊接过程熔池集中流向底板，导致焊缝偏向底板，且焊缝成形较差，中间焊缝凸起，从而导致立板焊脚尺寸偏小。

6）焊丝干伸长对焊缝的影响。焊丝干伸长是指从导电嘴到工件的距离，当干伸长过长时，气体保护效果不佳，易产生气孔，引弧性能差，电弧不稳，飞溅加大，熔深变浅且焊缝成形变差；当干伸长过短时，喷嘴易被飞溅物堵塞，飞溅大，熔深变深，焊丝易与导电嘴粘连。当焊接电流一定时，干伸长增加，会使焊丝熔化速度增加，但电弧电压下降，造成电流降低，电弧热量减少，故焊丝干伸长对焊缝的影响也是较大的。所以焊接时一般要求焊丝干伸长度在 10~12mm 之间。

3. 组合件机器人焊接工艺

1）焊前准备及打磨。由于该型号机器人焊枪比较小巧，气体保护区域也较小，而且采用的又是富氩气体保护焊，故产生气孔要比 CO_2 气体保护焊敏感得多，所以焊缝区域的表面清洁就显得尤为重要，过多的油污、氧化皮等在焊接过程中极易产生飞溅堵塞喷嘴而产生气孔，严重影响焊接质量，需通过采取相应的措施保证焊缝质量：

① 在板料组装前先对板料打磨（焊缝区域 20~30mm 范围）或喷丸处理（仅对板厚大于 8mm 的大板料），打磨到可见金属光泽，不允许存在氧化皮和油污等。

② 对组装过程的定位焊部位进行适当的修磨，要求不允许有明显的突起或堆积。

③ 对板厚超过 25mm 的板料要求预热至 100~200℃。

2）试件装配。

① 以底板为基础画中心十字线。以中心线为基础，左右方向 75mm 画对称直线；上下方向 86mm 画对称直线。按试件Ⅰ、Ⅱ、Ⅲ、Ⅳ顺序依次将各试板装配在直线以内且试板外沿在直线内。

② 定位焊。按图示定位焊位置进行定位焊，要求定位焊不宜过大，定位焊后铲除四周飞溅。

③ 根据图 7-50 所示将试件夹紧在焊接平台夹具上，要求底板各角位置需夹紧。

④ 复杂工件主要为框形结构的角焊缝，其基本要求是部件组装完后间隙均须小于 1mm；因为间隙过大，一方面容易烧穿，另一方面容易导致焊缝不均匀；工件组装间隙过大，影响机器人的焊接。对于组装后间隙过大问题，可采取以下措施解决：

图 7-50　试件装配定位焊图

a）组装时，间隙较大部位采用手工或简易工装进行装夹，使间隙达到最小。

b）达不到间隙要求的，对试件局部修磨，以使配合间隙达到要求，保证焊后焊缝均匀饱满。

3）对组装过程的定位焊部位进行适当的修磨，要求将定位焊接头打磨呈缓坡状。

4）焊接时焊枪角度选择不正确，容易引起焊缝熔合不好。

5）焊接参数见表 7-6。

表 7-6　组合件机器人焊接参数表

焊接位置	焊丝直径 /mm	送丝速度 /(m/min)	焊丝调整 （%）	焊接速度 /(cm/min)	摆动宽度 /cm	摆动频率 /Hz
外四周平角焊	1.2	9.8	-25	26	5	1.39
外四周拐角焊	1.2	8.8	-20	24	5	1.39
内四周平角焊	1.2	9.8	-25	26	5	1.39
内四周拐角焊	1.2	8.8	-20	24	5	1.39

4. 组合件机器人焊接

（1）**试板放在工作平台上夹紧** 将装配定位焊好的焊接试件放在工作平台上，并采用夹具将试件夹紧；为保证整个焊接顺利进行，接地线牢固接在试件底板上。

（2）**焊枪角度** 焊枪角度的合适与否直接影响到焊缝熔深的好坏及焊缝成形的好坏，将焊枪姿态调整到最佳位置可以较好地减少焊缝未熔合、咬边以及盖面焊缝不均匀等缺陷，焊枪与立板呈 45°夹角，与焊接方向呈 70°~75°夹角，如图 7-51 所示。

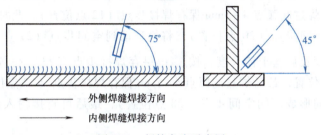

外侧焊缝焊接方向
内侧焊缝焊接方向

图 7-51 焊枪角度示意图

（3）**示教器编程及焊接** 在对组合件编程之前，应先从总体上对组合件进行结构分析，考虑起始点和焊接终点寻找不方便以及焊枪在运行当中是否会有障碍，再将复杂工件的摆放位置调整到最佳，以初步确定机器人的运行路线。其次分析工件的焊接变形以及具体的焊接顺序，根据焊脚初步确定焊接参数以及每段的编程方法。由于示教编程的各点位置均储存在机器人硬盘中，示教的好坏直接影响到工件焊缝质量，从而要求外围设备要准备好，使其处于待工作状态，主要包括：确保从动端转盘定位销取下；确保机器人各轴的"零"位置准确；确保焊枪的 TCP 位置正确，如需调整，则按本章节 7.3 机器人弧焊 TCP（工具中心点）调整方法进行调节，将焊机打开，确保冷却液的量足够，并将保护气体打开，气体必须保证其纯度满足要求。

1）碳钢组合件焊接顺序及示教编程。碳钢复杂试件焊接顺序（见图 7-52）。为提高编程效率及程序运行的可靠性，先对工件外侧四周焊缝进行编程，以下面外侧试板中心点为起弧点，采用顺时针方向进行编程焊接；内侧焊缝则以上面试板中心点为起弧点，采用逆时针的方向进行编程焊接。如图 7-52 所示，外侧四周焊缝编程方向为顺时针方向，内侧焊缝编程方向为逆时针方向。

2）碳钢组合件示教编程（见图 7-53）。

① 新建程序，输入程序名（如：PROG3）确认，自动生成程序。

② 正确选择坐标系。基本移动采用直角坐标系，接近或角度移动采用绝对坐标系。

③ 调整机器人各轴。调整为合适的焊枪姿势及焊枪角度，生成空步点 GP（1，2，3），按 ■ 键保存步点。

④ 按 ■ 键，即可在程序流程中插入指令，选择已建好的参数表。

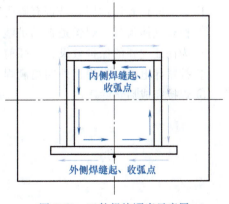

内侧焊缝起、收弧点

外侧焊缝起、收弧点

图 7-52 工件焊接顺序示意图

⑤ 生成空步点（2 点位置）之后，将焊枪设置成接近试件起弧点（3 点位置），为防止和夹具发生碰撞，采用低挡慢速，微动调整，精确地靠近工件。

⑥ 调整焊丝干伸长度 10~15mm。

⑦ 调整焊枪角度，将焊枪与试件呈 45°夹角，与焊接方向呈 70°~75°夹角。

⑧ 将焊枪调整好焊枪角度及焊丝干伸长度，按 ☑ 键保存焊接步点（4 点位置），调整好焊枪角度（5 点位置）及焊丝干伸长度，按 ☑ 键保存焊接步点，以此类推将焊接步点保存至 11 点位置，最后焊过起弧点 4~5mm 保存焊接步点（12 点位置）。此时的焊枪角度抬枪至安全空间形成新的空间步点（20 点位置），将枪移动到空间步点（21 点和 22 点位置），将焊枪调整好焊枪角度及焊丝干伸长度，按 ☑ 键保存焊接步点（23 点位置），以此类推将焊接步点保存至 26 点位置，最后焊过起弧点 4~5mm 保存焊接步点（27 点位置）。此时的焊枪角度抬枪至安全空间形成新的空间步点（28 点位置），最后可直接输入已保存的空间步点（2 和 1 点位置）。

⑨ 示教编程完成后，对整个程序进行试运行。试运行过程中观察各个步点的焊接参数是否合理，并仔细观察焊枪角度的变化及运行时设备周围的安全性。

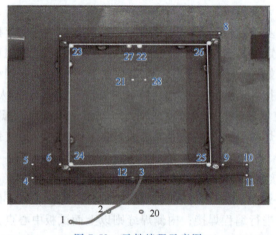

图 7-53　示教编程示意图

3）焊接。

① 焊接前检查试件周边是否有阻碍物。

② 检查气体流量，焊丝是否满足整个焊接的需要，及焊机设备各变量是否准确。

③ 为保证起弧的保护效果，起弧前先提前放气 10~15s。

④ 拧紧导电嘴，先焊接外四角满焊，待完成后，清理导电嘴焊渣，进行内四角满焊。

⑤ 焊接完成后铲除飞溅。

模拟试卷样例

模拟试卷样例一

一、单项选择题：共60分，每题1分。（请从备选项中选取正确答案填写在括号中。错选、漏选、多选均不得分，也不反扣分。）

1. 职业道德的内容不包括（   ）。

A. 职业道德意识   B. 职业道德行为规范

C. 从业者享有的权利   D. 职业守则

2. 职业道德是（   ）。

A. 社会主义道德体系的重要组成部分   B. 保障从业者利益的前提

C. 劳动合同订立的基础   D. 劳动者的日常行为规则

3. 不违反安全操作规程的是（   ）。

A. 不按标准工艺生产   B. 自己制订生产工艺

C. 使用不熟悉的机床   D. 执行国家劳动保护政策

4. 图样中剖面线是用（   ）表示的。

A. 粗实线   B. 细实线   C. 点画线   D. 虚线

5. 下列装配图尺寸标注描述不正确的是（   ）。

A. 规格或性能尺寸，表示产品或部件的规格、性能的尺寸

B. 装配尺寸，包括零件之间有配合要求的尺寸及装配时需保证的相对位置尺寸

C. 安装尺寸，表示工件外形尺寸

D. 各零件的尺寸

6. 焊接装配图能清楚地表达出（   ）内容。

A. 焊接材料的性能   B. 接头和坡口形式   C. 焊接工艺   D. 焊缝质量

7. 焊缝符号标注的原则是焊缝横截面上的尺寸标注在基本符号的（   ）。

A. 上侧   B. 下侧   C. 左侧   D. 右侧

8. 未注公差尺寸应用范围是（   ）。

A. 长度尺寸   B. 工序尺寸

C. 用于组装后经过加工所形成的尺寸   D. 以上都适用

9. 力学性能指标中符号 R_m 表示（   ）。

A. 屈服强度   B. 抗拉强度   C. 伸长率   D. 冲击韧度

10. 使钢产生冷脆性的元素是（   ）。

A. 锰　　　　　　B. 硅　　　　　　C. 硫　　　　　　D. 磷

11. 合金组织大多数属于（   ）。

A. 金属化合物　　B. 单一固溶体　　C. 机械混合物　　D. 纯金属

12. 热处理是将固态金属或合金用适当的方式进行（   ），以获得所需组织结构和性能的工艺。

A. 加热、冷却　　B. 加热、保温　　C. 保温、冷却　　D. 加热、保温和冷却

13. 铁碳相图上的共析线是（   ）线。

A. ACD　　　　　B. ECF　　　　　C. PSK　　　　　D. GS

14. 焊接不锈钢及耐热钢的熔剂牌号是（   ）。

A. CJ101　　　　B. CJ201　　　　C. CJ301　　　　D. CJ401

15. 焊接电弧均匀调节系统的控制对象是（   ）。

A. 电弧长度　　　B. 焊丝外伸长　　C. 电流　　　　　D. 电网电压

16. 对钨极氩弧焊机的气路进行检查时，气压为（   ）MPa时，检查气管无明显变形和漏气现象，打开试气开关时，送气正常。

A. 1　　　　　　B. 0.5　　　　　C. 0.1　　　　　D. 0.3

17. 开关式晶体管电源，可以通过控制达到（   ）脉冲过渡一个熔滴，电弧稳定，焊缝成形美观。

A. 一个　　　　　B. 二个　　　　　C. 三个　　　　　D. 四个

18. 着色检验时，施加显像剂后，一般在（   ）内观察显示痕迹。

A. 5min　　　　　B. 7~30min　　　C. 60min　　　　D. 1min

19. 焊缝化学分析试验是检查焊缝金属的（   ）。

A. 化学成分　　　B. 物理性能　　　C. 化学性能　　　D. 工艺性能

20. 正确的触电救护措施是（   ）。

A. 合理选择照明电压　　　　　　　　B. 打强心针

C. 先断开电源再选择急救方法　　　　D. 移动电器不需要接地保护

21. 焊条电弧焊所采用的熔滴过渡形式是（   ）。

A. 粗滴　　　　　B. 渣壁　　　　　C. 细滴　　　　　D. 短路

22. 钢板定位焊时，采用的焊接电流比正式施焊时大（   ）A。

A. 0~10　　　　　B. 10~20　　　　C. 20~30　　　　D. 30~40

23. 低碳钢和低合金钢焊接时，焊接材料的选择原则是强度、塑性和冲击韧度都不能低于被焊钢材中的（   ）值。

A. 最高　　　　　B. 最低　　　　　C. 平均

24. 由于CO_2气体保护焊的CO_2气体具有氧化性，可以抑制（   ）的产生。

A. CO_2气孔　　B. 氢气孔　　　　C. 氮气孔　　　　D. NO气孔

25. CO_2气体保护焊的焊丝伸出长度通常取决于（   ）。

A. 焊丝直径　　　B. 焊接电流　　　C. 电弧电压　　　D. 焊接速度

26. 下列型号焊机中，（   ）是交流手工钨极氩弧焊机。

A. WS-250　　　　B. WSJ-150　　　C. WSES-500　　　D. WS-300-2

27.（　　）不是手工钨极氩弧焊所使用的电源。

A. 交流　　　　　　B. 直流正接　　　　　C. 直流反接　　　　　D. 脉冲

28. 手工钨极氩弧焊时，钨极伸出长度为（　　）mm。

A. 2~4　　　　　　B. 3~5　　　　　　　C. 5~10　　　　　　D. 6~12

29. 手工钨极氩弧焊填丝的基本操作技术没有（　　）。

A. 连续填丝　　　　　　　　　　　　B. 断续填丝

C. 焊丝紧贴坡口与钝边同时熔化填丝　　D. 焊丝放在坡口内熔化填丝

30. 减小焊件焊接应力的工艺措施之一是（　　）。

A. 焊前将焊件整体预热

B. 使焊件焊后迅速冷却

C. 组装时强力装配，以保证焊件对正

31. 焊前预热能够（　　）。

A. 减小焊接应力　　B. 增加焊接应力　　C. 减小焊接变形

32. 预防和减少焊接缺陷的可能性的检验是（　　）。

A. 焊前检验　　　　B. 焊后检验　　　　C. 设备检验　　　　D. 材料检验

33. 在焊接碳钢和合金钢时，常选用含（　　）的焊丝，这样能有效地脱氧。

A. Mn 与 Si　　　　B. Al 与 Ti　　　　C. V 与 Mo

34. 气焊管子时，一般均用（　　）接头。

A. 对接　　　　　　B. 角接　　　　　　C. 卷边　　　　　　D. 搭接

35. 所产生的焊接变形量最小的焊接方法是（　　）。

A. 氧乙炔气焊　　　B. 氩弧焊　　　　　C. 电子束焊

36. 氧乙炔气焊时，（　　）易使焊缝产生气孔。

A. 氧化焰　　　　　B. 中性焰　　　　　C. 碳化焰

37. 在焊接机器人操作过程中，最简单的编程方法是（　　）编程法。

A. 脱机　　　　　　B. 示教　　　　　　C. 模拟复位　　　　D. 编程台

38. 下面可改变机器人自动状态下空间运行速度的是（　　）。

A. PTPMAX　　　　B. CP、GP　　　　　C. GPMAX　　　　　D. CPMAX

39. 通过示教板进行工件坐标系定义时需要定义（　　）点。

A. 3　　　　　　　　B. 4　　　　　　　　C. 5　　　　　　　　D. 6

40. 如果 ROF 命令没有在程序中使用，计算机会自动使用（　　）。

A. ROF（1）　　　　B. ROE（1）　　　　C. ROF（2）　　　　D. ROF（3）

41. 定位焊不同厚度钢板的主要困难是（　　）。

A. 分流太大　　　　B. 产生缩孔　　　　C. 熔核偏移　　　　D. 容易错位

42. 定位焊设备自动操作时，如遇到紧急情况时应按（　　）。

A. 电源开关键　　　B. 紧急停止键　　　C. 手动键　　　　　D. 锁紧键

43. 定位焊设备上汉语"焊接"一词的英语单词是（　　）。

A. TEACH　　　　　B. ERROR　　　　　C. DELETE　　　　　D. WELD

44. 弧焊机械手在使用 CO_2 气体保护焊时的主要问题之一是（　　）。

A. 裂纹　　　　　　B. 飞溅　　　　　　C. 未熔合　　　　　D. 夹渣

45. 实心焊丝型号的开头字母是大写字母（　　）。

A. E　　　　　　　B. H　　　　　　　C. ER　　　　　　　D. HR

46. 厚板对接接头时，为了控制焊接变形，宜选用的坡口形式是（　　）。

A. V 形　　　　　　B. X 形　　　　　　C. K 形　　　　　　D. 以上选项均可

47. 焊接前通常将工件或试板做反变形，其目的是控制（　　）。

A. 扭曲变形和弯曲变形　　　　　　　　　B. 角变形和波浪变形

C. 波浪变形和弯曲变形　　　　　　　　　D. 角变形和弯曲变形

48. 薄板焊接易产生（　　）。

A. 波浪变形　　　　　B. 角变形　　　　　　C. 弯曲变形　　　　　D. 收缩变形

49. 焊接前须对坡口表面及其附近进行清理，如表面有油污，应采用的清理方法是（　　）。

A. 用抹布擦拭　　　　B. 酸洗　　　　　　C. 碱洗　　　　　　D. 火烤

50. 氧在焊缝金属中的存在形式主要是（　　）。

A. FeO 夹杂物　　　　B. SiO_2 夹杂物　　　C. MnO 夹杂物　　　D. CaO 夹杂物

51. 焊接时，弧焊电源发热大小取决于（　　）。

A. 焊接电流的大小　　　　　　　　　　　B. 焊接电压的大小

C. 焊钳大小　　　　　　　　　　　　　　D. 焊接电流的负载状态

52. TIG 焊熄弧时，采用电流衰减的目的是为了防止产生（　　）。

A. 未焊透　　　　　　B. 内凹　　　　　　C. 弧坑裂纹　　　　D. 烧穿

53. 电弧挺度对焊接操作十分有利，可以利用它来控制（　　），吹去覆盖在熔池表面过多的焊渣。

A. 焊缝的成分　　　　B. 焊缝的组织　　　C. 焊缝的结晶　　　D. 焊缝的成形

54. 焊接接头热影响区的最高硬度值可以用来间接判断材料（　　）。

A. 强度　　　　　　　B. 塑性　　　　　　C. 韧性　　　　　　D. 焊接性

55. 手工电弧焊时，由于冶金反应在熔滴和熔池内部将产生（　　），因此引起飞溅现象。

A. CO　　　　　　　B. N_2　　　　　　　C. H_2　　　　　　　D. CO_2

56. 埋弧焊焊缝自动跟踪传感器的性能，除了通常的指标外，还要能抵抗电弧的（　　）。

A. 电磁干扰　　　　　B. 辐射　　　　　　C. 弧光　　　　　　D. 烟尘

57. 检查焊缝中气孔、夹渣等立体状缺陷最好的方法是（　　）检测。

A. 磁粉　　　　　　　B. 射线　　　　　　C. 渗透　　　　　　D. 超声波

58. 渗透检测主要用来检测非铁磁性材料的（　　）的焊接缺陷。

A. 焊缝根部　　　　　B. 表面和近表面　　C. 焊层与焊件　　　D. 热影响区

59. 下列试验方法中属于破坏性检验的是（　　）。

A. 气密性试验　　　　B. 水压试验　　　　C. 沉水试验　　　　D. 弯曲试验

60. 下列检验方法属于表面检验的是（　　）。

A. 金相检验　　　　　B. 硬度检验　　　　C. 磁粉检验　　　　D. 致密性检验

二、多项选择题：共 20 分　每题 1 分。（请从备选项中选取正确答案填写在括号中。错选、漏选、多选均不得分，也不反扣分。）

1. （　　）均为焊工职业守则。
A. 遵守国家法律　　　B. 爱岗敬业，忠于职守　　　C. 吃苦耐劳
D. 刻苦钻研业务　　　E. 坚持文明生产

2. 下列说法中，描述正确的有（　　）。
A. 岗位责任规定岗位的工作范围和工作性质
B. 操作规则是职业活动具体而详细的次序和动作要求
C. 规章制度是职业活动中最基本的要求
D. 职业规范是员工在工作中必须遵守和履行的职业行为要求

3. 气焊（　　）金属材料时必须使用熔剂。
A. 低碳钢　　　　　　B. 低合金高强度钢　　　　　C. 不锈钢
D. 耐热钢　　　　　　E. 铝及铝合金　　　　　　　F. 铜及铜合金

4. 一张完整的焊接装配图应由几个方面组成（　　）。
A. 一组视图　　　　　B. 必要的尺寸
C. 技术要求　　　　　D. 标题栏、明细栏和零件序号

5. 金属材料的物理、化学性能是指材料的（　　）等。
A. 熔点　　　　　　　B. 导热性　　　　　　　　　C. 导电性
D. 硬度　　　　　　　E. 塑性　　　　　　　　　　F. 抗氧化性

6. 氩弧焊机的调试内容主要是对（　　）等进行调试。
A. 电源参数　　　　　B. 控制系统的动能　　　　　C. 控制系统的精度
D. 供气系统完好性　　E. 焊枪的发热情况

7. 检查非磁性材料焊接接头表面缺陷的方法有（　　）。
A. X 射线检测　　　　B. 超声波检测　　　　　　　C. 荧光检测
D. 磁粉检测　　　　　E. 着色检测　　　　　　　　F. 外观检查

8. 在电路中，用电设备如（　　）等，由导线连接电源和负载，用来输送电能。
A. 电动机　　　　　　B. 电焊机　　　　　　　　C. 电热器　　　D. 发电机

9. 采用焊条电弧焊焊接低碳钢和低合金钢试件仰对接焊时，坡口形式一般选用（　　）。
A. V 形　　　　　　　B. K 形　　　　　　　　　C. 单边 V 形
D. U 形　　　　　　　E. X 形　　　　　　　　　F. 带钝边 V 形

10. CO_2 焊时熔滴过渡形式主要有（　　）。
A. 短路过渡　　　　　B. 断路过渡　　　　　　　　C. 粗滴过渡
D. 喷射过渡　　　　　E. 射流过渡

11. 增加焊接结构的返修次数，会使（　　）。
A. 焊接应力减小　　　B. 金属晶粒粗大　　　　　　C. 金属硬化
D. 产生裂纹等缺陷　　E. 提高焊接接头强度　　　　F. 降低焊接接头的性能

12. 恰当地选择装配次序、焊接次序是控制焊接结构的（　　）的有效措施之一。
A. 应力　　　　　　　B. 硬度　　　　　　　　　C. 塑性　　　D. 变形

13. 退火的目的是（　　　）。

A. 降低钢硬度　　　B. 提高塑性　　　C. 利于切削加工　　　D. 提高强度

14. 以下选项中影响焊接的主要因素有（　　　）和条件因素。

A. 材料因素　　　B. 工艺因素　　　C. 结构因素　　　D. 保护气体

15. 引起定位焊飞溅的因素有（　　　）。

A. 焊接电流　　　B. 焊接压力　　　C. 电极表面状态　　　D. 母材表面状态

16. 防止咬边的方法有（　　　）。

A. 正确的操作方法和角度　　　　　　B. 选择合适的焊接电流

C. 装配间隙不合适　　　　　　　　　D. 电弧不能过长

17. 焊接检验的目的是（　　　）。

A. 发现焊接缺陷　　　　　　　　　　B. 检验焊接接头的性能

C. 测定焊接残余应力　　　　　　　　D. 确保产品的安全使用

18. 焊接生产中，常用的控制焊接变形的工艺措施有（　　　）。

A. 残余量法　　　　　　　　　　　　B. 反变形法

C. 减少焊缝的数量　　　　　　　　　D. 刚性固定法

19. 在结构设计和焊接方法确定的情况下，采用（　　　）方法能够减小焊接应力。

A. 采用合理的焊接顺序和方向　　　　B. 采用较小的焊接热输入

C. 采用整体预热　　　　　　　　　　D. 锤击焊缝金属

20. 钨极氩弧焊时，通常要求钨极具有（　　　）等特性。

A. 电流容量大　　　B. 脱氧　　　C. 施焊损耗小　　　D. 引弧性好

三、判断题：共20分，每题1分。（正确的打"√"，错误的打"×"。错答、漏答均不得分，也不反扣分。）

（　　　）1. 从业者从事职业的态度是价值观、道德观的具体表现。

（　　　）2. 办事公道不可能有明确的标准，只能因人而异。

（　　　）3. 法律对人们行为的调整是靠内心信念、风俗习惯和社会舆论的力量来维持的。

（　　　）4. 职工必须严格遵守各项安全生产规章制度。

（　　　）5. 在设计过程中，一般是先画出零件图，再根据零件图画出装配图。

（　　　）6. 装配图中相邻两个零件的非接触面由于间隙很小，只需画一条轮廓线。

（　　　）7. 焊缝的辅助符号是说明焊缝的某些特征而采用的符号。

（　　　）8. 尺寸公差的数值等于上极限尺寸与下极限尺寸之代数差。

（　　　）9. 当无法用代号标注时，也允许在技术要求中用相应的文字说明。

（　　　）10. 热膨胀性是金属材料的化学性能。

（　　　）11. 所有热处理的工艺过程都应包括加热、保温和冷却。

（　　　）12. 碳钢及合金钢气焊时，合金元素的氧化只发生在熔滴和熔池的表面。

（　　　）13. 气焊时选用富含硅脱氧剂的焊丝，可有效地脱去焊缝中的氧。

（　　　）14. 焊接电流越大，熔深越大，因此焊缝成形系数越小。

（　　　）15. 焊缝余高太高，易在焊脚处产生应力集中，所以余高不能太高，但也不能低于母材金属。

(   ) 16. 两块工件装配成 V 形坡口的对接接头，其装配间隙两端尺寸都一样。

(   ) 17. 焊接完毕，收弧时应将熔池填满后再灭弧。

(   ) 18. 焊接热输入越大，焊接热影响区越小。

(   ) 19. 焊接接头拉伸试验用的试样应保留焊后原始状态，不应加工掉焊缝余高。

(   ) 20. CO_2 气体保护焊采用直流反接时，极点的压力大，所以造成大颗粒飞溅。

模拟试卷样例一答案

（一）单项选择题

1. C	2. A	3. D	4. C	5. D	6. B	7. C	8. D	9. B	10. D
11. C	12. D	13. C	14. A	15. A	16. D	17. A	18. B	19. A	20. C
21. C	22. C	23. B	24. B	25. A	26. B	27. C	28. C	29. D	30. A
31. A	32. A	33. A	34. A	35. C	36. C	37. B	38. A	39. A	40. A
41. C	42. B	43. D	44. B	45. C	46. B	47. D	48. A	49. C	50. A
51. D	52. C	53. D	54. D	55. A	56. A	57. B	58. B	59. D	60. C

（二）多项选择题

1. ABCE	2. ABCD	3. CDEF	4. ABCD	5. ABCF	6. ABCDE	7. CEF
8. ABC	9. AEF	10. AC	11. BCDF	12. AD	13. ABC	14. ABCD
15. ABCD	16. ABC	17. ABD	18. ABD	19. ABCD	20. ACD	

（三）判断题

1. √	2. ×	3. ×	4. √	5. ×	6. ×	7. ×	8. ×	9. √	10. ×
11. √	12. ×	13. ×	14. √	15. √	16. ×	17. √	18. ×	19. ×	20. ×

模拟试卷样例二

一、单项选择题：共60分，每题1分。（请从备选项中选取正确答案填写在括号中。错选、漏选、多选均不得分，也不反扣分。）

1. 职业道德的内容不包括（　　）。

A. 职业道德意识　　　　　　　　B. 职业道德行为规范

C. 从业者享有的权利　　　　　　D. 职业守则

2. 职业道德的实质内容是（　　）。

A. 树立新的世界观　　　　　　　B. 树立新的就业观念

C. 增强竞争意识　　　　　　　　D. 树立全新的社会主义劳动态度

3. 遵守法律法规不要求（　　）。

A. 延长劳动时间　　　　　　　　B. 遵守操作程序

C. 遵守安全操作规程　　　　　　D. 遵守劳动纪律

4. 下面选项中不爱护设备的做法是（　　）。

A. 保持设备清洁　　　　　　　　B. 正确使用设备

C. 自己修理设备　　　　　　　　D. 及时保养设备

5. 零件图样中，能够准确地表达物体的尺寸与（　　）的图形称为图样。

A. 形状　　　　B. 公差　　　　C. 技术要求　　　　D. 形状及其技术要求

6. 识读装配图的具体步骤中，第一步是（　　）。

A. 看标题栏和明细栏　　　　　　B. 分析视图

C. 分析工作原理和装配关系　　　D. 分析零件

7. （　　）不是通过看焊接结构视图应了解的内容。

A. 坡口形式及坡口深度　　　　　B. 分析焊接变形趋势

C. 焊缝数量及尺寸　　　　　　　D. 焊接方法

8. 确定两个基本尺寸的精确程度，是根据两尺寸的（　　）。

A. 公差大小　　　　B. 公差等级　　　　C. 基本偏差　　　　D. 公称尺寸

9. 评定表面粗糙度时，一般在横向轮廓上评定，其理由是（　　）。

A. 横向轮廓比纵向轮廓的可观察性好

B. 横向轮廓上表面粗糙度比较均匀

C. 在横向轮廓上可得到高度参数的最小值

D. 在横向轮廓上可得到高度参数的最大值

10. 使钢产生冷脆性的元素是（　　）。

A. 锰　　　　　　B. 硅　　　　　　C. 硫　　　　　　D. 磷

11. 金属材料传导热量的性能称为（　　）。

A. 热膨胀性　　　　B. 导热性　　　　C. 导电性　　　　D. 耐热性

12. 能够完整地反映晶格特征的最小几何单元称为（　　）。

A. 晶粒　　　　　　B. 晶胞　　　　　　C. 晶面　　　　　　D. 晶体

13. （　　）不是铁碳合金的基本组织。

A. 铁素体　　　　B. 渗碳体　　　　C. 奥氏体　　　　D. 布氏体

14. 热处理是将固态金属或合金用适当的方式进行（　　　），以获得所需组织结构和性能的工艺。

A. 加热、冷却　　B. 加热、保温　　C. 保温、冷却　　D. 加热、保温和冷却

15. 为了加强电弧自身的调节作用，应该使用较大的（　　　）。

A. 电流密度　　　B. 焊接速度　　　C. 焊条直径　　　D. 电弧电压

16. 对钨极氩弧焊的水路进行检查时，水压为（　　　）MPa 时，水路能够正常工作，无漏水现象。

A. 0.15~0.3　　B. 0.5　　　　　C. 0.5~1.5　　　D. 1.5

17. IGBT 逆变焊机的逆变频率是（　　　）。

A. 5kHz 以下　　B. 16~20kHz　　C. 20kHz 以上

18. 正确的触电救护措施是（　　　）。

A. 合理选择照明电压　　　　　　　B. 打强心针

C. 先断开电源再选择急救方法　　　D. 移动电器不须接地保护

19. 易燃易爆物品距离切割场地应在（　　　）m 以外。

A. 3　　　　　　B. 5　　　　　　C. 10　　　　　　D. 15

20. 由于 CO_2 气体保护焊的 CO_2 气体具有氧化性，可以抑制（　　　）的产生。

A. CO_2 气孔　　B. 氢气孔　　　C. 氮气孔　　　　D. NO 气孔

21. 焊接接头冲击试样的缺口不能开在（　　　）位置。

A. 焊缝　　　　　B. 熔合线　　　C. 热影响区　　　D. 母材

22. 装配的准备工作包括确定装配（　　　）、顺序和准备所需要的工具。

A. 方法　　　　　B. 过程　　　　C. 工艺　　　　　D. 工装

23. 产生噪声的原因很多，其中较多的是由于机械振动和（　　　）引起的。

A. 空气　　　　　B. 气流　　　　C. 介质　　　　　D. 风向

24. 焊条电弧焊焊接低碳钢和低合金钢时，一般用（　　　）方法清理坡口表面及两侧的氧化皮及污物等。

A. 机械　　　　　B. 化学　　　　C. 两者均可

25. 焊前预热能够（　　　）。

A. 减小焊接应力　　B. 增加焊接应力　　C. 减小焊接变形

26. CO_2 气体保护焊焊接厚板工件时，熔滴过渡的形式应采用（　　　）。

A. 短路过渡　　　B. 粗滴过渡　　　C. 射流过渡　　　D. 喷射过渡

27. CO_2 气体保护焊用于焊接低碳钢和低合金高强度结构钢时，主要采用（　　　）脱氧方法。

A. Mn　　　　　　B. Si　　　　　　C. Mn-Si　　　　D. Al

28. （　　　）不是 CO_2 气体保护焊的焊丝直径选择的条件。

A. 焊件厚度　　　B. 焊缝空间位置　　C. 电源极性　　　D. 焊接生产率

29. （　　　）不是手工钨极氩弧焊所使用的电源。

A. 交流　　　　　B. 直流正接　　　C. 直流反接　　　D. 脉冲

30. 手工钨极氩弧焊时，焊接速度太快，不会产生（　　　）。

A. 咬边　　　　　　　　　　　　　B. 气体保护层偏离钨极和熔池

C. 气孔　　　　　　　　　　　　　D. 未焊透

31. 手工钨极氩弧焊时，焊枪直线断续移动主要用于（　　）mm 材料的焊接。

A. 1~3　　　　B. 3~6　　　　C. 6~9　　　　D. 9~12

32. 有利于减小焊接应力的措施有（　　）。

A. 采用塑性好的焊接材料　　　　　B. 采用强度高的焊接材料

C. 将焊件刚性固定

33. （　　）不是 Ar+He 混合气体的特点。

A. 焊接电弧燃烧非常稳定　　　　　B. 焊接电弧的温度较高

C. 焊接速度小　　　　　　　　　　D. 熔深大

34. 焊缝金属中若存在体积分数为（　　）的氢，就会对焊接接头质量产生严重的影响。

A. 1/1000　　　　B. 1/10000　　　　C. 1/100000

35. 采用气焊焊接低碳调质钢时，为保证接头的强度和韧性，焊后一定要重新进行（　　）。

A. 正火处理　　　　B. 退火处理　　　　C. 调质处理

36. 氧乙炔气焊时，（　　）易使焊缝产生气孔。

A. 氧化焰　　　　B. 中性焰　　　　C. 碳化焰

37. 气焊管子时，一般均用（　　）接头。

A. 对接　　　　B. 角接　　　　C. 卷边　　　　D. 搭接

38. 机器人移动到记忆点的方式有：（　　）。

A. G、GP、PTP　B. GP　　　　C. PTP、GP、GL　　D. GL、GP

39. 在焊接机器人操作过程中，最简单的编程方法是（　　）编程法。

A. 脱机　　　　B. 示教　　　　C. 模拟复位　　　　D. 编程台

40. 在机器人进行维修工作的时候为了保护服务和维修人员，操作方式应选择（　　）。

A. OFF　　　　B. T1　　　　C. T2　　　　D. AUTO

41. 整圆命令 CIR（3，4，5，50）中 50 为（　　）。

A. 圆的直径　　　　B. 圆的周长　　　　C. 圆的半径　　　　D. 过焊量

42. 定位焊不同厚度钢板的主要困难是（　　）。

A. 分流太大　　　　B. 产生缩孔　　　　C. 熔核偏移　　　　D. 容易错位

43. 定位焊时，焊件与焊件之间的接触电阻（　　）。

A. 越大越好　　　　B. 越小越好　　　　C. 正常为好　　　　D. 不要过大

44. 在点焊设备焊接过程中，如为了控制熔合偏移，应使用（　　）的规范进行焊接。

A. 大电流、短通电时间　　　　　B. 大电流、长通电时间

C. 小电流、短通电时间　　　　　D. 小电流、长通电时间

45. 在弧焊机械手焊接过程中，为了保证适当的焊缝宽度，还应进行适当的（　　）。

A. 压低点焊　　　　B. 横向摆动　　　　C. 纵向摆动　　　　D. 抬高弧长

46. CO_2 气体保护焊采用直流负极性的飞溅比直流正极性的飞溅（　　）。

A. 大　　　　B. 小　　　　C. 一样大　　　　D. 大小不确定

47. 厚板对接接头时，为了控制焊接变形，宜选用的坡口形式是（   ）。

A. V 形　　　　　B. X 形　　　　　C. K 形　　　　　D. 以上选项均可

48. 焊接前通常将工件或试板做反变形，其目的是控制（   ）。

A. 扭曲变形和弯曲变形　　　　　　B. 角变形和波浪变形

C. 波浪变形和弯曲变形　　　　　　D. 角变形和弯曲变形

49. 氧在焊缝金属中的存在形式主要是（   ）。

A. FeO 夹杂物　　B. SiO_2 夹杂物　　C. MnO 夹杂物　　D. CaO 夹杂物

50. 厚板焊接预防冷裂纹的措施是（   ）。

A. 预热　　　　　B. 使用大电流　　C. 降低焊接速度　　D. 焊后热处理

51. 为了减小焊件的焊接残余变形，选择合理的焊接顺序的原则之一是（   ）。

A. 先焊收缩量大的焊缝　　　　　　B. 对称焊

C. 尽可能考虑焊缝能自由收缩　　　D. 先焊收缩量小的焊缝

52. 防止弧坑的措施不包括（   ）。

A. 提高焊工操作技能　　　　　　　B. 适当摆动焊条以填满凹陷部分

C. 在收弧时做几次环形运条　　　　D. 适当加快熄弧

53. 缝焊机的滚轮电极为主动时，用于（   ）。

A. 圆形焊缝　　B. 不规则焊缝　　C. 横向焊缝　　　D. 纵向焊缝

54. 为了保证低合金钢焊缝与母材有相同的耐热、耐腐蚀等性能，应选用（   ）相同的焊丝。

A. 抗拉强度　　B. 屈服强度　　　C. 成分　　　　　D. 塑性

55. 工件表面的锈蚀未清除干净会引起（   ）。

A. 热裂纹　　　B. 冷裂纹　　　　C. 咬边　　　　　D. 弧坑

56. 手工电弧焊时，由于冶金反应在熔滴和熔池内部将产生（   ）气体，因此会引起飞溅现象。

A. CO　　　　　B. N_2　　　　　C. H_2　　　　　D. CO_2

57. 埋弧焊焊缝的自动跟踪系统通常是指电极对准焊缝的（   ）。

A. 左棱边　　　B. 右棱边　　　　C. 中心　　　　　D. 左、右棱边

58. 下列检验方法属于表面检验的是（   ）。

A. 金相检验　　B. 硬度检验　　　C. 磁粉检验　　　D. 致密性检验

59. 下列试验方法中属于破坏性检验的是（   ）。

A. 气密性试验　　B. 水压试验　　C. 沉水试验　　　D. 弯曲试验

60. 磁粉检测可用来发现焊缝缺陷的位置是（   ）。

A. 焊缝深处的缺陷　　　　　　　　B. 表面或近表面的缺陷

C. 焊缝的内部缺陷　　　　　　　　D. 夹渣等

二、多项选择题：共 20 分　每题 1 分。（请从备选项中选取正确答案填写在括号中。错选、漏选、多选均不得分，也不反扣分。）

1. 加强职业道德修养的途径有（   ）。

A. 树立正确的人生观

B. 培养自己良好的行为习惯

C. 学习先进人物的优秀品质，不断激励自己

D. 坚决同社会上的不良现象做斗争

2. 焊接与铆接相比，它具有（　　　）等特点。

A. 节省金属材料　　B. 减轻结构重量　　C. 接头密封性好

3. 金属材料常用的力学性能指标主要有（　　　）。

A. 塑性　　　　　　B. 硬度　　　　　　C. 强度　　　　　　D. 密度

E. 热膨胀性　　　　F. 冲击韧度

4. 碳钢中除含有铁、碳元素外，还有少量的（　　　）等杂质。

A. 硅　　　　　　　B. 锰　　　　　　　C. 钼　　　　　　　D. 铌

E. 硫　　　　　　　F. 磷

5. CO_2 气体保护焊机的供气系统由（　　　）组成。

A. 气瓶　　　　　　B. 预热器　　　　　C. 干燥器

D. 减压阀　　　　　E. 流量计　　　　　F. 电磁气阀

6. 焊接接头的金相试验是用来检查（　　　）的金相组织以及确定焊缝内部缺陷等。

A. 焊缝　　　　　　B. 热影响区　　　　C. 熔合区　　　　　D. 母材

7. 防止未熔合的措施主要有（　　　）。

A. 焊条和焊炬的角度要合适

B. 焊条和焊剂要严格烘干

C. 认真清理焊件坡口和焊缝上的脏物

D. 防止电弧偏吹

8. 长期接触噪声可引起噪声性耳聋及对（　　　）的危害。

A. 呼吸系统　　　　B. 神经系统　　　　C. 消化系统　　　　D. 血管系统

E. 视觉系统

9. 熔滴过渡对焊接过程的（　　　）有很大的影响。

A. 稳定性　　　　　B. 焊缝成形　　　　C. 飞溅　　　　　　D. 焊接接头质量

E. 焊缝的组织

10. 坡口清理的目的是清除坡口表面上的（　　　），保证焊接质量。

A. 油　　　　　　　B. 铁锈　　　　　　C. 油污　　　　　　D. 水分

E. 氧化皮　　　　　F. 其他有害杂质

11. 焊接生产中，常用的控制焊接变形的工艺措施有（　　　）。

A. 残余量法　　　　　　　　　　　B. 反变形法

C. 减少焊缝的数量　　　　　　　　D. 刚性固定法

12. 手工钨极氩弧焊具有（　　　）的优点。

A. 能够焊接绝大多数金属包括化学活泼性很强的金属

B. 焊接过程无飞溅、不用清渣

C. 能进行全位置焊接

D. 焊接过程填加焊丝，不受焊接电流的影响

13. 以下选项中，可以提高钢的韧度的有（　　　）。

A. 加入 Ti、V、W、Mo 等强碳化物形成元素

B. 提高回火稳定性

C. 改善基体韧性

D. 细化碳化物

14. 矫正的方法有（   ）。

A. 机械矫正　　　　B. 手工矫正　　　　C. 火焰矫正　　　　D. 高频热度矫正

15. 焊接烟尘的危害与（   ）相关。

A. 工件金属材质　　B. 焊丝　　　　　　C. 药皮　　　　　　D. 清洗剂或除酯剂

16. CO_2 激光器工作气体的主要成分是（   ）。

A. CO_2　　　　　　B. N_2　　　　　　C. CO　　　　　　　D. He

17. 熔焊焊接接头的组成部分包括（   ）。

A. 焊缝金属　　　　B. 熔合区　　　　　C. 热影响区　　　　D. 母材金属

18. 易诱发焊接结构产生疲劳破坏的因素有（   ）。

A. 残余拉伸应力　　　　　　　　B. 应力集中

C. 残余压应力　　　　　　　　　D. 焊缝表面的强化处理

19. 焊接结构进行焊后热处理的目的有（   ）。

A. 消除或降低焊接残余应力　　　B. 提高焊接接头的韧性

C. 防止焊接区扩散氢的聚集　　　D. 减小焊接变形

20. 焊接生产中降低应力集中的措施有（   ）。

A. 合理的结构形式　　　　　　　B. 多采用对接接头

C. 避免焊接缺陷　　　　　　　　D. 对焊缝表面进行强化处理

三、判断题：共20分，每题1分。（正确的打"√"，错误的打"×"。错答、漏答均不得分，也不反扣分。）

（   ）1. 职业道德的实质内容是建立全新的社会主义劳动关系。

（   ）2. 忠于职守就是要求把自己职业范围内的工作做好。

（   ）3. 在装配图中，所有零部件的形状尺寸都必须标注。

（   ）4. 为了便于读图，同一零件的序号可以同时标注在不同的视图上。

（   ）5. 常见的剖视图有全剖视图、半剖视图和局部剖视图。

（   ）6. 零件图中对外螺纹的规定画法是用粗实线表示螺纹大径，用细实线表示螺纹小径。

（   ）7. 只要是线性尺寸的一般公差，则其在加工精度上没有区分。

（   ）8. 低碳钢气焊时产生的氢气孔大都分布在焊缝内部，而有色金属气焊时产生的氢气孔多存在于焊缝的表面。

（   ）9. 锰可以减轻硫对钢的有害性。

（   ）10. 钨极氩弧焊机的调试内容主要是对电源参数、控制系统的功能及其精度、供气系统完好性、焊枪的发热情况等进行调试。

（   ）11. 焊缝的余高越高，连接强度越高，因此余高越高越好。

（   ）12. 电弧电压主要影响焊缝的熔深。

（   ）13. 装配T形接头时应在腹板与平板之间预留间隙，以增加熔深。

（   ）14. 焊前对施焊部位进行除污、锈等是为了防止产生夹渣、气孔等焊接缺陷。

（　　　）15. 焊接接头的弯曲试验是用以检验接头拉伸面上的塑性及显示缺陷。

（　　　）16. 在坡口中留钝边是为了防止烧穿，钝边的尺寸要保证第一层焊缝能焊透。

（　　　）17. 焊接时弧光中的红外线对焊工会造成电光性眼炎。

（　　　）18. 手工钨极氩弧焊电弧电压的大小，主要是由弧长决定的。

（　　　）19. 对于 T 形接头，开坡口进行焊接可以减少应力集中系数。

（　　　）20. 焊接缺陷返修次数增加会使焊接应力减小。

模拟试卷样例二答案

（一）单项选择题

1. C	2. D	3. A	4. C	5. D	6. A	7. B	8. B	9. D	10. D
11. B	12. B	13. D	14. D	15. A	16. A	17. B	18. C	19. C	20. B
21. D	22. A	23. B	24. A	25. A	26. B	27. C	28. C	29. C	30. A
31. B	32. A	33. C	34. C	35. C	36. C	37. A	38. A	39. B	40. A
41. D	42. C	43. A	44. A	45. B	46. B	47. B	48. D	49. A	50. A
51. A	52. D	53. D	54. C	55. B	56. A	57. C	58. C	59. D	60. B

（二）多项选择题

1. ABCD	2. ABCF	3. ABCF	4. ABEF	5. ABCDEF	6. ABCD	7. ACD
8. BD	9. ABCD	10. ABCDEF	11. ABC	12. ABCDEF	13. ABCD	14. ABCD
15. ABCD	16. ABD	17. ABCD	18. AB	19. AB	20. AB	

（三）判断题

1. ×	2. √	3. ×	4. √	5. √	6. ×	7. √	8. ×	9. √	10. √
11. ×	12. ×	13. √	14. √	15. √	16. √	17. ×	18. √	19. √	20. ×